"十四五"职业教育国家规划教材（修订版）

"十三五"职业教育国家规划教材（修订版）

Creo 三维建模与装配（7.0 版）

贾颖莲　何世松　李永松　白月香　编著

顾　晔　主审

机械工业出版社

本书涵盖 Creo 软件的 4 大功能模块：二维草绘、三维建模、虚拟装配和工程图输出，按照从易到难的顺序设计了 6 个学习情境。每个学习情境都是一个完整的工作过程，方便读者反复体验企业实际的工作流程，不断积累工作经验，最终达到企业岗位任职要求，可有效缩短读者的职场适应期。

本书是国家"双高计划"重点建设教材、省级教学成果一等奖"基于工作过程系统化的'2332'课程开发理论与实践"的核心成果、省级精品在线开放课程和省级课程思政示范课程"Creo 三维建模与装配"的配套教材，可用于职业本科院校或高等职业院校装备制造大类专业相关课程的教材，也可供有关工程技术人员参考使用。

本书配有教学视频（扫描书中二维码直接观看）、电子课件、素材源文件和在线开放课程。需要配套资源的教师可登录机械工业出版社教育服务网 www.cmpedu.com 免费注册后下载，或联系编辑索取（微信：13261377872，电话：010-88379739）。

图书在版编目（CIP）数据

Creo 三维建模与装配：7.0 版 / 贾颖莲等编著 . —2 版 . —北京：机械工业出版社，2022.7（2025.1 重印）
"十三五"职业教育国家规划教材
ISBN 978-7-111-70677-9

Ⅰ . ①C… Ⅱ . ①贾… Ⅲ . ①计算机辅助设计－应用软件－高等职业教育－教材 Ⅳ . ①TP391.72

中国版本图书馆 CIP 数据核字（2022）第 076261 号

机械工业出版社（北京市百万庄大街 22 号 邮政编码 100037）
策划编辑：曹帅鹏 责任编辑：曹帅鹏 李晓波
责任校对：张艳霞 责任印制：李 昂

北京捷迅佳彩印刷有限公司印刷

2025 年 1 月第 2 版·第 5 次印刷
184mm×260mm·14.75 印张·363 千字
标准书号：ISBN 978-7-111-70677-9
定价：59.00 元

电话服务　　　　　　　　　　　　网络服务
客服电话：010-88361066　　　　　机 工 官 网：www.cmpbook.com
　　　　　010-88379833　　　　　机 工 官 博：weibo.com/cmp1952
　　　　　010-68326294　　　　　金 书 网：www.golden-book.com
封底无防伪标均为盗版　　　　机工教育服务网：www.cmpedu.com

前　言

党的二十大报告提出，要"推动制造业高端化、智能化、绿色化发展"，要"推进职普融通、产教融合、科教融汇，优化职业教育类型定位"，分别为制造业和职业教育高质量发展指明了正确方向，提出了明确要求。本书按照党的二十大确定的"加快建设制造强国"的目标和装备制造业人才需求进行编写，以 Creo 7.0 为例阐述三维建模与装配的有关知识和技能。为了使读者快速、高效地掌握全书内容，本书按照工作过程系统化的课程建设理念并融入岗课赛证有关要求进行编写，以典型零部件为载体设计学习内容。本书在编写过程中打破以介绍 Creo 软件命令为主的编排方式，采用"情境导向、任务驱动"的编写方式，以工作手册式体例呈现。书中每个学习情境包含若干任务，每个任务均以"任务下达→任务分析→任务实施→任务评价"4 个步骤详细阐述建模思路与技巧。

Creo 是广泛运用于机械、模具、汽车等行业的 CAD/CAM/CAE 软件，本书涉及 Creo 软件的 4 大功能模块：二维草绘、三维建模、虚拟装配和工程图输出，按照读者的认知规律从易到难设计了 6 个学习情境。每个学习情境都是一个完整的工作过程，不断重复工作步骤，逐步加大载体难度。随着任务的不断增加，读者积累的工作经验越来越多，会不断将知识和技能重现并内化为自己的工作能力，最终达到企业岗位任职要求。

本书学习情境一至四为单个零件的建模，涵盖了实体建模、钣金建模、曲面建模等内容；学习情境五至六为装配体的建模，其中既有消费品也有机械产品的虚拟装配；草绘和工程图并入各任务的训练当中，不单独安排学习情境进行讲解。为便于教学，每个学习情境后均附有若干强化训练题，供读者巩固学习、复习检查所用。本书最后附有实用的 Creo 常用快捷键、三维建模考证和竞赛要求等内容。本书配有电子课件、素材源文件和在线开放课程。本书的参考学时数为 64 学时，建议全部安排在机房进行理实一体化教学。

全书由国家"双高计划"立项建设单位江西交通职业技术学院贾颖莲教授（学习情境一、学习情境五任务一、附录）、何世松教授（绪论及学习导航、学习情境二、学习情境六任务一）、白月香副教授（学习情境三、学习情境五任务二、学习情境六任务二）、李永松工程师（学习情境四、学习情境六任务三）编著。全书由贾颖莲教授、何世松教授共同统稿，由江西机电职业技术学院顾晔主审。

本书是以下表格所示项目的研究成果之一，在此对支持项目立项的单位表示真诚的谢意。

序号	项目类型	项目名称	项目编号或批文
1	国家"双高计划"重点建设项目	重点建设专业机电设备技术专业核心课程建设项目"Creo 三维建模与装配"	教职成函〔2019〕14 号
2	省级精品在线开放课程	Creo 三维建模与装配	赣教职成字〔2021〕54 号
3	江西省"双高计划"重点建设项目	重点建设专业汽车制造与实验技术专业核心课程建设项目"Creo 三维建模与装配"	赣教职成字〔2023〕11 号
4	江西省首批教师教学创新团队	机电设备技术专业教学团队课程建设成果	赣教职成字〔2021〕38 号
5	省级课程思政示范课程	Creo 三维建模与装配	赣教高字〔2023〕7 号
6	创新实践基地	教育部-瑞士 GF 智能制造创新实践基地	项目办〔2022〕1 号
7	江西省教育厅科学技术研究项目	工业机器人本体关键零部件的优化设计与虚拟仿真	GJJ214612
8	职业教育合作项目	教育部中德先进职业教育合作项目重点建设教材	教外司欧〔2022〕67 号

本书在编写过程中，参考了有关教材、专著、论文等资料，在此对这些资料的作者表示衷心的感谢。囿于编写水平，书中定有不少缺点甚至错误，恳请广大读者批评指正。

编　者

目　录

绪论及学习导航

随着制造强国战略的推进，我国产业结构调整的步伐不断加快。新模式、新业态层出不穷，新产品的研发周期越来越短、研发技术要求越来越高。然而不管是传统的减材制造（如数控加工、电火花加工等）、等材制造（如精密铸造、精密锻造等），还是增材制造（如 3D 打印等），都需要设计零部件的三维模型作为前置条件。因此，选用何种三维建模软件，如何快速完成三维模型构建，是技术人员需要解决的关键问题。

一、课程名称

本书对应的课程名称通常为"Creo 三维建模与装配""Creo 机械设计""Creo 工业产品数字化设计"或"机械三维 CAD 设计"等。

二、课程性质

"Creo 三维建模与装配"课程是机械设计与制造、数控技术、模具设计与制造、机电设备技术、汽车制造与试验技术、机械电子工程等专业的核心课程，是一门研究机械零件和产品三维建模及虚拟装配的专业课程。

本课程主要面向工业产品、交通装备和消费品等行业，培养从事产品零部件的三维建模、曲面造型、实体虚拟装配和工程图输出等专业能力，具备相应实践技能及较强的岗位胜任能力，具有团队协作、沟通表达、工匠精神和职业道德等综合素质的高素质技能人才。本课程在机械类专业人才培养方案中具有重要的地位，是一门技术性、实践性都非常强的核心课程。

为了充分贯彻以能力培养为主的教学理念，"Creo 三维建模与装配"课程的教学需要转变传统的教学模式。通过企业调研、专家座谈等形式对学生毕业后对应的工作岗位进行分析，在此基础上确定本课程对应的典型工作任务，开发本课程的学习情境，最终实施以"任务驱动、学生主体"为行动导向的教学模式。

三、教学目标

本课程通过 6 个学习情境组织教学，各学习情境基于工作过程系统化的理念设计教学内容，以典型工作任务为载体，融理论知识、操作技能和职业素养为一体，重点培养学生 Creo 系统的安装和配置、二维图形的草绘、典型零件的三维建模、工程图的输出及三维实体零件的虚拟装配等专业能力，并注重培养学生的综合素质。同时结合装备制造类专业人才的培养方案，制定了以企业岗位需求为导向的课程教学标准。

具体能力目标见表 0-1。

表 0-1 能力目标

目标	目标描述
方法能力目标	1）具有较好的学习新知识和新技能的能力 2）具有较好的分析问题和解决问题的能力 3）具有查找资料、文献获取有效信息的能力 4）具有制订、实施工作计划的能力

（续）

目标	目标描述
社会能力目标	1）具有严谨的工作态度、较强的质量和成本意识 2）具有较强的敬业精神和良好的职业道德 3）具有较强的沟通能力及团队协作精神 4）具有良好的一丝不苟的工匠精神
专业能力目标	1）会使用 Creo 的拉伸、旋转等命令"堆积"生成组合体的三维模型 2）能根据客户图纸要求，将二维工程图生成三维模型，并能根据任务要求进行设计变更 3）能根据轴测图完成三维模型的建构，并将 3D 模型转换为符合 GB 要求的 2D 工程图 4）会利用 Creo 的渲染功能完成三维模型的贴图和渲染工作 5）能完成钣金件和曲面类零件的建模 6）会快速修改编辑 Creo 中的零件、装配和工程图 7）会使用 Creo 的质量属性分析零部件的体积、质量、转动惯量等参数 8）会综合运用 Creo 的功能设计较复杂的消费品和机械产品

四、前后课程的安排

先期学习课程主要有"机械制图与识图""计算机应用基础""AutoCAD 图样绘制与输出"等，后续学习课程主要有"数控编程与仿真加工""Creo 模具设计""3D 打印"等专业课程。对于自学者，为学好、学透 Creo 三维建模与装配的思路与技巧，需要先熟练掌握计算机操作的基本技能以及机械制图的常识。

五、教学内容与学时分配

本课程总学时约 64 学时。在课程教学目标确定之后，授课教师与企业技术人员一起研讨，通过对本课程对应的典型工作任务进行分析，依据典型零部件设计工作中常见的工作任务，归纳出具有普适性的 6 个学习情境，各情境学时分配建议见表 0-2。

表 0-2　各情境学习分配建议

序号	学习情境名称	所用课时
学习情境一	组合体的三维建模	12
学习情境二	非标零件的三维建模	10
学习情境三	标准件的三维建模	10
学习情境四	异形件的三维建模与工程图输出	10
学习情境五	消费品的三维建模与装配	12
学习情境六	机械产品的三维建模与装配	10
合计（课时）		64

六、对学习者的要求

如果要想熟练掌握 Creo 7.0 的操作，学习者应有一定的机械制图基础知识和计算机基础操作能力，否则仅凭照猫画虎般地学习该软件的使用，是无法真正熟练使用该软件进行三维设计工作的。

坚持不懈地对照本书进行上机操作是对学习者的基本要求，边学边练是从初学者到建模高手的重要途径。因此，本书每个学习情境后的强化训练题都要一一完成。不但如此，还应在学完后面的情境任务时，再将前面的情境任务及强化训练题做一遍，以加深理解、熟练技能。

七、对教师的要求

本课程的授课教师要转变观念，在教学中落实《国家职业教育改革实施方案》等文件中关于"三教"改革方面最新的职业教育理念，学习理实一体化教学方式的实施，全面提高学生适应岗位要求的职业能力。

传统的教学模式是以教师的课堂讲解为主，学生被动地接受知识，学生的学习目标不明确，学习主动性和学习效果差。实施行动导向教学模式后，教师和学生在教学中的地位发生了改变，学生成为教学过程的中心，教师的作用不再是知识灌输，而是转变为提出任务、进行引导、说明原理、提供示范、评估结果，学生的学习转变为在教师引导下，独立进行信息查询、制订计划、完成任务、实施自评。在这种教学模式下，学生始终处于教学过程的主体地位，整个学习过程以实际的工作过程为主线，学生在工作任务的驱动下学习理论知识和操作技能，学习的主动性、积极性更高，学习效果更好。

"Creo 三维建模与装配"课程教学过程中，教师始终要用图纸等任务载体引导学生的学习，帮助学生完整地体验每一个零部件的三维建模、虚拟装配、工程图输出等全过程，帮助学生建立自信心，不断积累学生学习的成就感。

八、对实验实训场所及教学仪器设备的要求

"Creo 三维建模与装配"课程教学应配有机械零件陈列室（含必要的实物模型和挂图）、计算机机房等实验实训场所，以便能完全满足行动导向教学和学生职业岗位能力训练的需要。本课程所需的实验实训设备见表 0-3（各院校可根据实际情况进行调整）。

表 0-3　本课程所需的实验实训设备

序号	名称	数量	说明
1	机房（含多媒体教学功能）	1 间	理实一体化教学
2	计算机（教师用机 1 台、学生用机 40 台）	41 台	按 40 名学生的标准班（下同）
3	PTC Creo Parametric 7.0	41 节点	Creo Parametric 4.0～9.0 亦兼容
4	测绘工具	40 套	用于实物测量
5	工程图图纸	40 套	用于建模训练
6	实物模型	40 套	用于建模训练
7	3D 扫描仪	4 台	用于将实物扫描成三维虚拟模型
8	3D 打印机	4 台	用于将虚拟三维模型打印成实物

九、本课程的考核方式与分值

本课程的考核方式与分值见表 0-4，态度与素养的考核融入过程考核和综合考核之中。

表 0-4　本课程的考核方式与分值

考核方式	考核内容	知识（30 分）	技能（70 分）
		每部分所占分值	每部分所占分值
过程考核	学习情境一：组合体的三维建模	4	12
	学习情境二：非标零件的三维建模	4	10
	学习情境三：标准件的三维建模	4	10
	学习情境四：异形件的三维建模与工程图输出	4	10
	学习情境五：消费品的三维建模与装配	4	6
	学习情境六：机械产品的三维建模与装配	4	6
综合考核	典型产品的建模、装配与工程图输出	6	16
总分（百分制）		30	70

十、本课程的学习方法

本课程主要学习如何使用 PTC Creo Parametric 7.0 进行零件或产品的三维数字化建模、装配、工程图输出，所以学习过程中要对照下达的任务多上机练习、强化反思。同一个零件也许会有不同的建模思路，采用不同的建模命令也能完成最终模型的创建，但在建模效率及是否方便后续设计变更等方面存在较大的差异。使用者只有反复练习才能熟练掌握 Creo 三维建模与装配的各种技能，以胜任岗位要求。对于在课堂上或自学时无法理解的内容，可利用本书配套的在线课程反复学习（在"学银在线"网站 www. xueyinonline.com 首页搜索"Creo 三维建模与装配"即可，本课程配有教学视频、素材文件、案例讲解、教学课件等资源）。

十一、本书编写约定用法

为了方便读者阅读和学习，本书编写时约定了一些常见或常用的用法，并将 Creo 中鼠标按键的使用一一列出。

1. 本书编写时的约定

1）大多数情况下，书中将 PTC Creo Parametric 7.0 简称为 Creo 7.0 或 Creo。

2）书中将 Creo 或其他软件界面中的文字用【 】标出。

3）本书在编写过程中，全面体现学习领域课程建设思路，将每个任务浓缩为"任务下达""任务分析""任务实施""任务评价"4 个步骤。建议授课教师在实施教学时采用 6 步教学法完成教学：资讯、计划、决策、实施、检查、评价，以提高教学效果和教学质量。

2. Creo 中鼠标的使用

Creo 中鼠标的用法见表 0-5。

表 0-5　Creo 中鼠标的用法

序号	鼠标动作	鼠标所处工作区域及用法	完成的功能
1	单击	在绘图区、功能区、对话框等区域单击一次鼠标左键	选取图素或命令
2	右击	在绘图区、功能区单击一次鼠标右键（功能区需要按住右键约 1s）	弹出快捷菜单
3	单击滚轮	在绘图区、功能区、对话框等区域单击一次鼠标的中键或滚轮	确定当前的命令、设置或修改
4	滚动滚轮	在绘图区滚动鼠标的中键或滚轮	缩放图形（二维图形或三维模型）
5	平移滚轮	在绘图区按住鼠标的中键（或滚轮）并移动鼠标	旋转图形（二维图形或三维模型）
6	〈Ctrl+左键〉	按住键盘上的〈Ctrl〉键并在绘图区单击左键 按住键盘上的〈Ctrl〉键并在模型树单击左键	可同时选取多个图素 可同时选取多个特征
7	〈Shift+滚轮〉	按住键盘上〈Shift〉键的同时按住鼠标中键（或滚轮）不放并移动鼠标	平移图形
8	按住左键并移动鼠标	在草绘环境的绘图区按住鼠标左键并移动鼠标	可同时选取被框选的图素（含尺寸、约束等）

十二、Creo 有关术语

Creo 有关术语见表 0-6。

表 0-6 Creo 有关术语

序号	术语	含义	备注
1	图元	草绘截面中的任何元素（如直线、中心线、圆、圆弧、样条、长方形、点或坐标系等）	
2	参照图元	当参照草绘截面以外的几何时，在 3D 草绘器中创建的截面图元。例如，对零件边创建一个尺寸时，也就在截面中创建了一个参照图元，该截面是这条零件边在草绘平面上的投影	
3	尺寸	图元或图元之间的长度或角度	
4	约束	定义图元几何或图元间关系的条件。约束符号出现在应用约束的图元旁边。例如，可以约束两条直线平行，这时会出现一个平行约束符号来表示	约束是体现设计意图的重要手段
5	弱尺寸或弱约束	由 Creo 自动创建的且可以删除的尺寸或约束就被称为弱尺寸或弱约束。增加尺寸或约束时，草绘器可以在没有任何确认的情况下删除多余的弱尺寸或弱约束。默认情况下，弱尺寸和弱约束以灰色出现	
6	强尺寸或强约束	Creo 草绘器不能自动删除的尺寸或约束被称为强尺寸或强约束。由用户主动创建的尺寸和约束是强尺寸和强约束。如果几个强尺寸或强约束发生冲突，则草绘器要求删除其中一个。默认情况下，强尺寸和强约束以黄色出现	
7	冲突	两个或多个强尺寸或强约束存在矛盾或多余的情况。出现这种情况时，必须通过删除一个不需要的约束或尺寸来解决	
8	草绘	用于生成三维实体或曲面的二维截面图形	
9	三维实体	有质量属性的虚拟立体模型	三维曲面无质量属性
10	虚拟装配	在 Creo 软件环境中将多个零件有机装配在一起的过程	
11	工程图	用于工程或产品的二维图样，用以指导生产和质量检测	
12	特征	用于生成实体模型的基本组成单元，如拉伸、旋转等。也有部分特征用于辅助三维建模，如基准点、基准平面等	
13	钣金	对金属薄板（通常在 6mm 以下）的一种综合冷加工工艺，包括剪、冲、折、铆接、拼接、成形（如汽车车身）等，其显著的特点是同一零件厚度一致	
14	渲染	一种将三维模型的某个方位制成高质量图像的手段，能使零部件模型以近乎照片的质量进行展现，可使所设计的虚拟产品立体分明，更具视觉效果，从而不必通过制作样机或实物模型来检查模型效果	
15	模型树	一种按先后顺序罗列特征命令的方法，形似树状，故称模型树	亦称设计树
16	操控板	Creo 中一种以选项卡形式呈现的特征命令控制面板，根据不同的特征命令，操控板上的命令有所不同。因此，操控板的出现极大地提高了使用 Creo 进行产品开发的效率	
17	菜单管理器	Pro/E 及 Pro/E Wildfire 时代提供的菜单命令管理方式，现在的 Creo 正逐步淘汰菜单管理器，仅在极少数场景还会自动弹出菜单管理器。也正因如此，Creo 的界面打开时，默认情况下并不是全屏，所以使用者要习惯这种界面布局。Creo 9.0 之后打开时默认全屏	菜单管理器是 Pro/E 及 Creo 特有的功能
18	配置文件	Creo 安装目录下的 config.pro 文件，称为配置文件。用户可以通过此文件预设环境选项和各种参数，以定制自己的工作环境，主要包括显示设置、精度设置、单位设置、菜单设置、公差显示模式、映射键设置、输入输出设置等。config.pro 一般放在 Creo 默认的工作目录下，以确保启动 Creo 时能够加载此文件	一般在产品设计前均需先修改配置文件，以提高设计效率

学习情境一 组合体的三维建模

一般来说，学习三维建模和虚拟装配需要具有一定的机械制图与识图、计算机应用基础等方面的能力。在"机械制图"或"工程制图"课程中，已学习过组合体视图的画法，对三视图的投影关系有了初步认知。本学习情境主要学习使用 Creo 软件完成常见组合体的三维建模，以训练工作岗位需要的三维建模能力。

任务一 Creo 的安装与配置

在进行三维建模前，首先需要掌握 Creo 软件的安装与配置。为了快速、顺利、正确地安装和配置好 Creo 软件，需要做好确认安装环境、准备好 Creo 软件等工作。本书以 64 位 Windows 10 操作系统为例进行说明，安装的三维建模软件为 PTC Creo 7.0，其他 Windows 操作系统和 Creo 软件版本的安装方法大致相同。

一、Creo 软件介绍

Creo 是美国 PTC（参数技术公司）开发的三维 CAD/CAM/CAE 一体化工业软件，包括 Creo Parametric（用于 3D 参数化建模）、Creo Direct（用于直接建模）、Creo Simulate（用于分析结构和热特性）、Creo Sketch（用于 2D 手绘草图）、Creo Layout（用于 2D 概念性工程方案设计）、Creo Schematics（用于创建管道和电缆系统的 2D 布线图）、Creo Illustrate（用于重复使用 3D CAD 数据生成交互式的 3D 技术插图）、Creo View MCAD（用于可视化机械 CAD 信息生成）、Creo View ECAD（用于快速查看和分析 ECAD 信息），其中 Creo 软件包含 Parametric、Direct 和 Simulate，Creo View 包含 Creo View MCAD 和 ECAD，其余应用程序都是单独发布。

1. Creo 历史沿革

Creo 的前身是 PTC 公司（1985 年成立）在 1988 年推出的 Pro/ENGINEER（简称 Pro/E），它是世界上第一个提出参数化设计概念的工业软件。Creo 的首个正式版 Creo 1.0 F000 于 2011 年 6 月 12 日发布，取代之前的 Pro/E。本书所用的 Creo 7.0 在 2020 年 4 月正式发布。

2. Creo 主要功能

Creo 是一款 CAD/CAM/CAE 一体化的三维工业软件，同时具有 CAD（Computer Aided Design，计算机辅助设计）、CAM（Computer Aided Manufacturing，计算机辅助制造）和 CAE（Computer Aided Engineering，计算机辅助工程分析）三大功能。Creo 是整合了 PTC 公司的 Pro/E 的参数化技术、CoCreate 的直接建模技术和 ProductView 的三维可视化技术的新型 CAD 设计软件包，是 PTC 公司闪电计划所推出的第一个产品。

二、安装前的准备工作

1. 确认安装环境

在计算机桌面上右击【此电脑】图标，在弹出的快捷菜单中选择【属性】命令，确认待安装 Creo 的计算机所用的是何种操作系统，如图 1-1 所示。然后根据本机安装环境购买或下载相应的 Creo 安装包。

图 1-1 确认操作系统

2. 修改许可协议文件

1）购买或下载正版 Creo 7.0 软件后。右键单击【Creo 7.0.0.0】安装包，在弹出的对话框单击【解压到 Creo 7.0.0.0\E】选项开始解压，如图 1-2 所示。

2）双击打开【Creo 7.0.0.0】文件夹，复制文件夹【PTC.LICENSE.WIN.SSQ】，如图 1-3 所示。

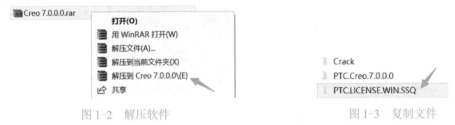

图 1-2 解压软件   图 1-3 复制文件

3）找到 D 盘，右键单击空白处，在弹出的快捷菜单中单击【新建】-【文件夹】命令，并命名为 PTC。右键单击文件夹【PTC】，在弹出的快捷菜单中选择【粘贴】命令，如图 1-4 所示。建议和 Creo 安装目录一并设定在非系统盘，例如操作系统安装在 C 盘，建议 Creo 安装在 D 盘。这样即使格式化了 C 盘并重装了系统，Creo 也不需要重装，只需简单配置一次即可。即运行安装目录 D:\Creo 7.0\Creo 7.0.0.0\Parametric\bin 下的 reconfigure.exe，按提示完成配置即可。本书以复制到 D 盘下的根目录中为例讲解。

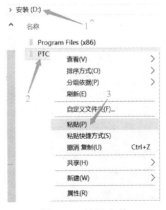

图 1-4 粘贴文件

4）双击打开【PTC.LICENSE.WIN.SSQ】文件夹，右键单击【FillLicense.bat】文件，在弹出的对话框中单击【以管理员身份运行】按钮，运行结果如图 1-5 所示。此时会自动在【PTC.LICENSE.WIN.SSQ】文件夹产生文件【PTC_D_SSQ.dat】，将此文件复制到上述【PTC】文件夹中，如图 1-6 所示。

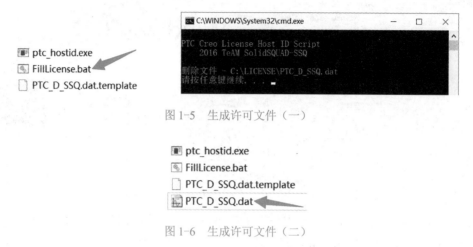

图 1-5　生成许可文件（一）

图 1-6　生成许可文件（二）

3．创建系统环境变量

在计算机桌面上右击【此电脑】图标，在弹出的快捷菜单中选择【属性】命令，在弹出的【系统】界面左侧单击【高级系统设置】选项，在弹出的【系统属性】对话框中单击【高级】选项卡的【环境变量】命令按钮，如图 1-7 所示。

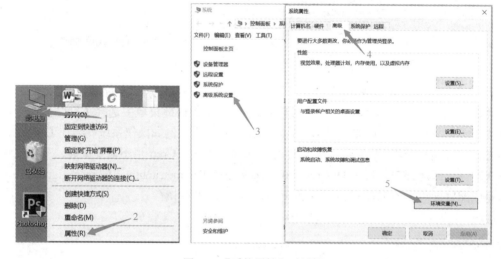

图 1-7　【系统属性】对话框

在弹出的【环境变量】对话框中单击【系统变量】区的【新建】按钮，在弹出的【编辑系统变量】对话框中，在【变量名】文本框输入 "PTC_D_LICENSE_FILE"，在【变量值】文本框输入 "D:\PTC\PTC_D_SSQ.dat"，然后单击箭头 4 处的【确定】按钮，最后单击箭头 5 处的【确定】按钮，如图 1-8 所示。此处【变量值】文本框中输入的是上述步骤中生成的 PTC_D_SSQ.dat 文件在本地硬盘上的完整路径。此时返回到图 1-7 中的【系统属性】对话框，单击【确定】按钮，完成系统环境变量的创建。

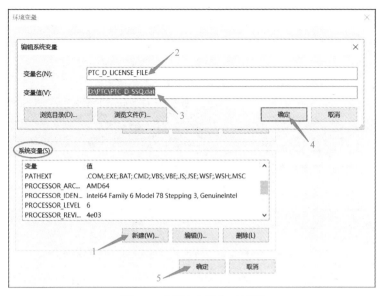

图 1-8 【环境变量】对话框

三、安装 Creo 软件

接下来安装与本机操作系统相匹配的 Creo 软件（本书以 Creo 7.0 和 Windows 10 为例讲解）。右击 PTC.Creo.7.0.0.0 软件包中的安装程序 setup.exe，在弹出的对话框中单击【以管理员身份运行】按钮，打开【PTC 安装助手 Creo 7.0.0.0】对话框，如图 1-9 所示。

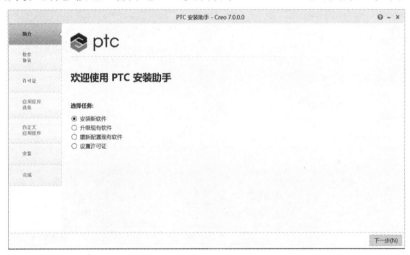

Creo 安装与配置 2

图 1-9 【PTC 安装助手 Creo 7.0.0.0】对话框

单击图 1-9 中的【下一步】按钮，弹出图 1-10 所示对话框，完成图中所示步骤后单击【下一步】按钮。

因为此前已完成了系统环境变量的设置，所以图 1-11 所示的【许可证汇总】区已自动添加了 PTC 公司的许可协议文件，并提示为【可用】。如若前面没有完成系统环境变量的设置，则在图 1-11【许可证汇总】下方单击【+】后，将本机硬盘上修改好了的许可协议文件通过鼠标拖拽到文本框中即可。

图 1-10　接受软件许可协议

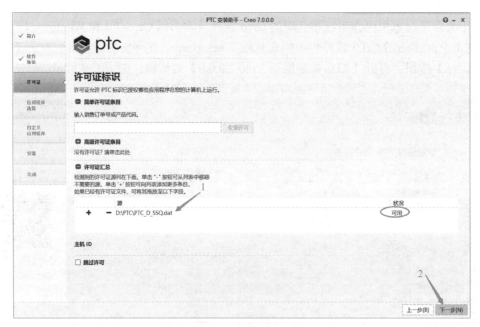

图 1-11　添加 PTC 公司的许可协议文件

　　单击【下一步】按钮后跳转到【应用程序选择】选项框，通过单击【所有应用程序的安装路径】下方的实心三角形（图 1-12），更改安装路径为非系统盘（本书将 Creo 7.0 安装在 D:\PTC 文件夹下），并自定义想要安装的应用程序（功能模块），如图 1-13 所示。

　　对于今后希望用 Creo 进行模具设计和数控编程的用户来说，图 1-13 所示的【模具元件目录】、【PTC Creo Mold Analysis (CMA)】、【NC-GPOST】、【VERICUT】是必须安装的功能模块。【语言】模块是指 Creo 软件界面文字用何种语言显示，由 Creo 根据所处操作系统环境自动勾选（其他语言可不选），其他功能模块可按需勾选即可。

　　单击图 1-13 中的【安装】按钮即可开始安装所选应用程序，安装进程如图 1-14 所示。

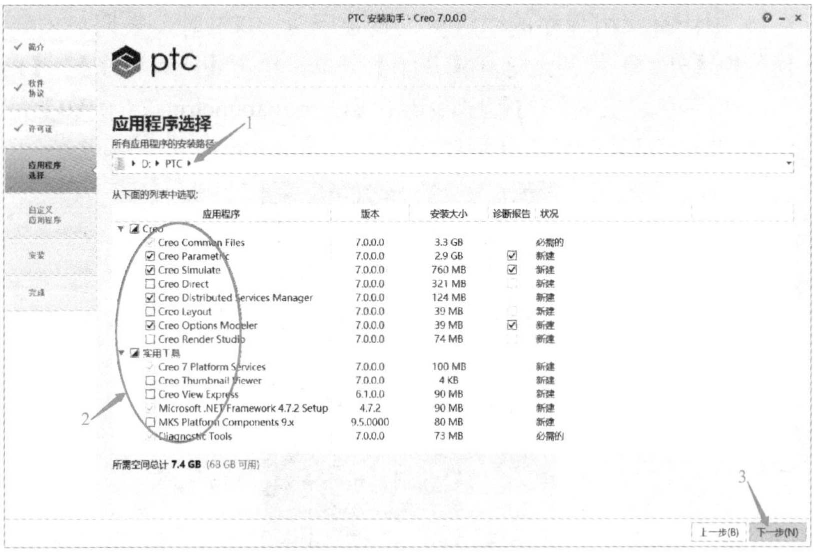

图 1-12　应用程序选择

图 1-13　自定义需要安装的应用程序（功能模块）

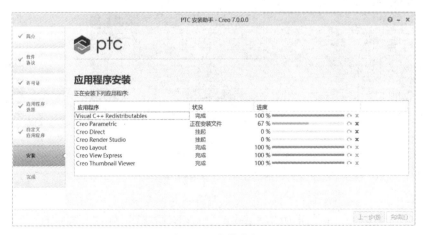

图 1-14　安装进程

　　直到图 1-14 中所有应用程序的"进度"均显示为 100%时，表明已安装完成。单击 Windows 10 任务栏【开始】按钮，打开【开始】菜单，单击【所有程序】-【PTC】选项，可以看到图 1-15 所示的已安装好的程序，其中【Creo Parametric 7.0.0.0.0】是进行三维建模、模具设计、数控编程要用到的主体程序。

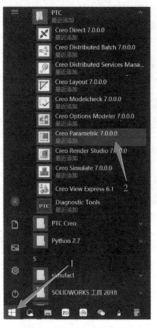

图 1-15　安装结果

四、配置 Creo 软件

　　为了提高工作效率，使用 Creo 软件前还需要完成以下配置工作。

1．初始化 Creo 使用环境

　　在计算机桌面上双击【Creo Parametric 7.0.0.0】快捷方式，打开 Creo Parametric 7.0.0.0（简称为 Creo 7.0），启动画面如图 1-16 所示。

Creo 安装与配置 3

图 1-16　Creo 7.0 启动画面

　　打开后会发现 Creo 7.0 与旧版本 Creo 或 Pro/ENGINEER 软件一样，打开时的窗口并没有最大化，建议大家习惯 Creo 的这种界面布局方式，保持当前的窗口大小，右侧留空部分为在特定建模环境下放置【菜单管理器】所用，Creo 7.0 主界面如图 1-17 所示。

图 1-17　Creo 7.0 主界面

通过单击 Creo 主界面的功能区选项卡【文件】-【帮助】-【关于 Creo Parametric】命令，可查看具体的版本、服务合同编号等信息，如图 1-18 所示。

图 1-18　Creo Parametric 7.0 版权信息

接下来设置工作目录，工作目录分临时性工作目录和永久性工作目录。工作目录至关重要，尤其是对于装配建模、模具设计、数控编程等工作更是不能忽略（因 Creo 工作机制的原因，建模过程会自动查找工作目录中的文件，也会产生很多相关文件）。当然，单个零件的建模可以不关注工作目录的设置。

临时性工作目录每次打开 Creo 后都要设置一次。方法是：单击工具栏【主页】选项卡中的【选择工作目录】按钮，如图 1-19 所示，指定后续三维模型文件要放的硬盘盘符和文件夹即可。

永久性工作目录设置后不需要每次打开 Creo 都重新设置一次。一般来说，装配体模型、模具文件、数控编程等工作都应设置永久性工作目录。方法是：右击计算机桌面上的【Creo Parametric 7.0.0.0】快捷方式，在弹出的快捷菜单中选择【属性】命令，弹出【Creo Parametric 7.0.0.0 属性】对话框，如图 1-20 所示。在【快捷方式】选项卡的【起始位置】文本框中输入完整的文件夹路径（支持汉字），此路径即为永久性工作目录。一般设置非系统盘的某个自建文件夹为永久性工作目录。

图 1-19　选择临时性工作目录　　　　　图 1-20　设置永久性工作目录

工作目录设置完成后，接下来进入 Creo 三维建模的环境。单击【主页】选项卡的【新建】命令，弹出【新建】对话框，如图 1-21 所示。按图 1-21 所示步骤进行设置。第 4 步要去掉勾选【使用默认模板】复选框，以便于接下来可以选择我国默认使用的公制模板，如图 1-22 所示。

图 1-21　【新建】对话框　　　　图 1-22　选择公制模板 "mmns_part_solid_abs"

公制模板 mmns_part_solid_abs 是指：实体零件建模环境中长度、重量、时间的单位分别为 mm、N、s，abs 表示绝对精度，精度值为 0.01mm。对于三维建模来说，尤其要注意长度单位，Creo 默认使用的是英寸（in）作为长度单位，但我国默认长度单位是毫米（mm），两者之间差了 25.4 倍（1in=25.4mm）。

2. Creo 三维建模工作界面的认识

选好公制模板后，进入 Creo 三维建模工作界面，如图 1-23 所示。在这里可以完成各种单个零件的三维建模工作（装配体的建模在【新建】对话框【装配】类型中完成）。

为了后续高效完成建模工作，首先要熟悉 Creo 三维建模工作界面，图 1-23 中各序号的名称及用途见表 1-1。

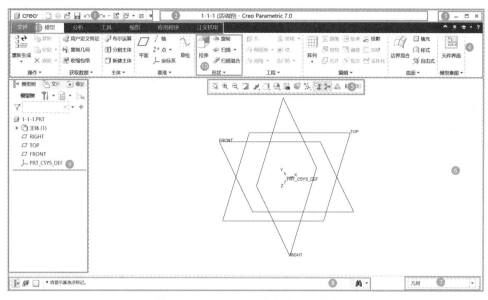

图 1-23 Creo 7.0 三维建模工作界面

表 1-1 Creo 软件界面各部分名称及用途

序 号	名 称	用 途
1	快速访问工具栏	快速访问新建、打开、保存等常见命令
2	标题栏	显示文件名（是否当前活动）、软件名称及版本
3	窗口最小（大）化、关闭	用于控制 Creo 窗口的最小化、最大化、关闭
4	功能区	通过选项卡切换，以命令按钮形式集合了 Creo 大部分功能
5	"视图"工具栏	用于控制三维模型的缩放、显示形式等
6	"图形"窗口	即工作区（绘图区），背景颜色可随意更改
7	选择过滤器	方便选择点、线、面等各种对象的过滤器
8	状态栏	显示当前命令所处的状态，建模时有即时提醒
9	模型树	将建模过程以树状形式从上到下列出，方便后续设计变更
10	功能区组	按属性将类似命令放置为一组
11	功能区选项卡	通过选项卡切换不同大类的命令

Creo 7.0 的界面总体来说和 Microsoft Office 2010 及之后的版本类似，所以如果前期有 Microsoft Office 2010 的使用经验，那么大多数通用命令（如打开文件、保存文件等）的使用方法是相同的。

在 Creo 的【新建】对话框中如果因疏忽，忘了选择公制模板而用的是默认的英制模板进行建模，且模型已设计完成时，其实不用再换公制模板重新建模，Creo 提供了一个简单的解决方案，方法是：在【文件】菜单中选择【准备】命令，从弹出的选项板中选择【模型属性】命令，如图 1-24 所示。在弹出的【模型属性】对话框中单击【单位】右侧的【更改】按钮，如图 1-25 所示。

图 1-24 设置模型属性

图 1-25 更改长度单位

　　接下来按图 1-26 所示的步骤进行设置。注意第 3 步的选择依据：若是因本人疏忽没有选择公制模板，全部建模工作均在英制模板中完成，则选择【解释尺寸】单选按钮；若是为了和使用英制单位的外企或合作企业交换数据，则选择【转换尺寸】单选按钮。

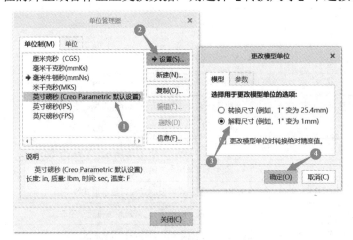

图 1-26 更改模型单位

　　其实默认长度单位、永久性工作目录等设置均可以通过修改 Creo 的配置文件 config.pro 来实现。通过手动修改的参数也被保存在这个文件夹中，只要在工作目录或安装目录 x:\……\Creo7.0\Creo 7.0.0.0\Common Files\text 中有此文件，Creo 即按该文件配置的参数运行。Creo 启动时先读取 text 目录下的 config.pro 参数，然后再去读取永久性工作目录下的 config.pro 参数，若有重复设定的参数，Creo 会以最后读取的参数为主（亦即以永久性工作目录下的 config.pro 参数为主）。但是当把 text 目录下的 config.pro 重命名为 config.sup 时，永久性工作目录下 config.pro 中即使有重复参数也无法改写，Creo 会强制运行 config.sup 中的参数。关于 config.pro 文件的参数修改方法，将在后续的学习情境和任务单元中介绍。

　　至此，已完成了 Creo 7.0 使用环境的初始化工作，接下来即可正常进行三维建模工作了。更多的配置工作（工程图参数设置等），将在后续的学习任务实施过程中讲解。当然，上述初始化工作一律不做也不影响建模训练，但是这种不良习惯将会在今后的实际工作中影响工作效率，甚至导致错误。

任务二　旋转手柄的三维建模

为了尽快熟悉 Creo 的建模流程，享受建模的成就感，在安装好 Creo 7.0 之后的第一个建模任务，以建模难度相对较低的零件为例进行讲解。本任务以千斤顶设备中的"旋转手柄"为例进行讲解，让学习者能更快更早地享受建模成功的喜悦，激发大家的学习积极性和主动性。

一、任务下达

本任务通过二维工程图的方式下达（未给出图框及标题栏），要求按图 1-27 所示的尺寸完成旋转手柄的三维建模。

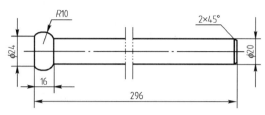

图 1-27　旋转手柄工程图

二、任务分析

图 1-27 中是一个总长为 296、外径为 20 的基本体，左端有一个腰鼓形凸台，右端倒角为 C2。对该零件进行三维建模时，可先完成旋转手柄零件的主体建模（通过 Creo 的旋转或拉伸命令），然后分别完成倒角和球面凸台的创建。

旋转手柄

完成该模型的创建需用到 Creo 的【草绘】【拉伸】【倒角】和【旋转】等特征命令，主要建模流程如图 1-28 所示。

图 1-28　旋转手柄建模流程

三、任务实施

表 1-2 详细描述了完成图 1-27 所示旋转手柄的建模步骤及说明。

表 1-2　旋转手柄的建模步骤及说明

步骤	操作要领	图例	说明
1	按任务一的讲解内容完成 Creo 的安装与配置	（略）	进行三维建模前完成软件安装与配置
2	打开 Creo 软件，单击【快速访问工具栏】-【新建】命令，新建一个文件名为"1-2-1"的实体文件（按右图所示步骤），选择公制模板 mmns_part_solid_abs，即确保建模时长度单位为 mm，绝对精度为 0.01mm	新建 类型：○布局　○草绘　●零件　○装配　○制造　○绘图　○格式　○记事本 子类型：●实体　○钣金件　○主体　○线束 文件名：1-2-1 公用名称： □使用默认模板 确定　取消	1）我国默认使用公制单位，所以学习者要学会新建公制模板的实体文件。 2）本书模型文件名称按图例的序号命名，企业一般有自身的一套命名规则

（续）

步骤	操作要领	图例	说明
3	单击【文件】选项卡下的【选项】-【图元显示】命令，在弹出的对话框勾选【显示基准平面标记】【显示基准轴标记】【显示基准点标记】复选框，单击【确定】按钮后根据提示将修改情况保存到永久性工作目录下的 config.pro 文件中，以便下次打开 Creo 时无须再次设置	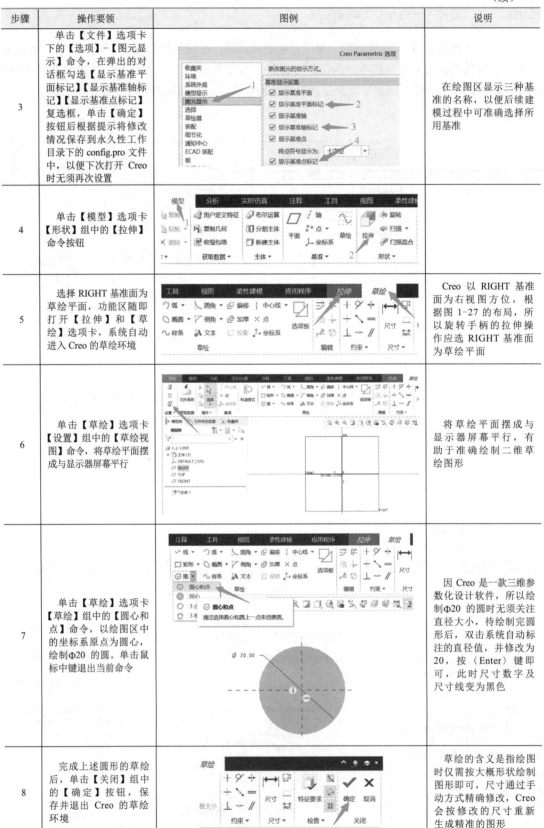	在绘图区显示三种基准的名称，以便后续建模过程中可准确选择所用基准
4	单击【模型】选项卡【形状】组中的【拉伸】命令按钮		
5	选择 RIGHT 基准面为草绘平面，功能区随即打开【拉伸】和【草绘】选项卡，系统自动进入 Creo 的草绘环境		Creo 以 RIGHT 基准面为右视图方位，根据图 1-27 的布局，所以旋转手柄的拉伸操作应选 RIGHT 基准面为草绘平面
6	单击【草绘】选项卡【设置】组中的【草绘视图】命令，将草绘平面摆成与显示器屏幕平行		将草绘平面摆成与显示器屏幕平行，有助于准确绘制二维草绘图形
7	单击【草绘】选项卡【草绘】组中的【圆心和点】命令，以绘图区中的坐标系原点为圆心，绘制Φ20 的圆。单击鼠标中键退出当前命令		因 Creo 是一款三维参数化设计软件，所以绘制Φ20 的圆时无须关注直径大小，待绘制完圆形后，双击系统自动标注的直径值，并修改为 20，按〈Enter〉键即可，此时尺寸数字及尺寸线变为黑色
8	完成上述圆形的草绘后，单击【关闭】组中的【确定】按钮，保存并退出 Creo 的草绘环境		草绘的含义是指绘图时仅需按大概形状绘制图形即可，尺寸通过手动方式精确修改，Creo 会按修改的尺寸重新生成精准的图形

（续）

步骤	操作要领	图例	说明
9	在【拉伸】选项卡 1 处输入旋转手柄的总长 280 后按〈Enter〉键，单击绿色的 ✔ 或单击鼠标中键确认刚才输入的尺寸，系统退出【拉伸】命令，并完成旋转手柄基体三维模型的创建		通过按住鼠标中键并移动鼠标，可查看刚刚做好的三维模型。往前滚动鼠标中键，可缩小三维模型
10	接下来完成旋转手柄右端倒角 C2：单击【模型】选项卡-【工程】组-【倒角】命令 ◢ 倒角，按右图步骤完成倒角		第 2 步在选择倒角对象时，可利用右下角【选择过滤器】中的【边】选项快速选择旋转手柄右端边线
11	最后完成旋转手柄左端的小凸台：单击【模型】选项卡-【形状】组-【旋转】命令，选择 FRONT 基准平面作为草绘平面，选项卡随即打开【旋转】和【草绘】选项卡，系统自动进入 Creo 的草绘环境		
12	在自动弹出的【草绘】选项卡【设置】组中单击【草绘视图】命令 ◢，使草绘平面与显示器屏幕平行		在后续学习过程中，但凡特征建模时需要草绘，建议把草绘平面设置成与显示器屏幕平行
13	选择【草绘】选项卡-【基准】组的《中心线》命令绘制旋转手柄小凸台特征的旋转中心，如右图所示。此中心线与第 9 步骤的圆柱中心线重合，单击鼠标中键结束【中心线】命令		用【视图】工具栏的【消隐】命令 ◢ 消隐 显示草绘。今后学习中如果想退出正在使用的命令，需单击鼠标中键

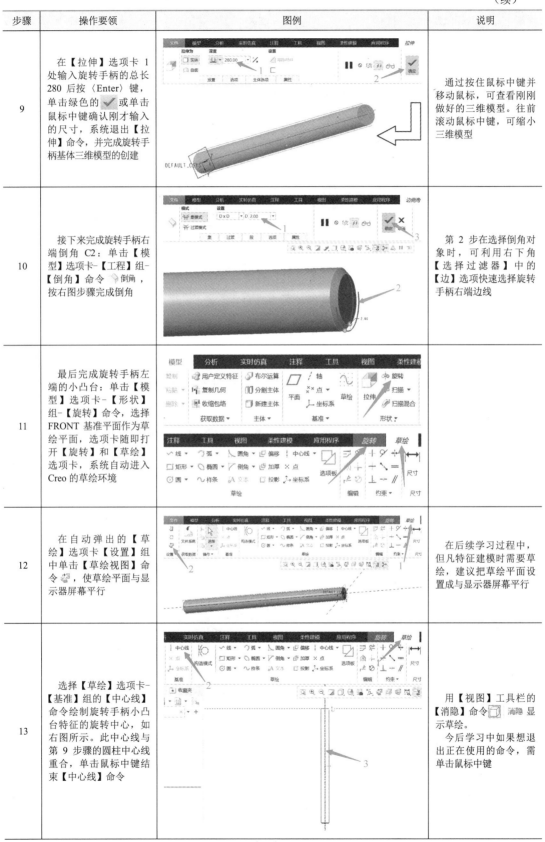

（续）

步骤	操作要领	图例	说明
14	选择【草绘】选项卡【设置】组中的【参考】命令，打开【参考】对话框，设置内容如右图所示	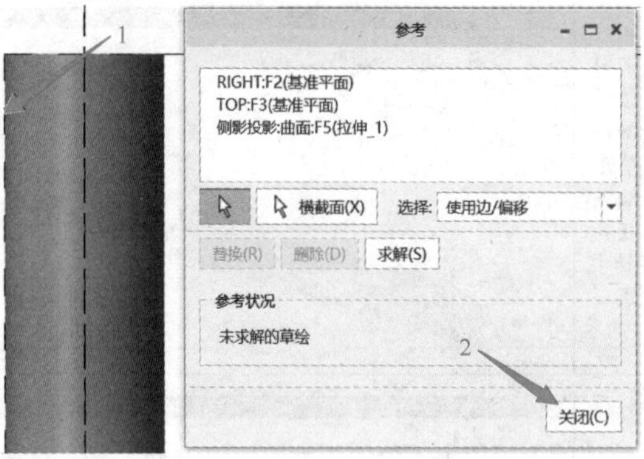 参考 RIGHT:F2(基准平面) TOP:F3(基准平面) 侧影投影曲面:F5(拉伸_1) 横截面(X) 选择：使用边/偏移 替换(R) 删除(D) 求解(S) 参考状况 未求解的草绘 关闭(C)	用【视图】工具栏的【着色】命令 着色 显示模型
15	利用【草绘】组中的【线链】命令 线 和【弧】命令 弧 绘制图线（尺寸和角度随意），单击鼠标中键退出当前命令。利用【尺寸】组中的【尺寸】命令 标注图中的尺寸，所有命令均以单击中键结束，结果如右图所示。单击【关闭】组中的【确定】命令，系统自动保存并退出草绘环境，此时 Creo 自动切换到【旋转】选项卡	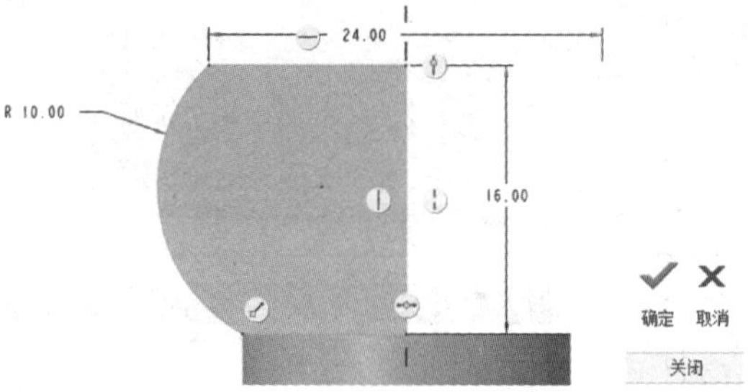 24.00 R 10.00 16.00 确定 取消 关闭	在 Creo 的草绘中，原则上先添加约束，后进行尺寸标注，所有尺寸标注均以单击中键结束
16	按照如右图所示的设置即可完成旋转手柄小凸台的创建	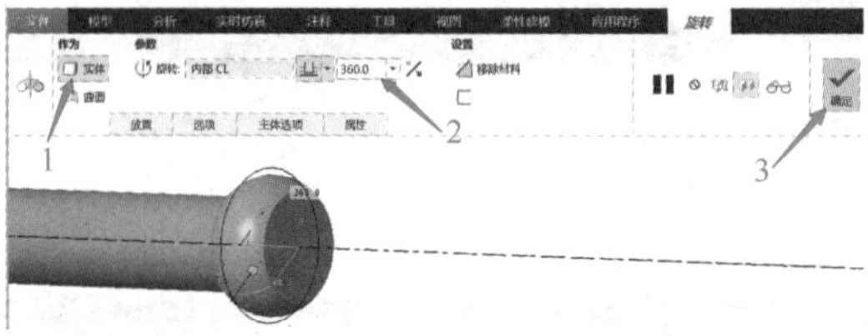 1 2 3	此时可以按住鼠标中键并移动鼠标，把模型旋转成轴测图方位，以便观察建模效果
17	用【视图】工具栏的【带边着色】命令 带边着色 显示模型。至此，完成了图 1-27 工程图对应的三维建模	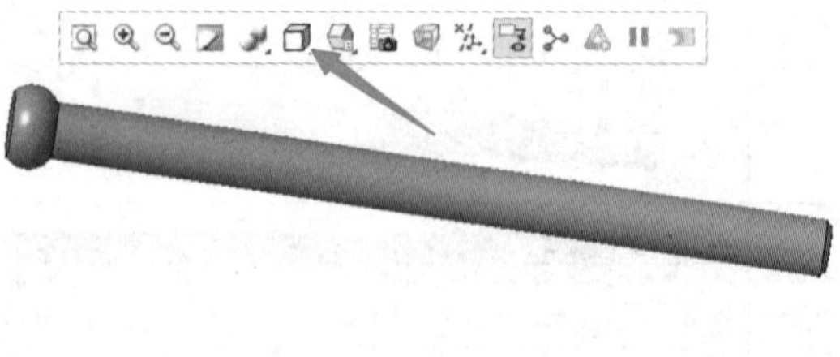	三维建模完成后的模型树，如下所示。 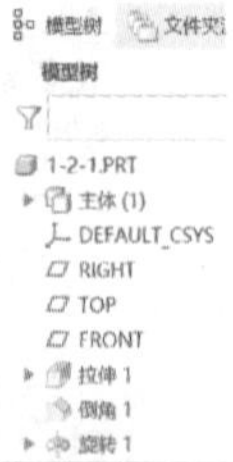 模型树 文件夹 模型树 1-2-1.PRT 主体 (1) DEFAULT_CSYS RIGHT TOP FRONT 拉伸 1 倒角 1 旋转 1
18	单击【快速访问工具栏】中的【保存】命令按钮（或按组合键〈Ctrl+S〉），将三维模型保存至工作目录中。每保存一次文件，Creo 就会自动生成同名的新版本文件（在扩展名后以数字区分），这样方便设计回退时用此前的版本	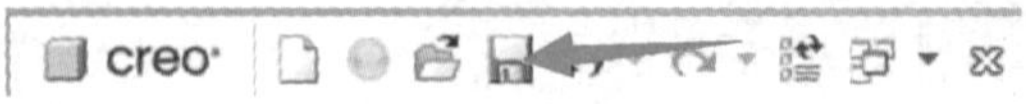 creo 在工作目录中查看保存了 4 次的文件情况，具体如下图所示。  1-2-1.prt.1 1-2-1.prt.2 1-2-1.prt.3 1-2-1.prt.4	若未保存就退出 Creo 时，Creo 不会提示用户保存，所以务必要养成定期保存的习惯

四、任务评价

图 1-27 所示的旋转手柄是一个较为简单的零件，但其三维建模过程却涵盖了一个零件三维建模的全过程。本模型通过将二维图形"圆"【拉伸】的方式得到主体模型（圆柱体），然后分别利用【倒角】和【旋转】命令完成后续形状的设计。初学者请严格按上述步骤完成建模，特征的编辑与修改将在后续任务中讲解。

当然，仅从能否完成建模的角度考虑（不考虑是否方便后续设计变更），该旋转手柄零件可用【旋转】特征完成（选择 FRONT 基准面为草绘平面），如图 1-29 所示。

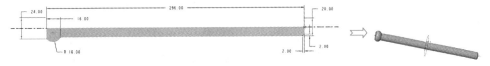

图 1-29 旋转手柄建模流程（第 2 种思路）

Creo 作为一款成熟的参数化设计软件，多特征叠加完成零件建模有助于提高设计效率。对于复杂零件，更应该以搭积木的方式完成建模，也就是说特征数量可适当多一些，以方便后续设计变更时进行编辑修改。

任务三 支承座的三维建模

完成上述旋转手柄的三维建模后，对 Creo 三维建模的思路和步骤有了初步的认识和掌握，接下来继续以搭积木的方式完成一个稍难一点的组合体的三维建模。

一、任务下达

本任务通过二维工程图的方式下达（未给出图框及标题栏），要求按图 1-30 所示的尺寸完成支承座的三维建模。

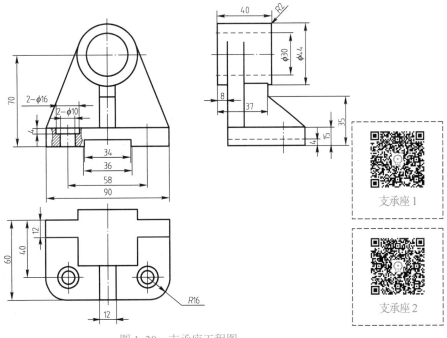

图 1-30 支承座工程图

二、任务分析

图 1-30 中是一个总长为 90 的支承座，上部是一个外径为 44、内孔直径为 30 的圆柱形支承孔。该支承孔用厚 12 的背板及加强筋支承，底部为高 15 的底板（底板下方切除了深 4 的梯形槽）。对该零件进行三维建模时，可先通过 Creo 的拉伸命令完成底板（含槽）的实体建模，倒圆角 R16，然后完成上部的圆柱形支承孔（含 R2 圆角）的建模，接下来完成背板的建模，最后完成加强筋的建模。

为完成该模型的创建需用到 Creo 的【草绘】、【拉伸】、【倒圆角】、【基准平面】、【筋】和【旋转】（移除材料）等特征命令。支承座主要建模流程如图 1-31 所示。

图 1-31　支承座主要建模流程

三、任务实施

表 1-3 详细描述了完成图 1-30 所示支承座的建模步骤及说明。

表 1-3　支承座的建模步骤及说明

步骤	操作要领	图例	说明
1	按任务一的讲解内容完成 Creo 的安装与配置	（略）	进行三维建模前完成软件安装与配置
2	打开 Creo 软件，单击【快速访问工具栏】的【新建】命令，新建一个文件名为"1-3-1"的实体文件（按右图所示步骤），选择公制模板 mmns_part_solid_abs，即确保建模时长度单位为 mm		新建公制模板的实体文件
3	单击【模型】选项卡【形状】组中的【拉伸】命令按钮		
4	单击【文件】选项卡下的【选项】-【图元显示】命令，在弹出的对话框勾选【显示基准平面标记】【显示基准轴标记】【显示基准点标记】复选框，单击【确定】后根据提示将修改情况保存到永久性工作目录下的 config.pro 文件中，以便下次打开 Creo 时无须再次设置		在绘图区显示三种基准的名称，以便后续建模过程中可准确选择所用基准

（续）

步骤	操作要领	图例	说明
5	选择 FRONT 基准面为草绘平面，功能区随即打开【拉伸】和【草绘】选项卡，系统自动进入 Creo 的草绘环境	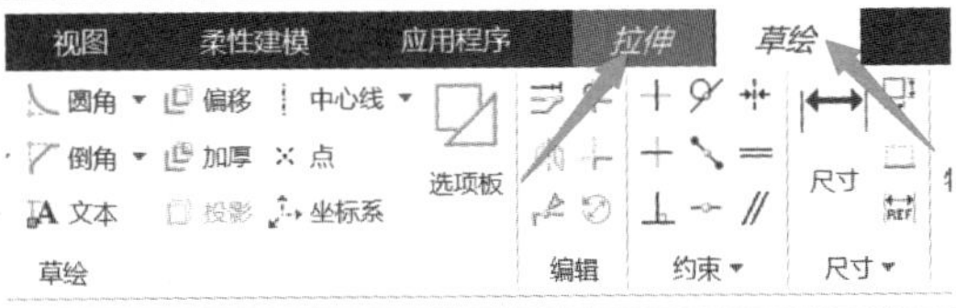	Creo 以 FRONT 基准面为主视图方位，根据图 1-30 的布局，所以底板的拉伸操作应选 FRONT 基准面为草绘平面
6	单击【草绘】选项卡【设置】组中的【草绘视图】命令，将草绘平面摆成与显示器屏幕平行		将草绘平面摆成与显示器屏幕平行，有助于准确绘制二维草绘图形
7	单击【草绘】组中的【中心线】命令，在绘图区中的 Y 轴上单击不重合的两个点，完成中心线的绘制	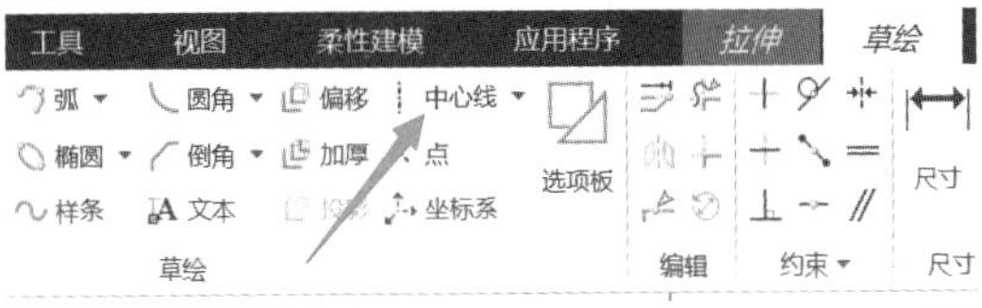	因图 1-30 主视图中底板是左右对称的图形，为了后续可约束对称，需事先画好中心线
8	单击【草绘】组中的【线链】命令，在绘图区中绘制右图所示的草图，框选刚刚绘制的草图后选择【编辑】组的【镜像】命令并单击中心线完成草绘	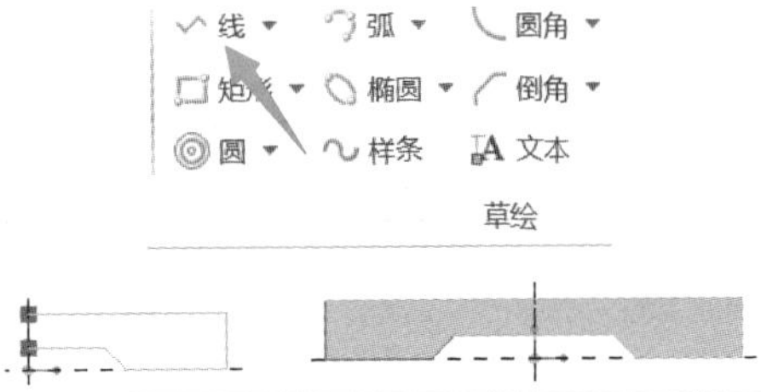	草绘的含义是指绘图时仅需按大概形状绘制图形即可，尺寸通过手动方式精确修改
9	单击绘图区上方【视图控制工具栏】中的【草绘显示过滤器】并全选，显示全部尺寸及约束，按右图所示标注尺寸	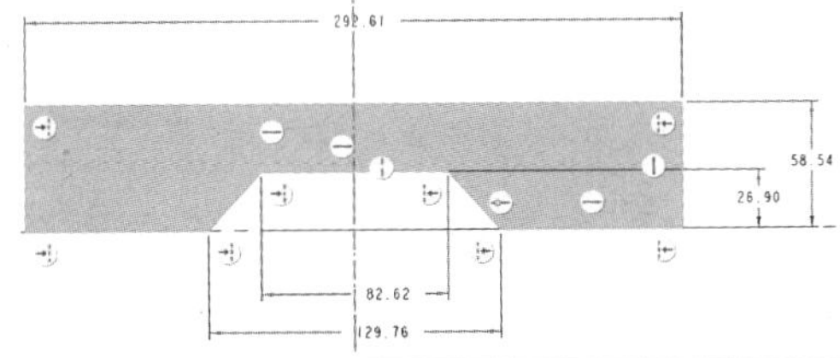	用【尺寸】组中的【尺寸】命令标注，大小保持默认值不变
10	用鼠标框选全部尺寸后，单击【编辑】组中的【修改】命令，弹出【修改尺寸】对话框，取消勾选【重新生成】复选框后按图 1-30 修改全部尺寸	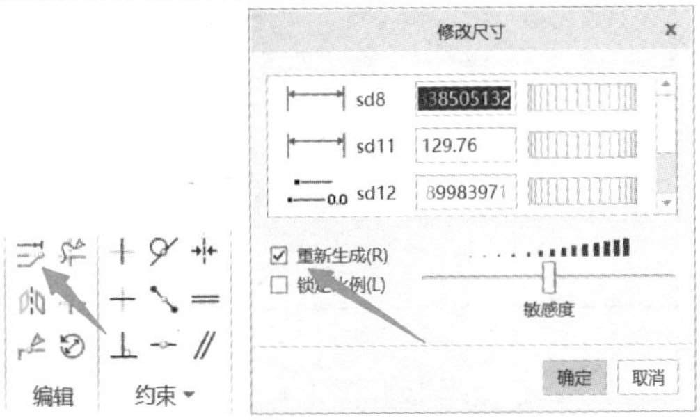	修改尺寸时要对照草绘，确认当前修改的是哪个尺寸（用长方形框住的尺寸即是）
11	修改全部尺寸后，单击【修改尺寸】对话框中的【确定】命令，草绘按修改后的尺寸重新生成	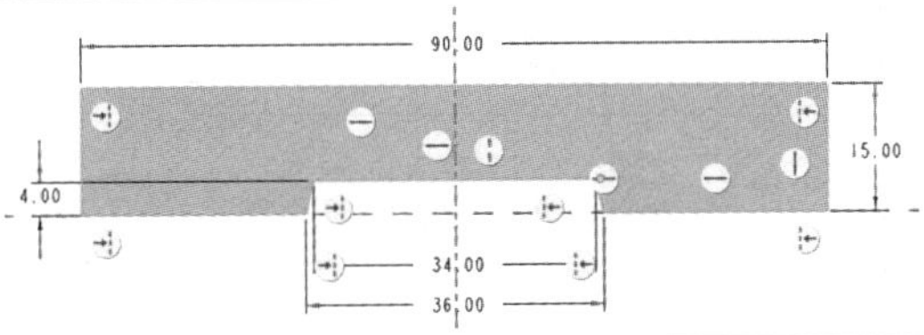	

（续）

步骤	操作要领	图例	说明
12	在【拉伸】选项卡 2 处输入底板拉伸长度 60 后按〈Enter〉键，单击绿色的 ✓ 或单击鼠标中键确认刚才输入的尺寸，系统退出【拉伸】命令，并完成支承座底板三维模型的造型	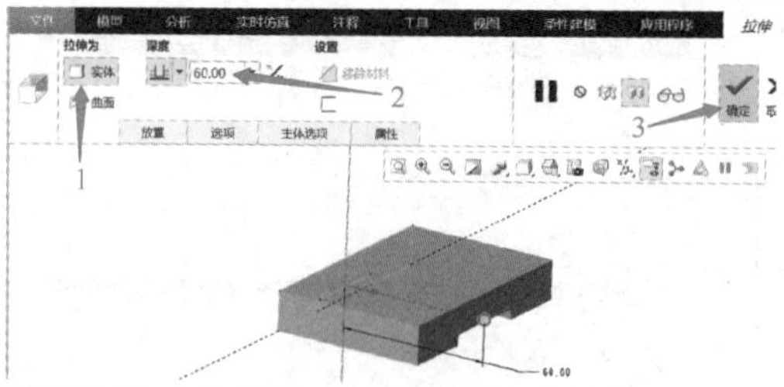	通过按住鼠标中键并移动鼠标，可查看刚刚建好的三维模型
13	单击【工程】组中的【倒圆角】命令 倒圆角，按右图步骤完成倒圆角	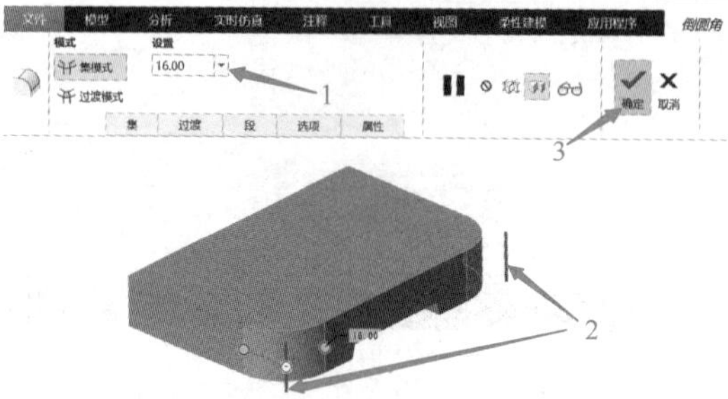	第 2 步选择倒圆角对象时，需按住〈Ctrl〉键的同时依次单击两条边线才能同时选择多条线
14	接下来完成上部的圆柱形支承孔的建模：单击【拉伸】命令，选 FRONT 基准面为草绘，完成右图所示的草绘，标注尺寸后单击【确定】按钮退出草绘环境	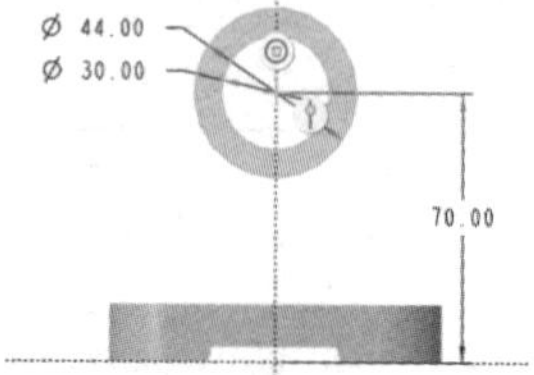	
15	按右图所示步骤及尺寸完成【拉伸】特征	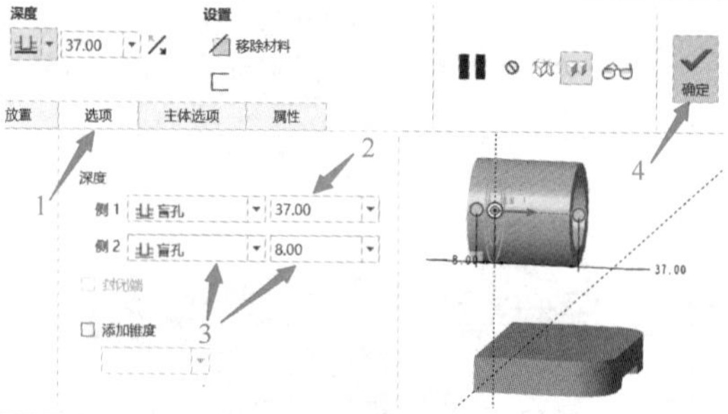	拉伸时需要设置向草绘平面两侧分别拉伸材料，图 1-30 标明后面是 8，前面则是 45-8=37
16	用【倒圆角】命令完成圆柱形支承孔前端的倒圆角 R2	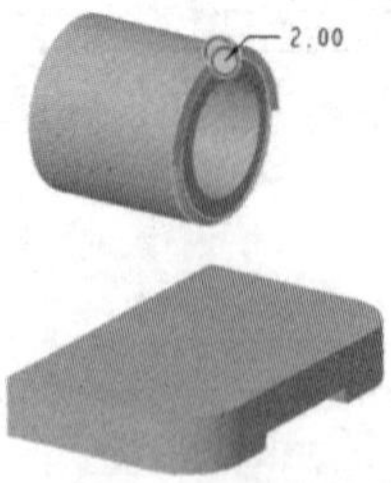	
17	接下来完成背板的建模：单击【拉伸】命令，选 FRONT 基准面为草绘面，单击【设置】组中的【参考】命令，添加右图中箭头所指的 4 条边为参考	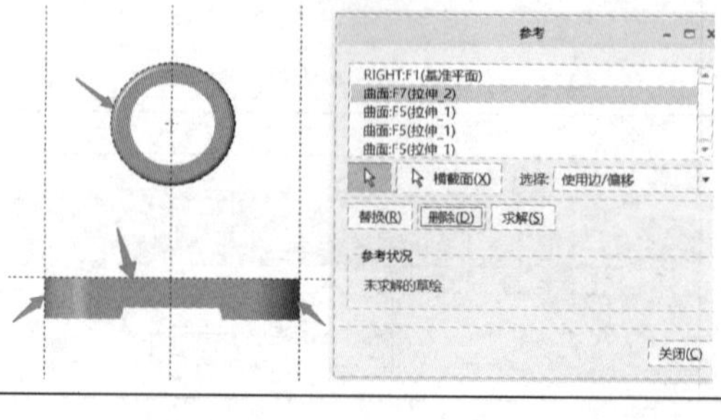	添加参考是为了以便后续添加约束或标注尺寸有必要的参考图元

（续）

步骤	操作要领	图例	说明
18	单击【草绘】组中的【投影】命令，分别选择 2、3 箭头所指的圆弧和边线，以提取模型中已有的线条	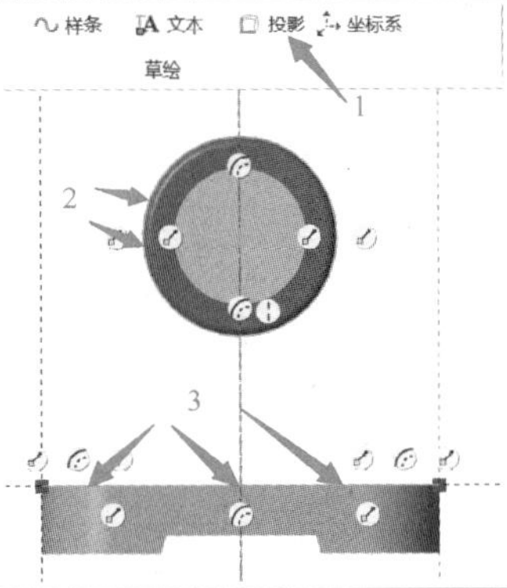	
19	画一条通过 Y 轴的中心线，用【线链】命令画左侧斜线，下端和底板左上角重合，上端与【投影】命令得到的圆弧相切，如没有相切可用【约束】组中的【相切】命令（右图序号 1）让斜线和圆弧相切。选中右图中的左侧斜线，用【编辑】组中的【镜像】命令（右图序号 2），单击刚刚绘制的中心线，得到右侧的斜线。利用【删除段】命令（右图序号 3）删除多出的圆弧，单击【确定】按钮退出草绘环境	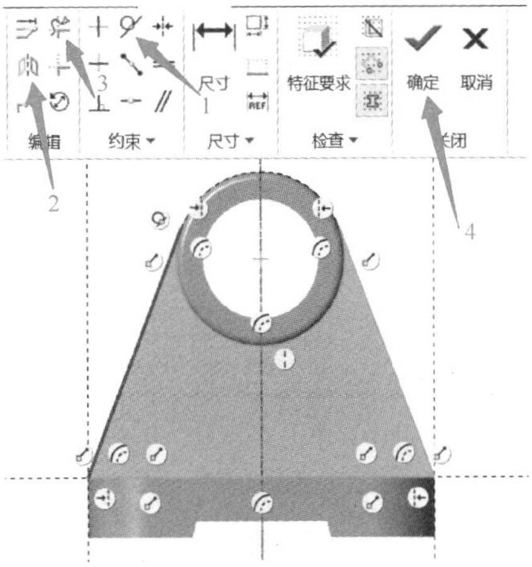	【约束】组中的 9 种约束在草绘中经常用到，一般先约束，后标注尺寸。 左图中的序号是命令使用的先后次序
20	在【拉伸】选项卡中输入拉伸的距离 12，单击鼠标中键退出【拉伸】命令，如右图所示	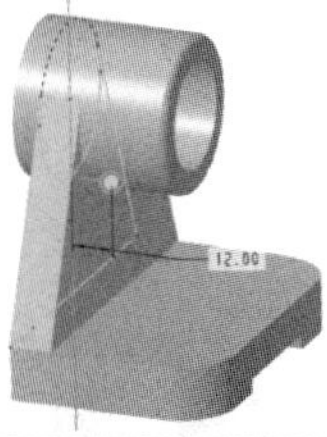	
21	单击【拉伸】命令，选背板前侧平面为草绘面，绘制如右图所示的草绘并标注尺寸	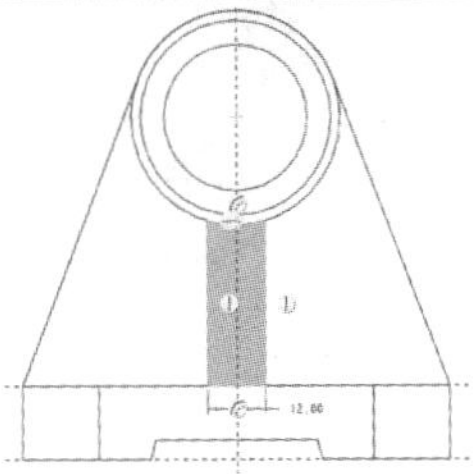	本次草绘使用【投影】【线链】和【删除段】命令，绘制另一条线链时利用 Creo 自动创建的对称约束
22	退出草绘环境后，在【拉伸】选项卡中输入拉伸长度为 29-12=17，单击鼠标中键结束【拉伸】特征	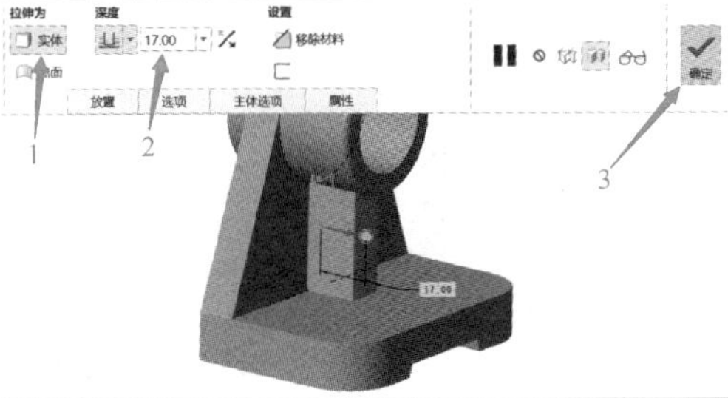	

（续）

步骤	操作要领	图例	说明
23	完成加强筋的建模：单击【工程】组中的【轮廓筋】命令 轮廓筋，选择 RIGHT 基准平面为草绘平面，单击【设置】组中的【草绘设置】命令，按右图所示设置草绘方向，以便和图 1-30 右视图方位相同	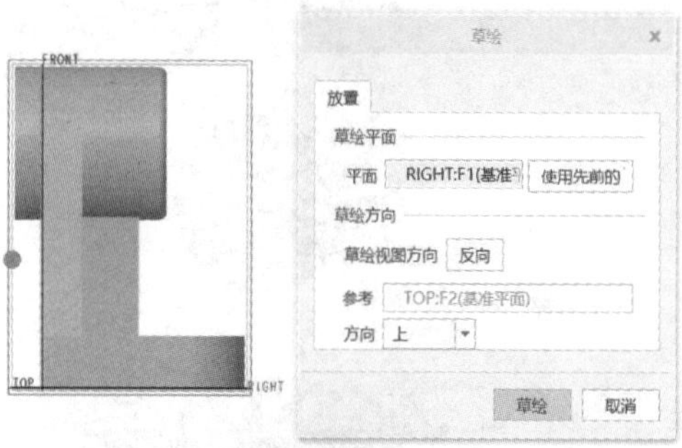	
24	单击【设置】组中的【参考】命令，添加如右图所示的三条边为参考	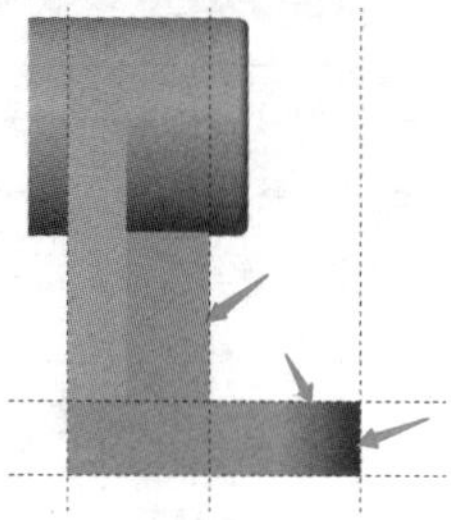	
25	单击【草绘】组中的【线链】命令，绘制如右图所示的草绘并标注尺寸为 35	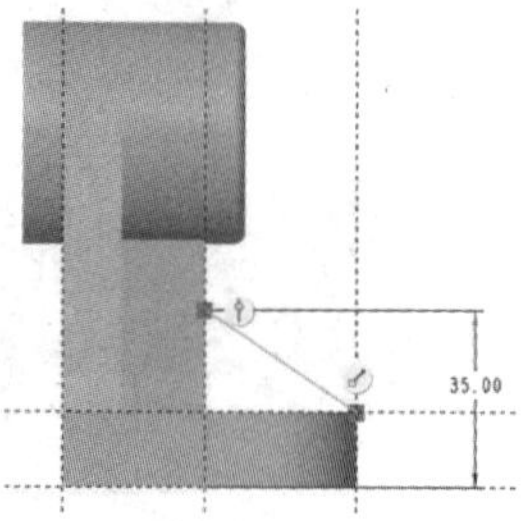	筋特征的截面草图不能封闭，但两端必须和材料接触
26	退出草绘后按右图所示步骤完成筋特征的创建	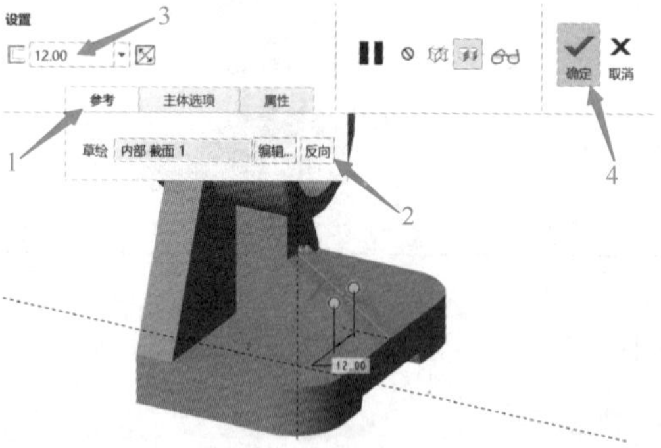	
27	接下来完成台阶圆柱孔的建模：首先创建草绘用的基准平面 DTM1，单击【基准】组中的【平面】命令 ，单击背板背面作为参考，输入偏移距离为 40，并改变偏移方向为向前	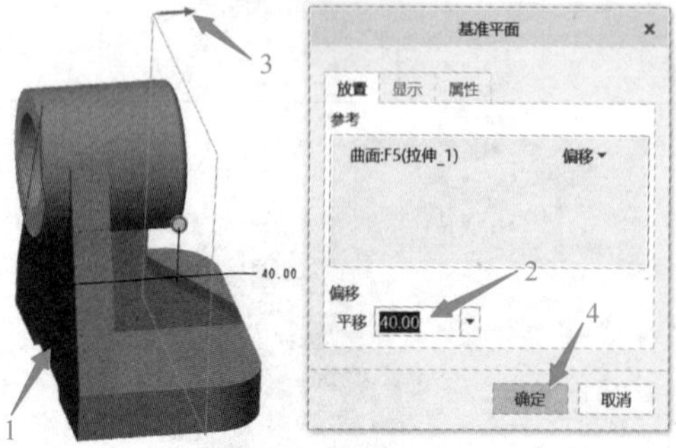	要注意基准平面是有正反面的方向性的

（续）

步骤	操作要领	图例	说明
28	单击【形状】组中的【旋转】命令，选择刚刚创建的基准平面DTM1 为草绘面，创建如右图所示的草绘。 草绘时先画距离 Y 轴向左 29 的中心线。再利用【线链】命令一次绘制	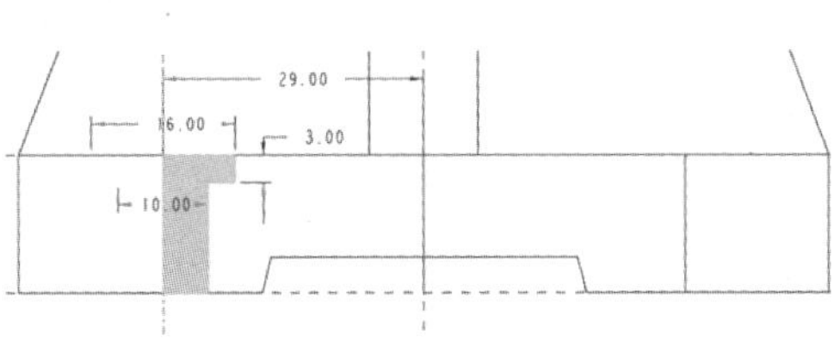	Φ16 及 Φ10 的标注：用【尺寸】命令依次单击线链、中心线、线链，单击鼠标中键结束
29	退出草绘后，按右图所示步骤完成使用【旋转】命令移除材料的特征建模	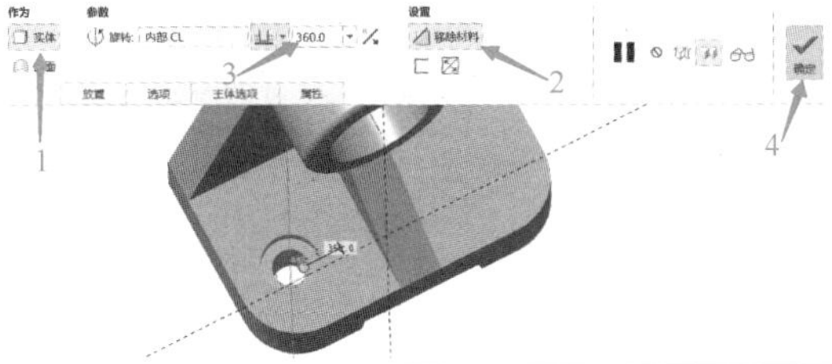	
30	选中刚创建的旋转特征，单击【模型】选项卡【编辑】组中的【镜像】命令，根据提示选择 RIGHT基准平面为镜像平面，完成旋转特征的镜像	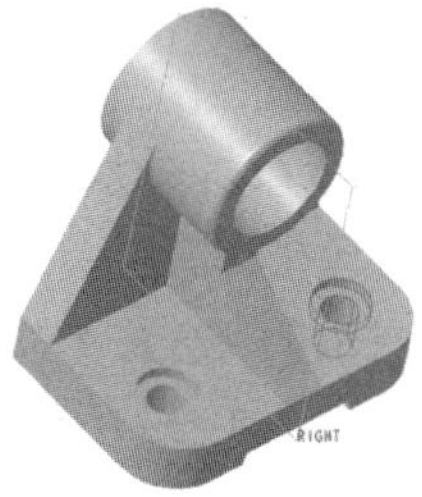	
31	单击【快速访问工具栏】中的【保存】命令按钮（或按组合键〈Ctrl+S〉），将三维模型保存至工作目录中	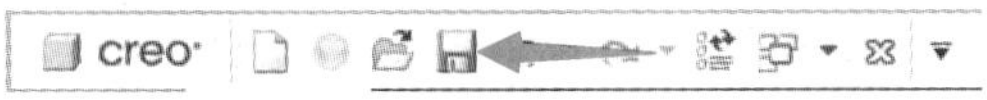	若未保存就退出Creo，Creo 不会提示用户保存，读者务必要养成定期保存的习惯

四、任务评价

图 1-30 所示的支承座三维建模难度比上一个零件稍大，主要用到了【拉伸】【倒圆角】【筋】【基准】【旋转】等特征命令，总体上来说，还是一个特征的堆积过程。当然，两个台阶圆柱孔的建模除了用【旋转】特征命令移除材料外，也可以分两次用【拉伸】命令移除材料的方式建模。

本任务涉及的基准平面的创建要注意灵活运用，在很多建模场合是没有现成的草绘平面或参考平面的。这时候就需要先用【基准】命令自行创建基准平面，然后才能完成其他特征的创建。

任务四 三维模型的体积及质量测量

产品设计过程中有时需要知道虚拟样机（含单个零件）的体积、质量等参数，以便计算包装空间、核算成本，而 Creo 正好提供了分析测量工具。

一、任务下达

本任务通过工程图的方式下达（图中零件所用材料为 45 钢，密度为 0.0078g/mm^3），要求按图 1-32 所示的尺寸完成棘轮的三维建模（其中字母 A 深度为 0.2），并给出该零件准确的体积及质量。

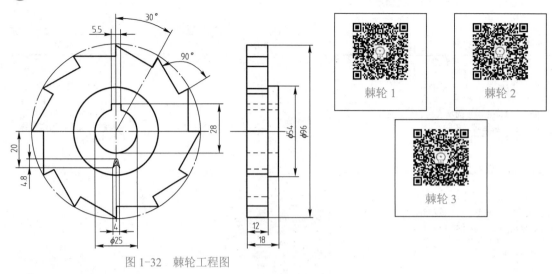

图 1-32 棘轮工程图

二、任务分析

图 1-32 中是一个典型的棘轮，$\phi100$ 的圆周上均匀分布了 16 个棘爪，中间为圆孔及键槽。图形本身很简单，先完成 $\phi100$ 圆柱体的建模，再通过拉伸移除材料的方式完成 16 个棘爪的建模，然后完成中间凸出部分的建模，最后完成圆孔及键槽的建模。

完成该模型的创建需用到 Creo 的【草绘】、【拉伸】、【拉伸】（移除材料）、【阵列】、【文本】等特征命令。棘轮主要建模流程如图 1-33 所示。

图 1-33 棘轮主要建模流程

建模完成后，利用【分析】选项卡【模型报告】组的【质量属性】命令，可分析查询棘轮零件准确的体积及质量。

三、任务实施

表 1-4 详细描述了完成图 1-32 所示棘轮的建模步骤及说明。

表 1-4 棘轮的建模步骤及说明

步骤	操作要领	图例	说明
1	按任务一的讲解内容完成 Creo 的安装与配置	（略）	进行三维建模前完成软件安装与配置
2	打开 Creo 软件，单击【快速访问工具栏】的【新建】命令，新建一个文件名为"1-4-1"的实体文件（按右图所示步骤），选择公制模板 mmns_part_solid_abs，即确保建模时长度单位为 mm		新建公制模板的实体文件

（续）

步骤	操作要领	图例	说明
3	单击【模型】选项卡【形状】组中的【拉伸】命令按钮		
4	选择 FRONT 基准面为草绘平面，功能区随即打开【拉伸】和【草绘】选项卡，系统自动进入 Creo 的草绘环境		Creo 以 FRONT 基准面为主视图方位，根据图 1-32 的布局，所以圆柱体的拉伸操作应选 FRONT 基准面为草绘平面
5	单击【草绘】选项卡【设置】组中的【草绘视图】命令，将草绘平面摆成与显示器屏幕平行		将草绘平面摆成与显示器屏幕平行，有助于准确绘制二维草绘图形
6	单击【草绘】组中的【圆心和点】命令 圆心和点，绘制 Φ100 的圆。退出草绘后输入拉伸的深度为12，完成圆柱体的建模		草绘中仅一个尺寸的修改方法：先双击尺寸数值，然后输入 100，最后按〈Enter〉键
7	单击【模型】选项卡【形状】组中的【拉伸】命令按钮，选择图中箭头所指平面为草绘平面，向外拉伸直径为 54、高度为18-12=6 的圆柱体		
8	接下来切除中间的圆孔及键槽，继续单击【拉伸】命令，选择右图中箭头所指平面为草绘平面，单击【草绘视图】命令，先后使用【中心线】【圆心和点】【线链】【对称】【删除段】等命令绘制右图所示的草绘		草图中直径 25 的标注方法：先单击【尺寸】组中【尺寸】命令，然后双击要标注直径的圆弧，最后单击鼠标中键结束
9	单击【草绘】选项卡右侧的【确定】按钮退出草绘后，按右图所示步骤完成使用【拉伸】命令移除材料的特征建模		通孔拉伸切除用下图所示命令

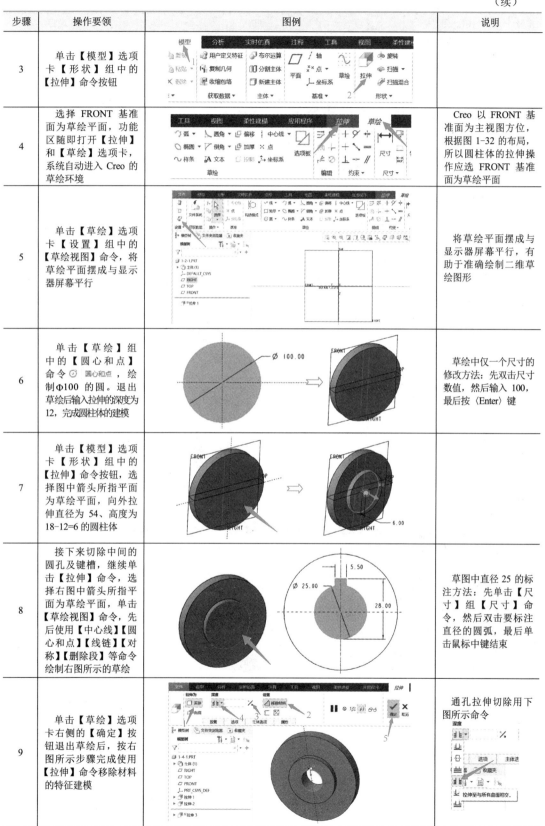

（续）

步骤	操作要领	图例	说明
10	接下来切除棘轮槽，由于 16 个槽呈圆周分布，所以切完一个槽后使用【阵列】命令即可。单击【拉伸】命令，选择右图中箭头所指平面为草绘平面，单击【草绘视图】命令，再单击【视图】工具栏【显示样式】下的【消隐】命令 消隐。先后使用【投影】、【线链】、【删除段】等命令绘制右图所示的草绘，并标注角度30°	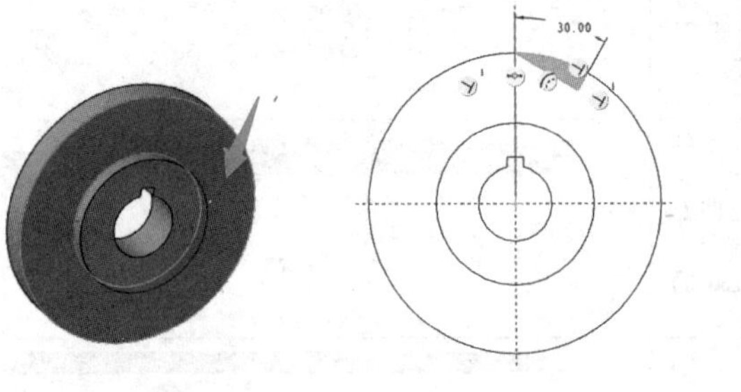 30.00	角度标注方法：先单击【尺寸】组【尺寸】命令，然后依次单击角度的两条边线，将光标置于角度内部位置，最后单击鼠标中键结束，将尺寸修改为30，即完成了角度 30° 的标注
11	单击【视图】工具栏【显示样式】下的【带边着色】命令 带边着色，并按右图所示步骤完成使用【拉伸】命令移除材料的特征建模	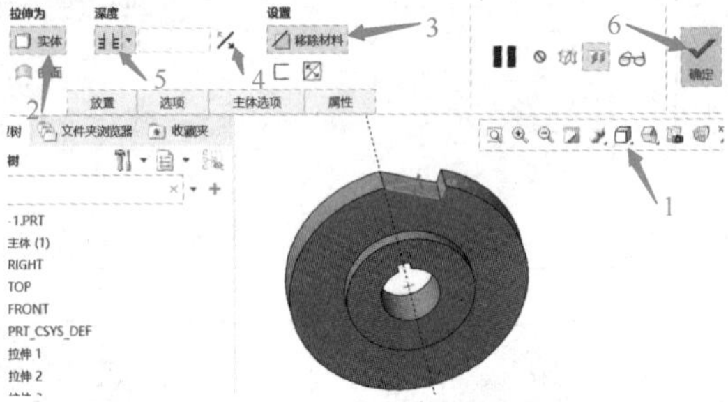	
12	接下来完成阵列操作：在右图所示模型树单击"拉伸 4"或三维模型上单击棘轮槽	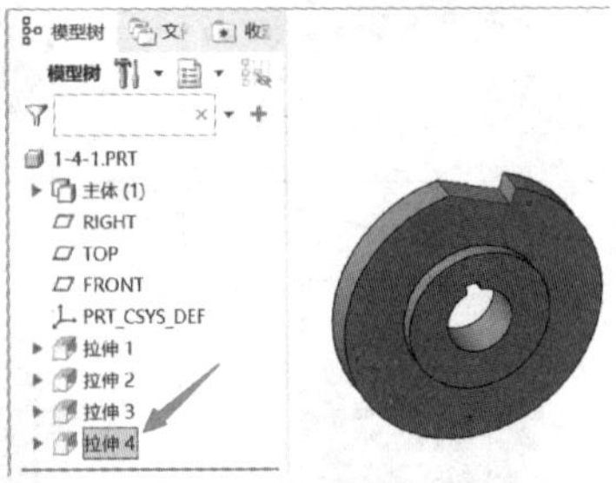	
13	单击【模型】选项卡【编辑】组中的【阵列】命令 阵列，在【阵列】选项卡中选择【轴】（1 处），再选择创建阵列的轴（2 处）。在右图的 4 处输入 16（阵列成员数），单击 6 处输入 360（阵列成员均布整个圆周）	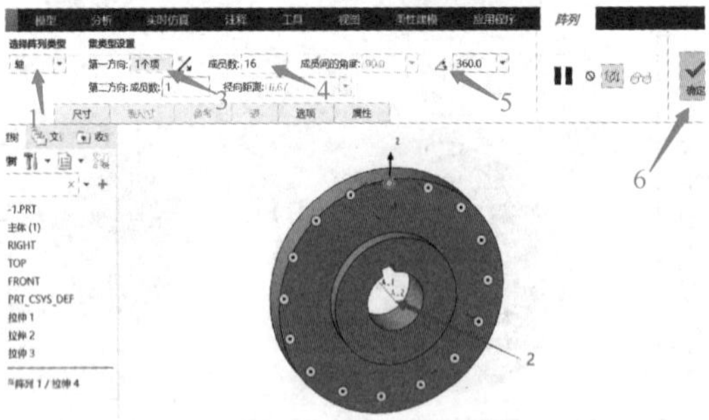	
14	单击鼠标中键结束【阵列】特征的创建，结果如右图所示	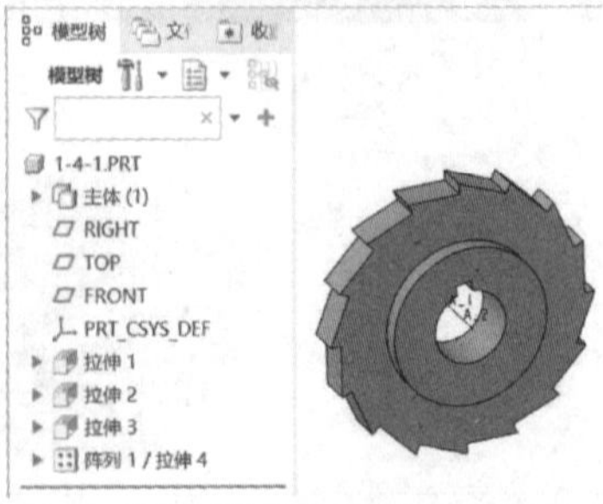	

（续）

步骤	操作要领	图例	说明
15	下面切除产品标记"A"：单击【拉伸】命令，选择右图中箭头所指平面为草绘平面，单击【草绘视图】命令，单击【视图】工具栏【显示样式】下的【消隐】命令 消隐，单击【草绘】组中的【文本】命令 **A** 文本，绘制右图所示的草绘，选用 font3d 字体，并标注尺寸	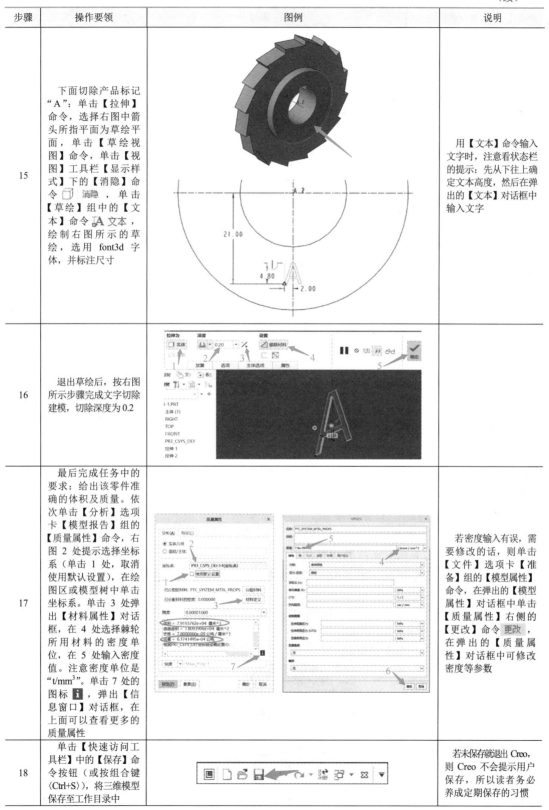	用【文本】命令输入文字时，注意看状态栏的提示：先从下往上确定文本高度，然后在弹出的【文本】对话框中输入文字
16	退出草绘后，按右图所示步骤完成文字切除建模，切除深度为0.2		
17	最后完成任务中的要求：给出该零件准确的体积及质量。依次单击【分析】选项卡【模型报告】组的【质量属性】命令，右图 2 处提示选择坐标系（单击 1 处，取消使用默认设置），在绘图区或模型树中单击坐标系。单击 3 处弹出【材料属性】对话框，在 4 处选择棘轮所用材料的密度单位，在 5 处输入密度值。注意密度单位是"t/mm³"。单击 7 处的图标 **i**，弹出【信息窗口】对话框，在上面可以查看更多的质量属性		若密度输入有误，需要修改的话，则单击【文件】选项卡【准备】组的【模型属性】命令，在弹出的【模型属性】对话框中单击【质量属性】右侧的【更改】命令 更改，在弹出的【质量属性】对话框中可修改密度等参数
18	单击【快速访问工具栏】中的【保存】命令按钮（或按组合键〈Ctrl+S〉），将三维模型保存至工作目录中		若未保存就退出 Creo，则 Creo 不会提示用户保存，所以读者务必养成定期保存的习惯

（续）

步骤	操作要领	图例	说明
19	如果不再需要使用 Creo，则可单击【文件】选项卡中的【退出】命令 ✕ 退出(X) 或窗口右上角的退出按钮 ✕，彻底退出 Creo。但是，如果还需在 Creo 中进行其他工作，则单击【文件】选项卡中的【关闭】命令（1 处），然后将刚刚保存的 prt 文件关闭，并单击【文件】选项卡【管理会话】组的【拭除未显示的】命令，将内存中的 prt 文件释放出来	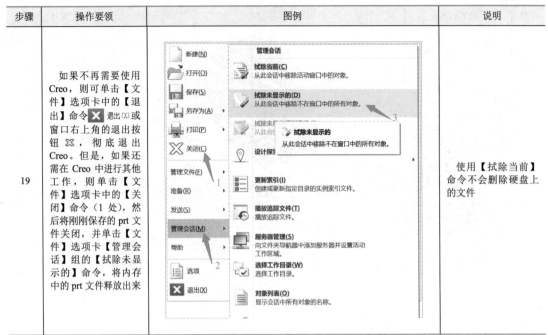	使用【拭除当前】命令不会删除硬盘上的文件

四、任务评价

图 1-32 所示的棘轮三维模型最突出的特点是棘轮槽呈规律性的圆周分布，所以要用到 Creo 的圆周【阵列】命令。此外，工程图中表面模型上有一个字母标记"A"，所以要用到 Creo 的【文本】命令。在下达任务时明确要求提供该模型的体积和质量，所以要用到 Creo 的【质量属性】命令，当输入密度大小并选择坐标系后，系统即可自动算出体积、质量等参数，而不需要用传统样机实验的方法。

图 1-34　模型曲面上的文字标记

本例中，模型表面标记所在的位置是平面，因此可以使用【拉伸】切除命令完成。如果模型表面的标记位于曲面上（图 1-34），可以按表 1-5 所示的步骤进行处理。

表 1-5　模型曲面上的文字标记处理过程

步骤	操作要领	图例	说明
1	创建基准平面 DTM2，基准平面与平面 FRONT 距离 d 等于文字标记曲面所在圆柱的底面半径 R 加上标记文字的高度 h（或深度），即 d=R+h。		

（续）

步骤	操作要领	图例	说明
2	选择【模型】选项卡【基准】组中的【草绘】命令，选择刚刚创建的基准平面 DTM2 作为草绘平面，进入草绘环境。选择【草绘】组中的【文字】命令，完成文字的书写。退出草绘环境	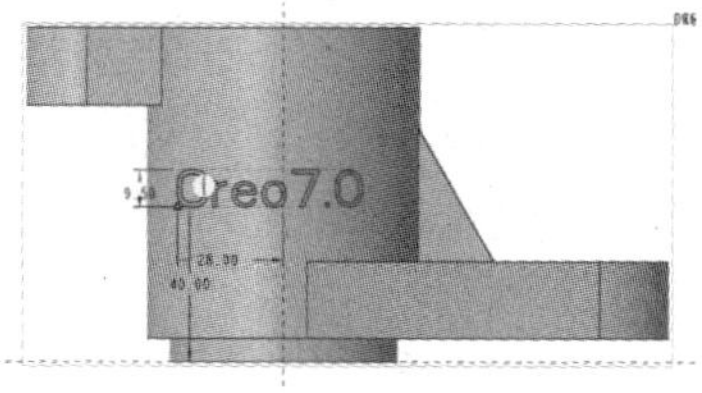	设置草绘平面与屏幕平行时，一定要注意，要进行文字标记的这侧曲面，应靠近绘图者，否则写的字是反的。注意：文字的位置和大小在练习时可以根据需要调整
3	选中要进行文字标记的曲面，单击【模型】选项卡【编辑】组中的【偏移】命令		
4	在弹出的【偏移】选项卡中，依照右图所示步骤，进入草绘环境	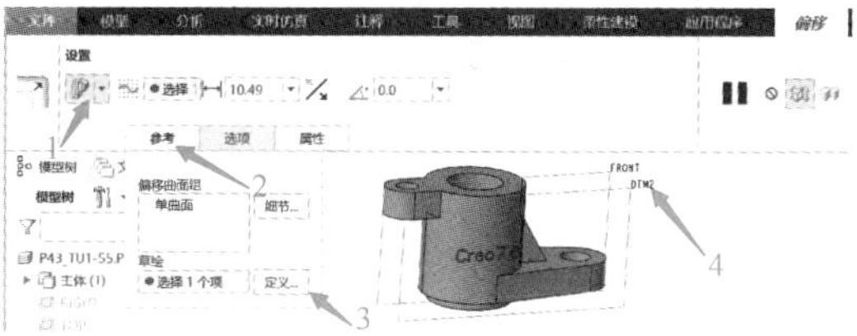	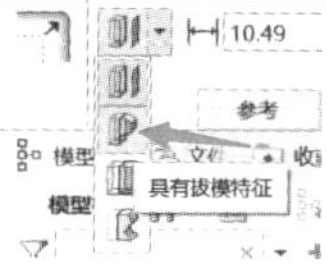 在 1 处的设置，一定选择【具有拔模特征】的选项
5	选择【草绘】组中的【投影】命令，如右图所示。单击图中的文字，完成草绘，退出草绘环境，返回【偏移】选项卡	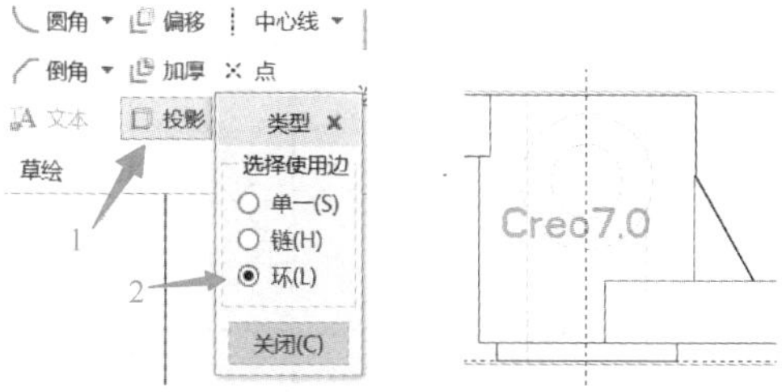	
6	如右图所示，在 1 处输入文字的高度为 0.5，在 2 处设置文字是凸出曲面还是凹进曲面，在 3 处可见文字预览的情况。单击 4 处完成文字标记的创建	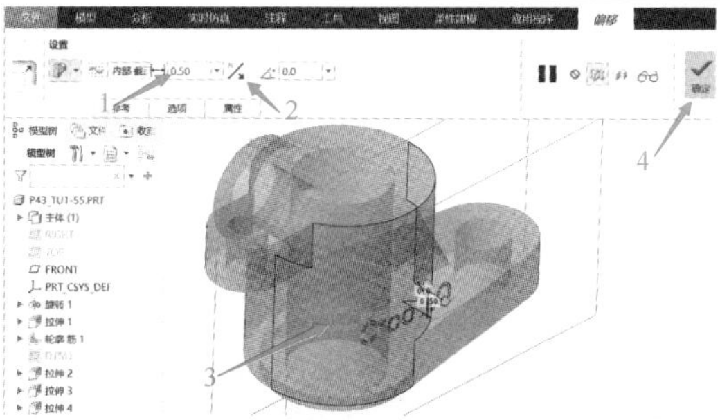	
7	完成的曲面文字或图案的标记如右图所示	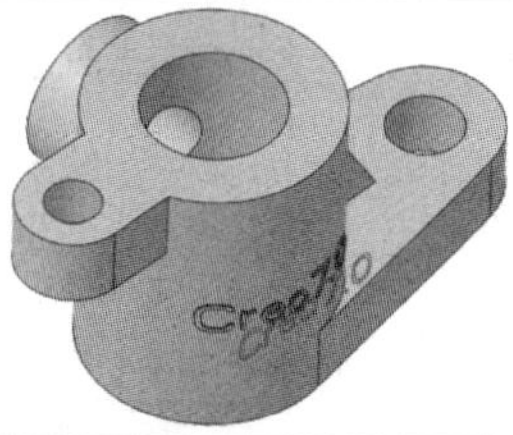	此处设置的文字是凹进曲面的
8	可将模型树中的草绘 1 特征隐藏，再将文字着色处理，则有如右图所示的清晰效果		

强化训练题一

1. 按"任务一 Creo 的安装与配置"中讲解的方法与步骤，完成 Creo 7.0 软件的安装与配置，提交单击 Creo 软件中【文件】选项卡【帮助】组中【关于】命令后，所弹出的对话框的截图（存为 JPG 格式）。

题 2

题 3

2. 完成图 1-35 所示零件的三维建模。

3. 完成图 1-36 所示零件的三维建模。

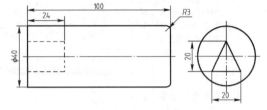

图 1-35 圆柱体（一）   图 1-36 圆柱体（二）

4. 完成图 1-37a、b（立方体轮廓边长为 20）所示两个零件的三维建模，并使用【带边着色】命令显示三维模型。

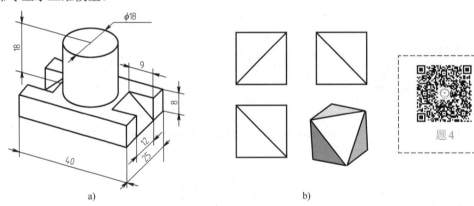
a)   b)

图 1-37 组合体（一）

5. 完成图 1-38 所示零件的三维建模，并使用【带边着色】命令显示三维模型。

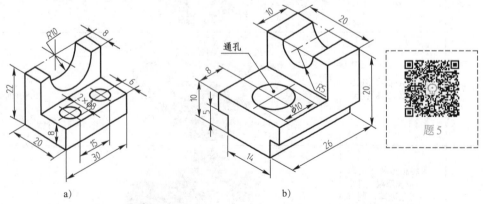
题 5

a)   b)

图 1-38 组合体（二）

6. 完成图 1-39 所示零件的三维建模，并使用【消隐】命令显示三维模型。

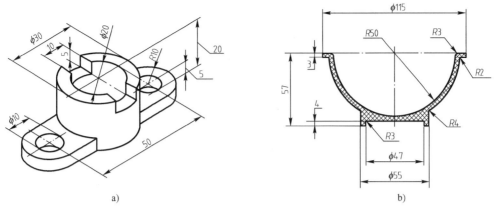

图 1-39 组合体（三）

7. 完成图 1-40 所示二维草绘，同时保存为 drw 和 dwg 两种格式文件，求最大外围轮廓内的面积。提示：草绘环境的进入方式有两种，一种是"【文件】-【新建】-【草绘】"，另一种是"【文件】-【新建】-【零件】-【草绘】"。

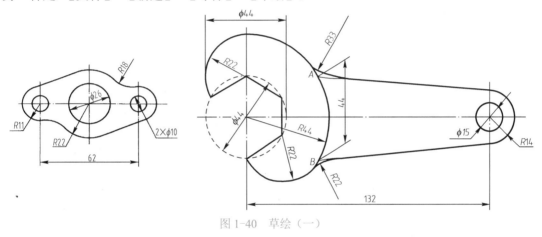

图 1-40 草绘（一）

8. 完成图 1-41 所示二维草绘，并同时保存为 drw 和 dwg 两种格式文件。

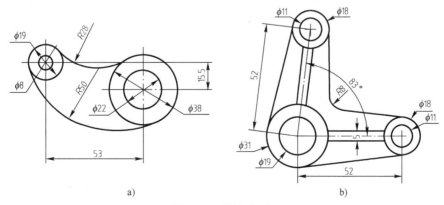

图 1-41 草绘（二）

9. 绘制图 1-42 所示二维草绘，求除左侧矩形外的封闭区域面积。绘图结束后保存为 drw 和 dxf 两种格式文件。

10. 完成图 1-43 所示零件的三维建模，并使用【消隐】命令显示三维模型。底板厚为 10，斜板厚为 6。

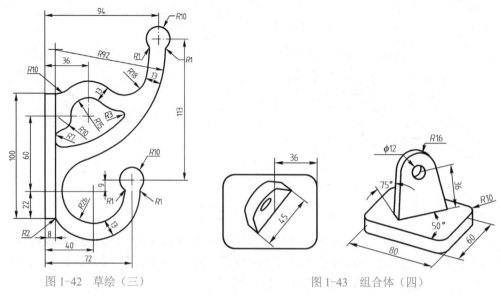

图 1-42　草绘（三）　　　　　　　　　　图 1-43　组合体（四）

11. 完成图 1-44 所示零件的三维建模，并使用【带边着色】命令显示三维模型。

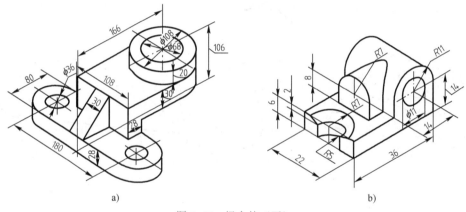

a)　　　　　　　　　　　　　　　　　　b)

图 1-44　组合体（五）

12. 完成图 1-45 所示零件（总高为 25）的三维建模，并使用【带边着色】命令显示三维模型。

13. 完成图 1-46 所示零件（底板厚为 10）的三维建模，并使用【带边着色】命令显示三维模型。

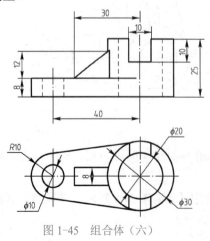

图 1-45　组合体（六）

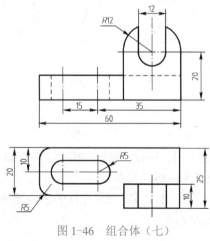

图 1-46　组合体（七）

14. 完成图 1-47 所示零件的三维建模，并使用【消隐】命令显示三维模型。

15. 完成图 1-48 所示零件的三维建模，并使用【带边着色】命令显示三维模型。

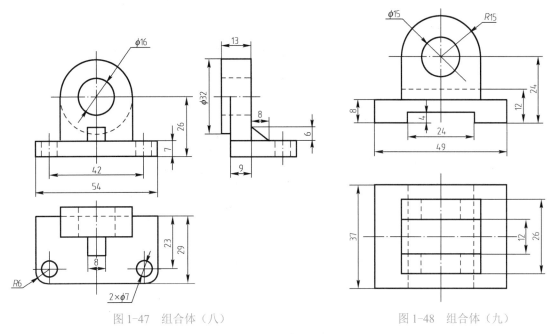

图 1-47　组合体（八）　　　　　图 1-48　组合体（九）

16. 完成图 1-49 所示零件的三维建模，使用【带边着色】命令显示三维模型，并计算该模型的体积是多少。

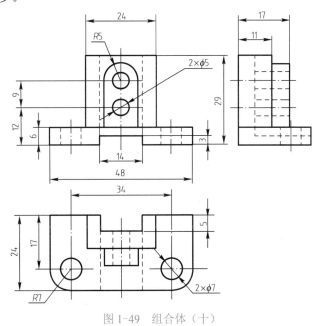

图 1-49　组合体（十）

17. 完成图 1-50 所示零件的三维建模（图中 $\phi6$ 的圆为前后贯穿的通孔），使用【带边着色】命令显示三维模型，并计算该模型的体积是多少。

18. 完成图 1-51 所示零件的三维建模，并使用【带边着色】命令显示三维模型。

19. 完成图 1-52 所示零件的三维建模，并使用【带边着色】命令显示三维模型。

20. 完成图 1-53 所示零件的三维建模，并使用【带边着色】命令显示三维模型。

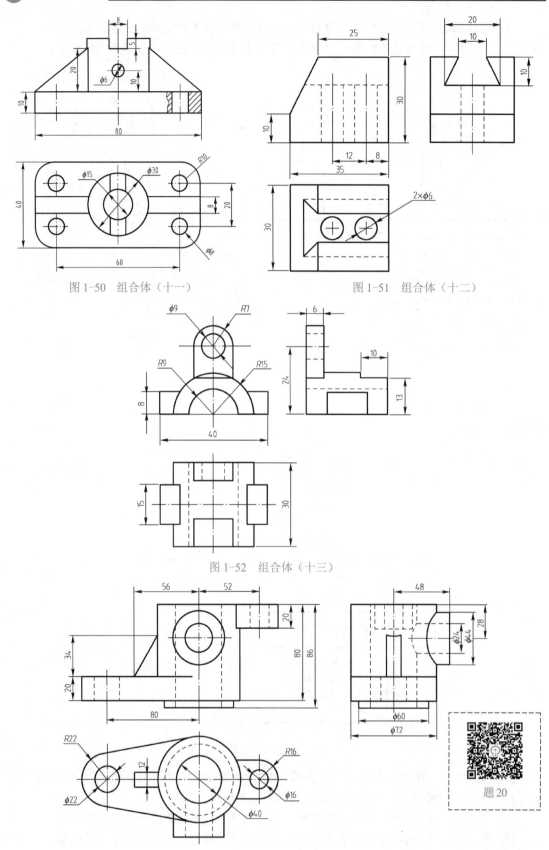

图 1-50　组合体（十一）

图 1-51　组合体（十二）

图 1-52　组合体（十三）

题 20

图 1-53　组合体（十四）

21．完成图 1-54 所示图形的二维草绘，注意其中的水平、竖直、相切等几何关系。图中 A=189，B=145，C=29，D=96。草绘完成后计算图中上色区域（即除去 ϕ60 的圆形区域）的面积？（参考答案：17446.37）。

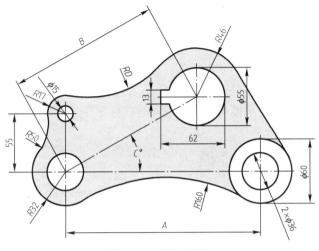

图 1-54　草绘（四）

22．完成图 1-55 所示图形的二维草绘，注意其中的相切、同心等几何关系。图中 A=20，B=10，C=65，D=12。请问图中上色区域的面积是多少？（参考答案：3876.15）

23．完成图 1-56 所示零件的三维建模（ϕ16 为通孔、ϕ12 孔贯通至 ϕ24 内孔上壁），使用【带边着色】命令显示三维模型并求其体积。

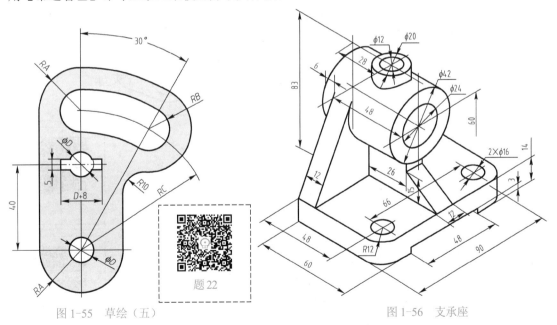

图 1-55　草绘（五）　　　　　　　　　　　图 1-56　支承座

题 22

学习情境二　非标零件的三维建模

非标准零件简称非标零件或非标件。出于个性化及使用性能等方面的考虑，在工业产品或消费品中，一般都要设计大量的非标零件。这些非标零件的外形、内腔比前面所讲的组合体更复杂，建模难度也更大。为进一步掌握 Creo 的三维建模思路与技巧，下面讲解锥形法兰、轴承座、斜面连接座、支承接头和陶瓷茶杯等非标零件的建模、渲染等过程。

任务一　锥形法兰的三维建模

法兰（flange），又叫法兰凸缘盘或凸缘，主要用于管状零件之间的相互连接，如管道法兰、减速器法兰等，广泛用于化工、建筑、给排水、石油、冷冻、消防、电力、航天等行业。

一、任务下达

本任务通过二维工程图的方式下达（未给出图框及标题栏），要求按图 2-1 所示的尺寸完成锥形法兰的三维建模，并分别计算尺寸 $x=85$ 和 $x=90$ 时模型的准确体积。

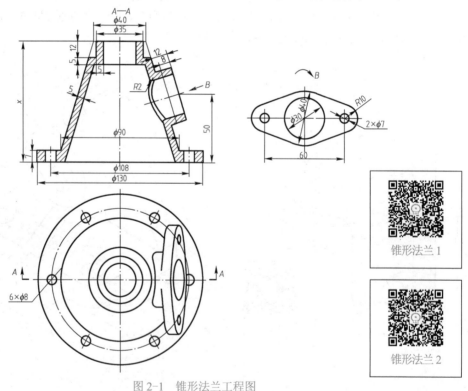

锥形法兰 1

锥形法兰 2

图 2-1　锥形法兰工程图

二、任务分析

图 2-1 中锥形法兰总体上是一个回转体零件，在主视图的右侧有一个斜面法兰，这也是建模的难点所在，需要创建基准平面以完成斜面法兰的创建。

完成该模型的创建需用到【草绘】（特别是【构造】命令的使用）、【旋转】、【基准平面】、【拉伸】、【倒圆角】、【拉伸】（移除材料）等特征命令。锥形法兰主要建模流程如图 2-2 所示。

图 2-2　锥形法兰主要建模流程

三、任务实施

表 2-1 详细描述了完成图 2-1 所示锥形法兰的建模步骤及说明。

表 2-1　锥形法兰的建模步骤及说明

步骤	操作要领	图例	说明
1	按学习情境一中任务一的讲解内容完成 Creo 的安装与配置	（略）	进行三维建模前完成软件安装与配置
2	打开 Creo 软件，单击【快速访问工具栏】的【新建】命令，新建一个文件名为 "2-1-1" 的实体文件（按右图所示步骤），选择公制模板 mmns_part_solid_abs，即确保建模时长度单位为 mm		
3	单击【模型】选项卡【形状】组中的【旋转】命令按钮		
4	选择 FRONT 基准面为草绘平面，随即打开【旋转】和【草绘】选项卡，系统自动进入 Creo 的草绘环境		Creo 以 FRONT 基准面为主视图方位，根据图 2-1 的布局，锥形体的旋转操作应选 FRONT 面为草绘平面
5	单击【视图】工具栏中的【草绘视图】命令，将草绘平面摆成与显示器屏幕平行		将草绘平面摆成与显示器屏幕平行，有助于准确绘制二维草绘图形
6	单击【草绘】选项卡【草绘】组中的【中心线】命令画一条与 Y 轴重合的中心线		

（续）

步骤	操作要领	图例	说明
7	单击【草绘】组中的【线链】命令，绘制右图所示的草绘（尺寸随意），注意草绘过程中 Creo 会自动添加约束，比如两端线段相等、平行等约束，并以相关的符号提示当前自动产生的约束类型	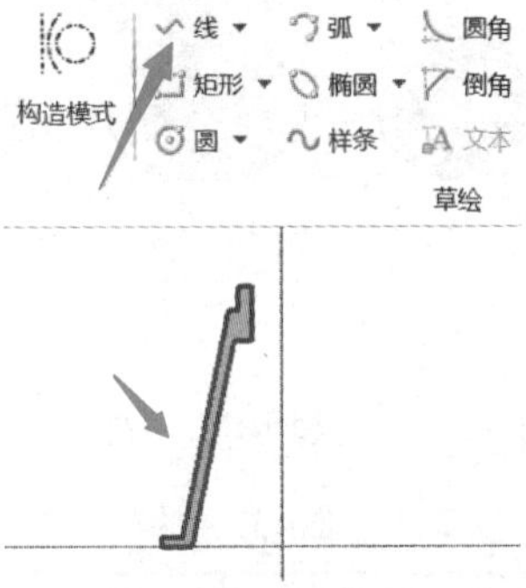	
8	为了在主视图中标注 Φ40，需要画出主视图左上角的虚拟延长线。方法：用【线链】命令画出右图中箭头所指图形，单击【约束】组【重合】命令，约束斜线与斜线重合，然后分别选中箭头处的线段，弹出快捷菜单，在弹出的菜单中选择【构造】命令，即将几何图形变换为构造图形	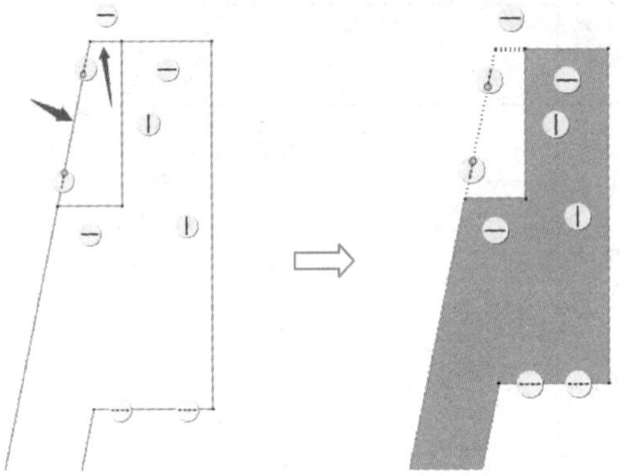	构造图形不参与【拉伸】、【旋转】等实体特征的建模
9	单击【尺寸】组【尺寸】命令，按图 2-1 主视图中的尺寸数量和种类，标注全部尺寸（大小暂不修改），如右图所示。标注过程中，随时通过鼠标滚轮进行图形缩放，以便准确单击所需标注尺寸的图元对象	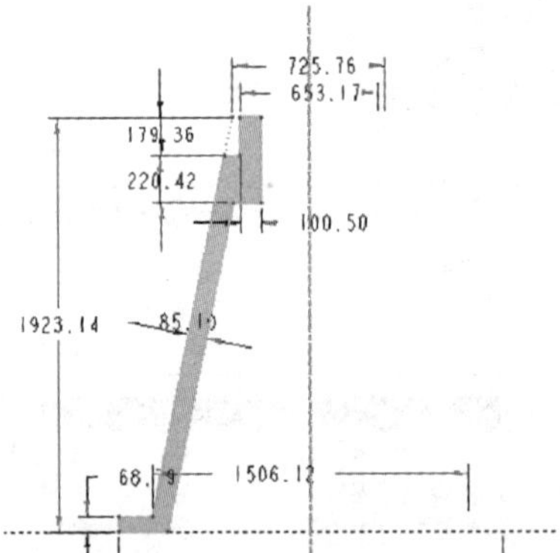	每个尺寸标注都以单击中键结束。直径尺寸（如Φ35）的标注方法：单击【尺寸】命令，单击线段后再单击中心线，然后单击一次线段，最后单击中键结束
10	按住鼠标左键并移动鼠标，框选全部尺寸，单击【编辑】组【修改】命令，在弹出的【修改尺寸】对话框中取消勾选【重新生成】的复选框，按照图 2-1 中的尺寸数值将 4 处的尺寸一一修改，单击【确定】按钮完成尺寸的修改	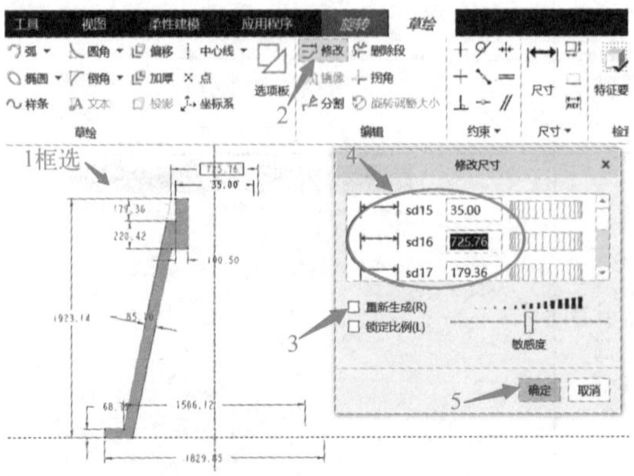	

（续）

步骤	操作要领	图例	说明
11	修改后的尺寸及图形如右图所示。注意：此时图 2-1 中的尺寸 x 先按 90 进行建模。待全部模型构建完成后，修改 $x=85$，再测量其体积	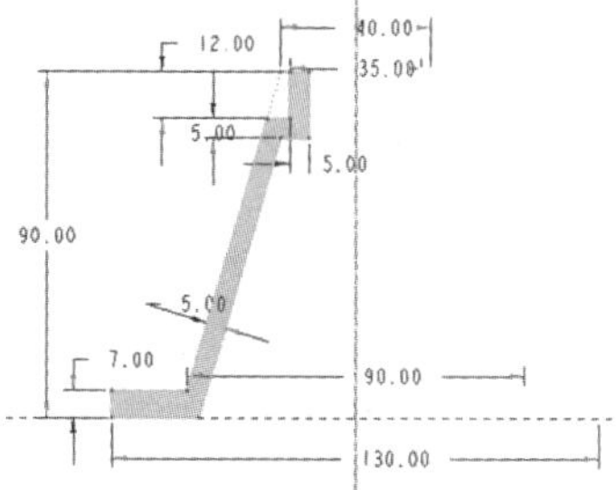	
12	单击【关闭】组【确定】按钮，Creo 自动保存草绘并退出草绘环境，回到【旋转】选项卡，单击 ✔ 命令，完成旋转特征的创建		
13	单击【形状】组【拉伸】命令，选择右图箭头所指平面为草绘平面，Creo 自动进入草绘环境，单击【视图】工具栏【草绘视图】命令 📐，将草绘平面摆成与显示器屏幕平行		
14	单击【视图】工具栏【显示样式】组中的【消隐】选项，以方便草图绘制。单击【草绘】组【圆心和圆】命令，在 X 轴上绘制如右图所示圆，双击尺寸值并修改为 7。单击【草绘】组中的【中心线】命令，绘制一条与 Y 轴重合的构造中心线，并标注尺寸为 108	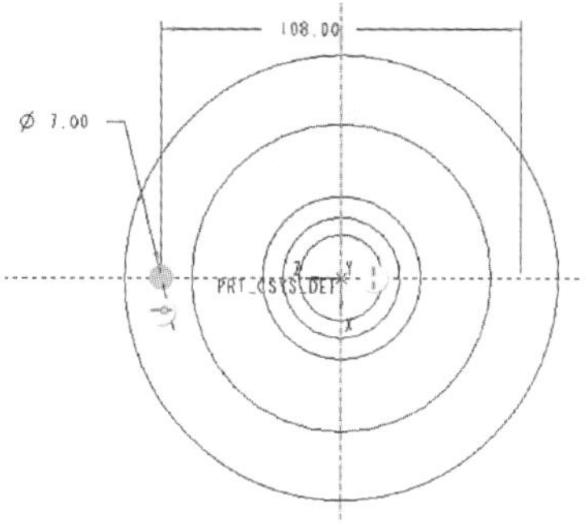	尺寸 108 的标注方法：先单击【尺寸】组【尺寸】命令，再单击Φ7 的圆心，然后单击中心线和单击Φ7 的圆心，最后单击中键完成尺寸标注
15	按右图所示步骤完成圆孔（通孔）的拉伸切除	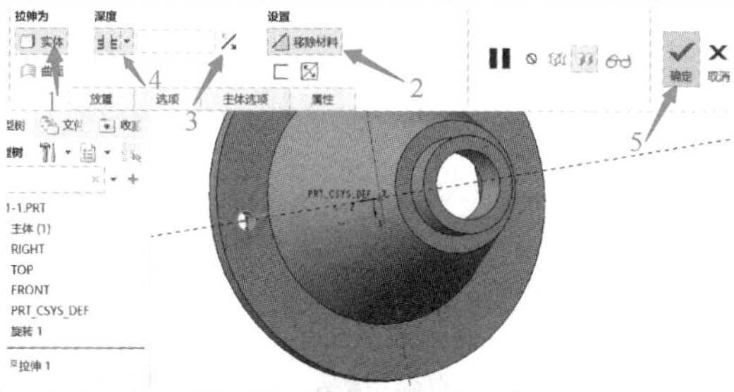	
16	在模型树或绘图区中选中刚刚创建的圆孔，单击【模型】选项卡【编辑】组【阵列】命令，按右图所示步骤完成阵列特征的创建	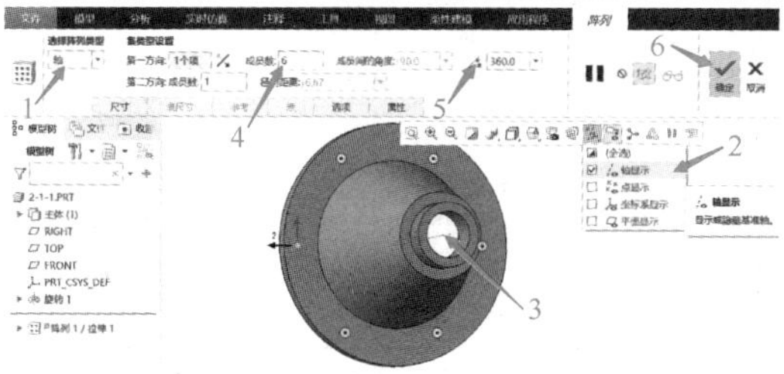	勾选第 2 步的【轴显示】复选框是为了第 3 步能选到圆周阵列所用的轴

（续）

步骤	操作要领	图例	说明
17	接下来绘制必要的草绘和基准，以便生成用于斜面法兰拉伸的草绘平面。单击【基准】组【草绘】命令，选择 FRONT 基准平面为草绘平面进入草绘环境	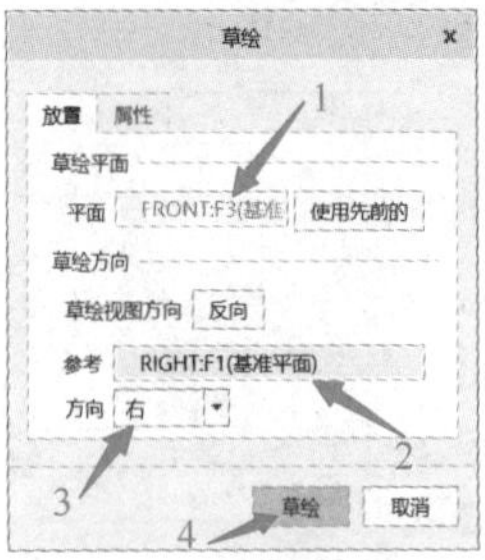	左图中的"草绘平面"的"平面"和"草绘方向"的"参考"这两处的选择需要和图中一致。"草绘方向"的"方向"也需相同
18	【模型】选项卡：单击【基准】组的【点】命令，完成 1 所指的点并标注尺寸；单击【基准】组的【中心线】命令，绘制 2 所指的中心线（与圆锥右侧母线垂直），最后退出草绘	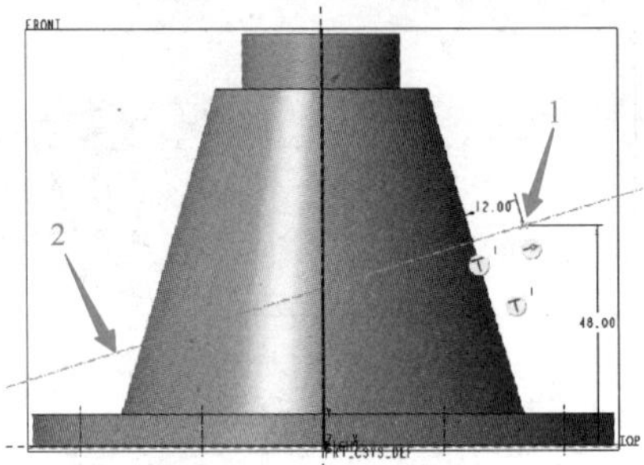	
19	单击【模型】选项卡【基准】组的【平面】命令，按右图所示步骤完成基准平面的创建，此平面用于绘制斜面法兰的拉伸草绘	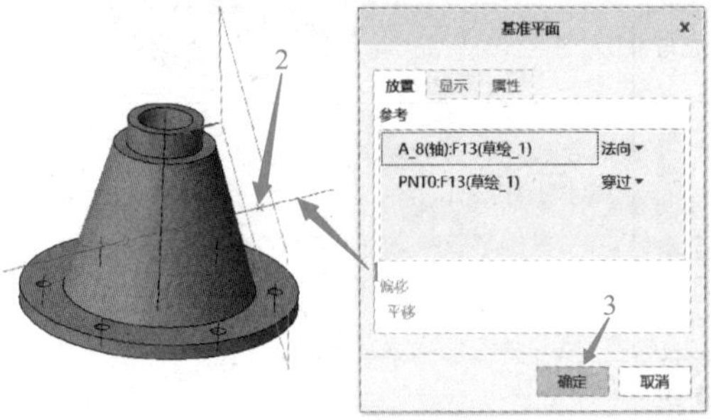	创建基准平面时，如果需要选择两个参考，应选好一个参考之后，按住〈Ctrl〉键再选第二个参考
20	单击【模型】选项卡【形状】组的【拉伸】命令，选择刚刚创建的基准平面 DTM1 为草绘面，进入草绘环境。单击【设置】组的【参考】命令，选择此前创建的基准点 PNT0 为参考，绘制如右图所示的草绘并标注尺寸	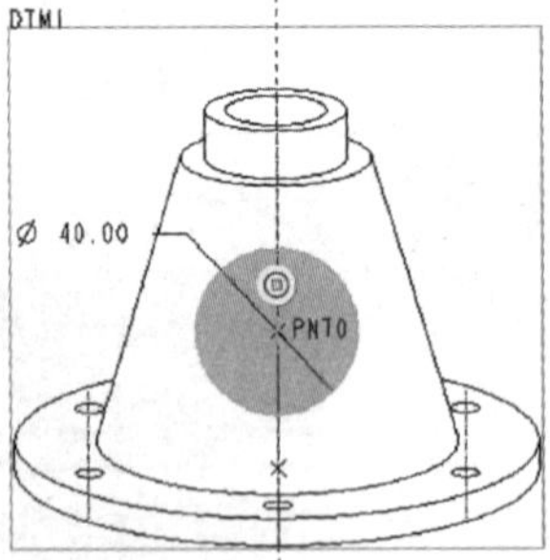	在建模过程中，可以利用【视图】工具栏中的【显示样式】命令，根据建模环境的需要切换模型的显示样式
21	按右图所示步骤完成拉伸特征的创建。注意：1 处下拉后选择 2 处所指的"拉伸至选定的点、曲线、平面或曲面"命令，在 3 处选择圆锥外表面为拉伸的结束面	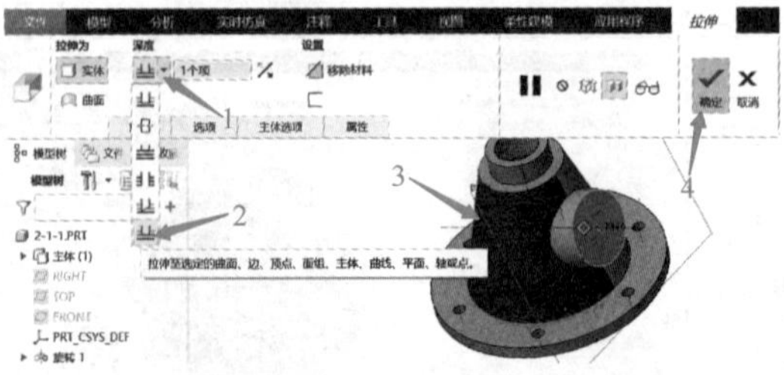	

（续）

步骤	操作要领	图例	说明
22	单击【形状】组【拉伸】命令，选择刚创建的斜圆柱体端面为草绘面，进入草绘环境。单击【设置】组【参考】命令，选择此前创建的基准点PNT0为参考。单击【草绘】组【中心线】命令，经过PNT0绘制一条竖直的中心线。然后分别利用【投影】【圆】【线链】【删除段】等命令绘制如右图所示的草绘，添加必要的约束后标注如右图所示尺寸	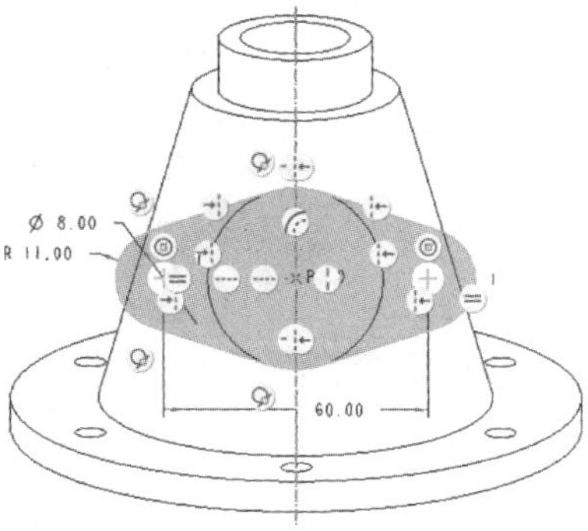	此草绘在绘制的过程中要注意系统会自动添加约束，也可手动添加自己想要的对称、相切、水平等约束，最后再标注尺寸
23	退出草绘后按右图所示步骤调整拉伸方向，并输入拉伸长度为6	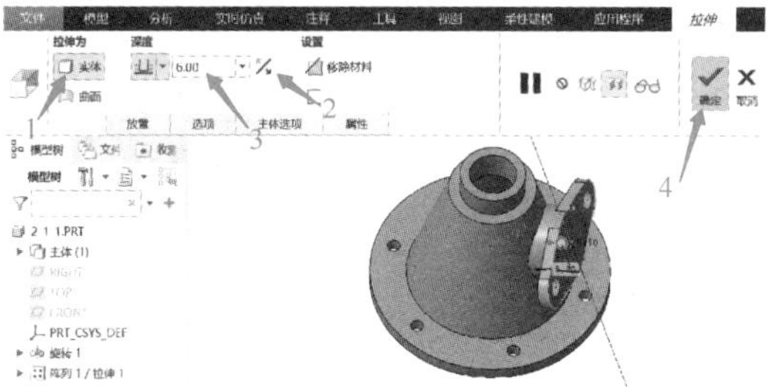	
24	单击【形状】组【拉伸】命令，选择刚创建的法兰端面为草绘面。单击【草绘】-【圆】-【同心】命令，选择以PNT0为圆心的圆，移动鼠标，单击左键绘制圆，单击两次中键退出画圆命令。双击尺寸数值，将直径修改为30	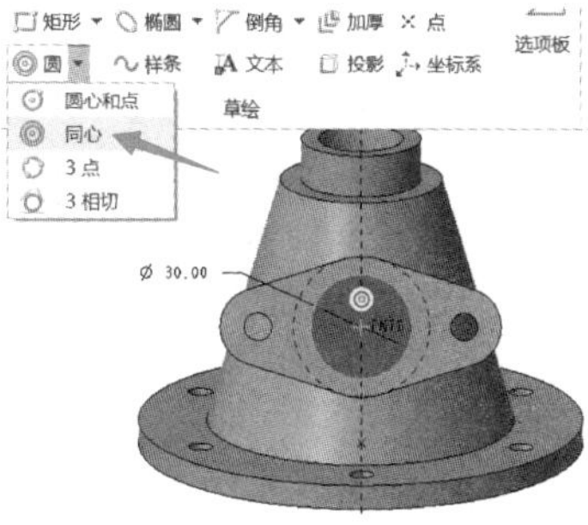	
25	按右图所示步骤完成【拉伸】移除材料的特征创建。第3步选择切除结束的内圆锥面，创建过程中注意按住鼠标中键移动鼠标来调整视图方位，以便于观察并选择拉伸结束的内圆锥面	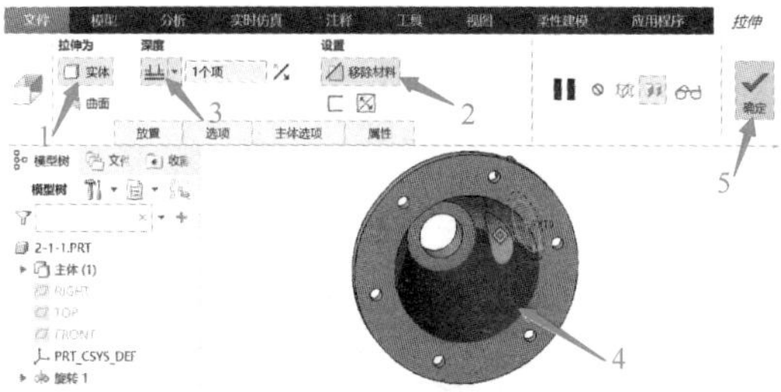	
26	单击【模型】选项卡【工程】组的【倒圆角】命令，选择内圆锥面上开口处的相贯线为倒圆角对象，圆角半径为2	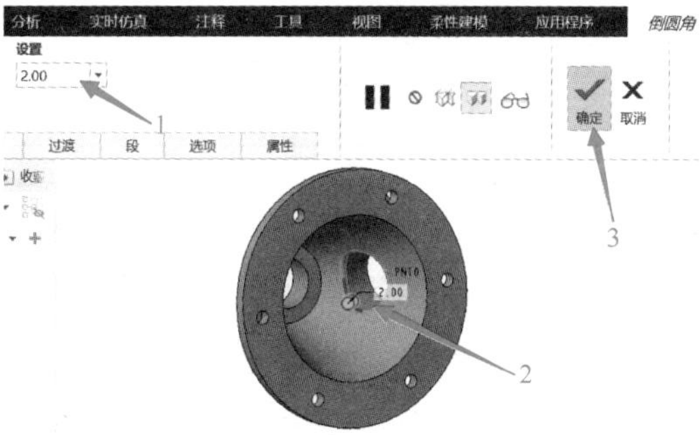	

（续）

步骤	操作要领	图例	说明
27	至此，已完成全部模型的创建工作，结果如右图所示。单击【快速访问工具栏】中的【保存】命令按钮（或按〈Ctrl+S〉组合键），将三维模型保存至工作目录中	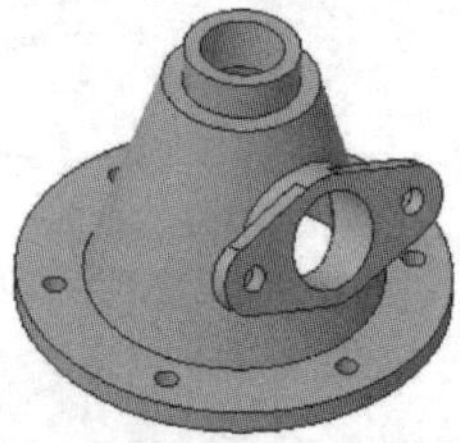	建模过程中实时保存，以免文件丢失
28	上述过程是按 $x=90$ 进行建模的，下面测量其体积。单击【分析】选项卡中的【测量】命令，在弹出的功能面板选择体积项 ⊟ 体积，单击模型，测得该模型的体积为 139037mm^3	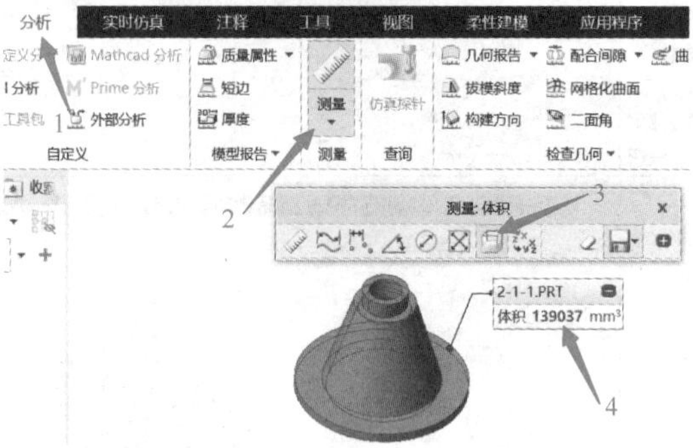	
29	为了测量 $x=85$ 时模型的体积，首先要完成 $x=85$ 的模型变更。因 x 尺寸在【旋转】特征的草绘中，所以单击【模型树】中的"旋转 1"特征，在弹出的菜单中单击【编辑】命令	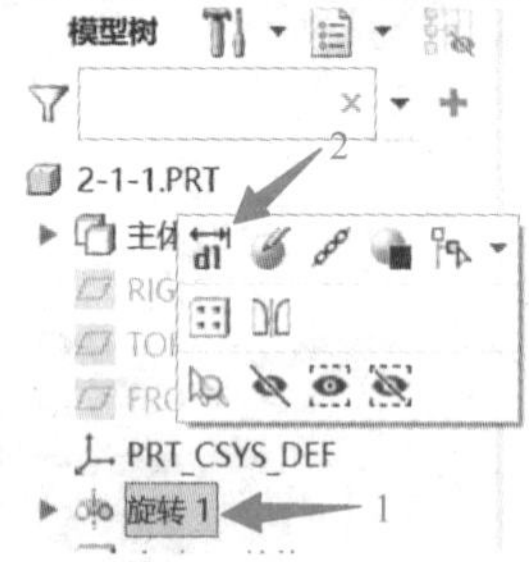	
30	此时绘图区模型上显示了草绘的全部尺寸。单击尺寸"90"，弹出【尺寸】选项卡，将其修改为 85，按〈Enter〉键，模型即按新尺寸重新生成。单击鼠标左键退出【尺寸】选项卡，再单击一次退出尺寸修改模式	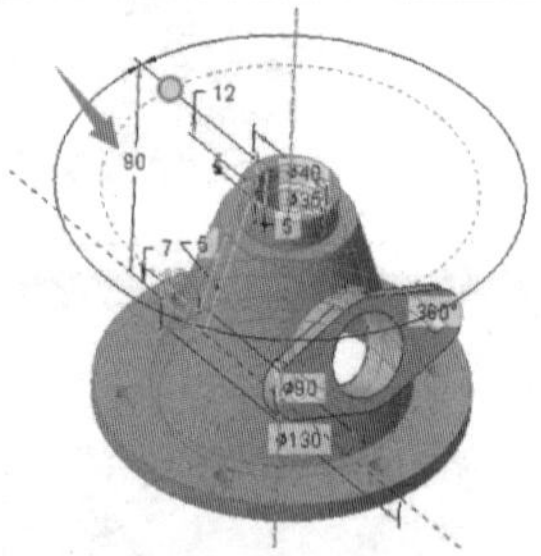	若模型未发生变化，单击【快速访问工具栏】中的【重新生成】命令 即可
31	为了确认刚才的尺寸修改是不是反映到了模型本身的变更，单击【分析】选项卡【测量】组的【测量】命令，按住〈Ctrl〉键的同时分别单击圆台的上端面和下端面，实测距离为 85，表明修改成功	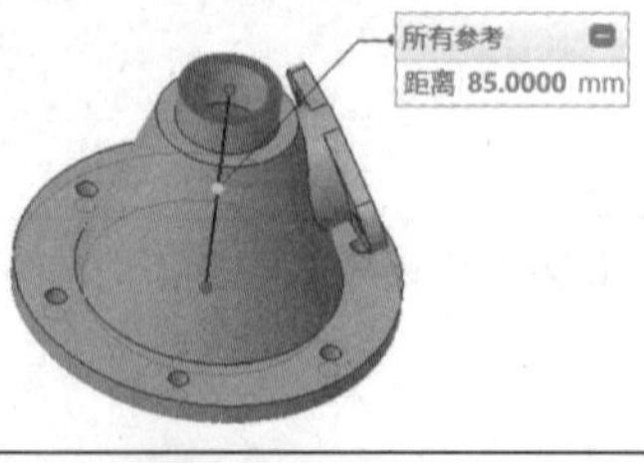	
32	最后测量 $x=85$ 时模型的体积。单击【分析】选项卡中的【测量】命令，在弹出的功能面板选择体积项 ⊟ 体积，单击模型，测得该模型的体积为 142925mm^3	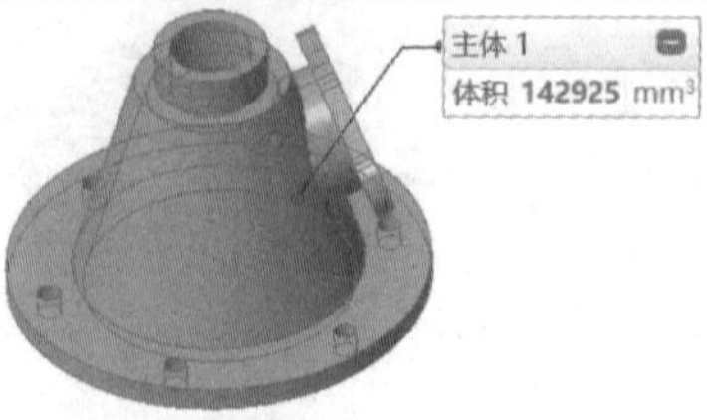	

四、任务评价

图 2-1 中的锥形法兰是一个稍微有一定建模难度的零件，对于初学者来说，最大的困难在于圆锥体右侧斜面法兰的创建。斜面法兰本身通过拉伸特征即可完成建模，但从图 2-1 中可以看出，法兰中心线要与圆锥体右侧母线垂直，所以必须创建一个与法兰中心线垂直的基准平面，用以绘制法兰拉伸草绘。

图 2-1 中锥形法兰是多个组合体的组合，可反复训练学习者对【模型】选项卡中的基准特征、形状特征、工程特征乃至【编辑】组中有关命令的运用，同时也训练了学习者在 Creo 中对鼠标的熟练使用。

最后要说明的是，本任务下达时要求分别计算尺寸 $x=85$ 和 $x=90$ 时模型的准确体积，上面的步骤已详细阐述了两种体积的测量方法。这种同一个尺寸给出多种不同大小的方式，实际上也是一种设计变更的过程。在企业真实的产品设计工作中，大多数情况下都没有现成的工程图，只能一边建模、一边修改尺寸或形状，所以学习者要关注 Creo 设计变更的处理方式，后续的学习内容也会不断训练这方面的技能。

任务二　轴承座的三维建模

下面的建模任务仍然是根据工程图进行三维建模，主要考验学习者的工程图读图能力及建模能力。零件本身并不复杂，建模使用的命令也无太多技巧，所以前提是能读懂图样。

一、任务下达

本任务通过二维工程图的方式下达（未给出图框及标题栏），要求按图 2-3 中的尺寸完成轴承座的三维建模。建模完成后将模型着色为红色，同时以轴测图视图输出为 jpg 格式图片文件。

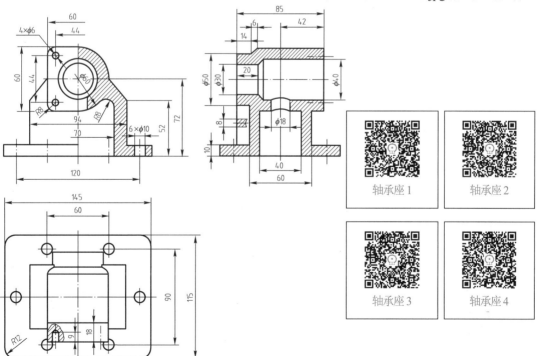

图 2-3　轴承座工程图

二、任务分析

先对图 2-3 进行粗略读图，对该零件做形体分析，想象其大体形状、结构，再细致地逐步读懂各部分的结构形状及尺寸。图 2-3 中轴承座是一个左右对称的零件，底板长 150、宽 120，装配轴的圆柱孔 $\phi30$ 与 $\phi40$ 同轴，轴心高度为 72。圆柱孔下方是空心结构，以节约材料。空心结构的后部是一个壁厚为 8 的加强筋。对该零件进行三维建模时，可先完成底板的实体建模（通过拉伸特征）并倒圆角 $R12$，然后用旋转特征完成上部圆柱孔的建模。接下来进行底板与圆柱孔之间的空心连接部分实体建模（先左右壁、后前后壁），最后完成圆柱孔前端方形凸缘、$4\times\phi6$、$R8$、$6\times\phi10$ 及 $\phi18$ 等细部结构的建模。

完成该模型的创建需用到【草绘】、【拉伸】、【旋转】、【倒圆角】、【拉伸】（移除材料）、【孔】、【筋】等特征命令。轴承座主要建模流程如图 2-4 所示。

图 2-4　轴承座主要建模流程

三、任务实施

表 2-2 详细描述了完成图 2-3 所示轴承座的建模步骤及说明。

表 2-2　轴承座的建模步骤及说明

步骤	操作要领	图例	说明
1	按学习情境一中任务一的讲解内容完成 Creo 的安装与配置	（略）	
2	打开 Creo 软件，单击【快速访问工具栏】的【新建】命令，新建一个文件名为"2-2-1"的实体文件（按右图所示步骤），选择公制模板 mmns_part_solid_abs，即确保建模时长度单位为 mm		
3	首先进行底板的建模。单击【模型】选项卡【形状】组中的【拉伸】命令。选择 TOP 基准面为草绘平面，功能区随即打开【拉伸】和【草绘】选项卡，系统自动进入 Creo 的草绘环境，单击【草绘】组中的【矩形】、【中心矩形】命令绘制如右图所示草绘，并标注尺寸		注意思考： 1）为什么选择 TOP 基准面为草绘平面？ 2）为什么先画与 X 轴和 Y 轴重合的中心线？

（续）

步骤	操作要领	图例	说明
4	单击【草绘】选项卡中的【确定】按钮，退出草绘。按右图所示步骤完成拉伸特征建模	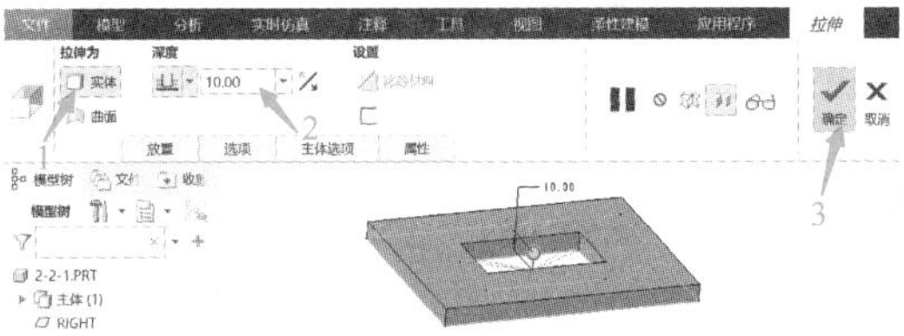	
5	单击【模型】选项卡【工程】组中的【倒圆角】命令，在右图1处输入圆角半径12并按〈Enter〉键，然后按住〈Ctrl〉键依次选择2处所指的4条竖线作为倒圆角对象，最后单击3处的【确定】按钮，完成倒圆角特征建模	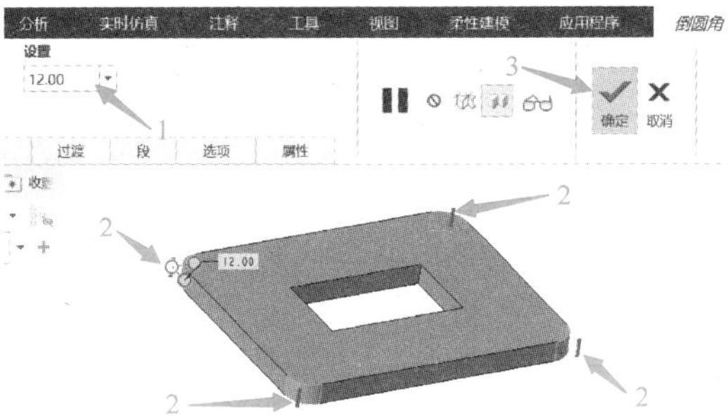	
6	接下来完成上部Φ30与Φ40圆柱孔的建模。单击【模型】选项卡【形状】组中的【旋转】命令，选择RIGHT基准平面为草绘面，进入草绘环境。此时默认的草绘参考不是我们想要的方位，按右图所示步骤重新设置参考方向	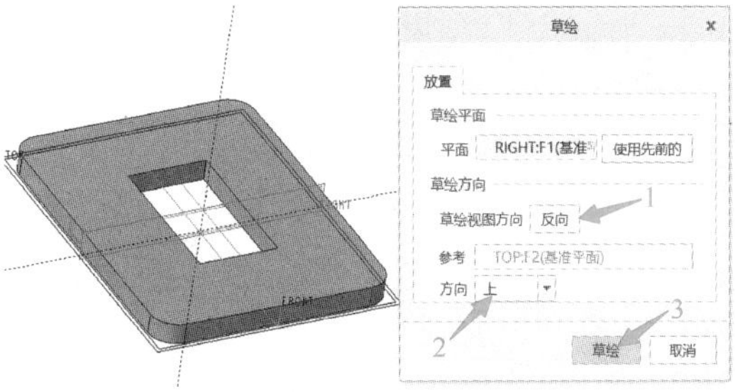	为了建模方便，草绘方向尽量与工程图的视图方向一致。这里要旋转的草绘处于左视图中，所以要将草绘视图调整到与左视图一致的方位
7	进入草绘环境后，按右图所示步骤分别利用【中心线】、【线链】命令绘制草绘。注意绘图过程中系统会根据当前鼠标所在位置自动给出约束。如果从左视图中看不出来约束，千万不要使用Creo的自动约束，否则后续会额外增加手动约束的工作量	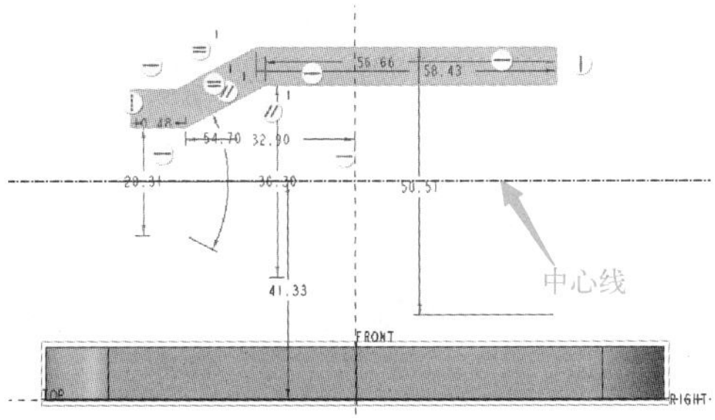	Creo自动标注的尺寸称为弱尺寸，人为标注或修改的尺寸称为强尺寸。在白底黑字背景上，蓝色尺寸为弱尺寸，黑色尺寸为强尺寸
8	根据左视图中的尺寸数值，用【尺寸】组【尺寸】命令标注相应的尺寸（暂不管大小），如右图所示。其中箭头1、2所指尺寸分别对应的是主视图中的Φ60和72。待全部尺寸标注完成后再统一修改尺寸值的大小	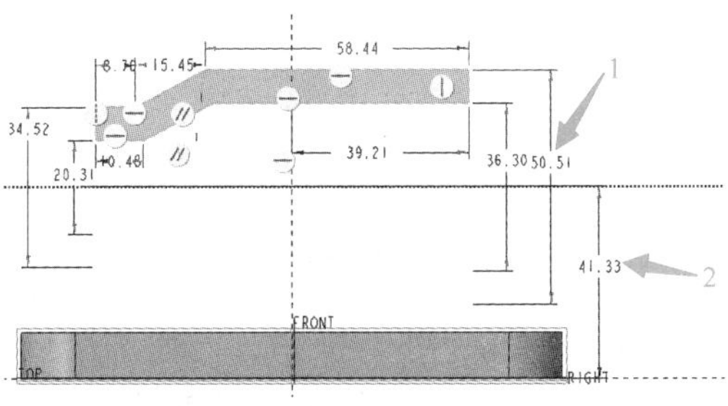	注意直径的标注方法：先单击弱尺寸，弹出快捷菜单，在菜单中单击【强】命令，可将弱尺寸强化。在标注强尺寸时，弱尺寸会自动消失

（续）

步骤	操作要领	图例	说明
9	按右图所示步骤操作：第 1 步用鼠标框选全部尺寸；第 2 步单击【编辑】组中的【修改】命令；第 3 步取消勾选【修改尺寸】对话框中的【重新生成】复选框；第 4 步修改尺寸值（和左视图及主视图中的对应尺寸一致）；第 6 步单击【确定】按钮，系统自动按修改后的尺寸值更新草绘图形	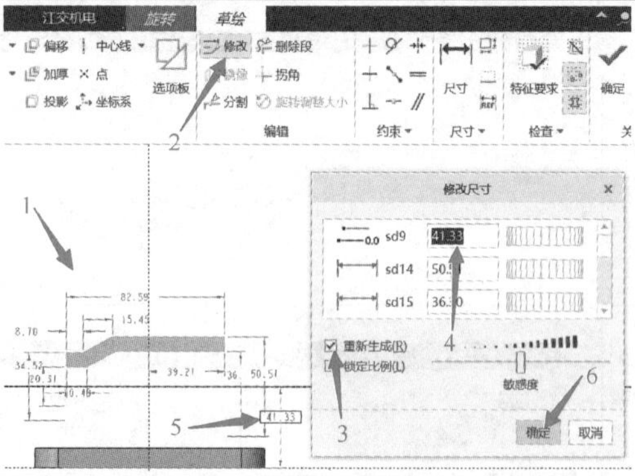	绘图区会用长方形框住当前正在修改的尺寸（如左图箭头 5 处），以明确修改尺寸在图中的位置
10	修改尺寸后的草绘如右图所示	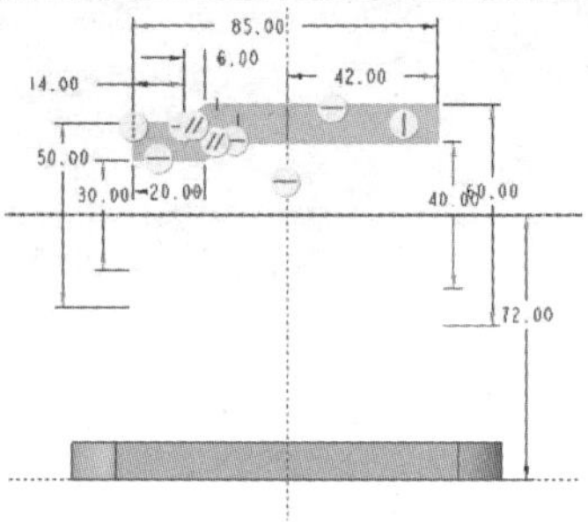	最终完成的草绘一般都要全部标成强尺寸，以体现设计者的设计意图
11	单击【草绘】选项卡【关闭】组中的【确定】按钮，退出草绘。输入旋转的角度 360°，完成旋转特征，结果如右图所示		
12	接下来进行底板与圆柱孔之间的空心连接部分实体建模（先左壁和右壁，再后壁和前壁）。单击【模型】选项卡【形状】组中的【拉伸】命令，选择 FRONT 基准平面为草绘平面，保持默认参考方向不变，进入草绘环境。单击【草绘】选项卡【设置】组中的【参考】命令，按右图所示，选择箭头所指平面为参考		单击【视图工具栏】中【显示样式】组下的【隐藏线】命令调整模型的显示方式。增加箭头所指线条为参考，是为了方便后续绘图自动添加重合约束
13	根据主视图中的形状，按右图所示箭头顺序依次绘制好草绘（暂不考虑尺寸大小）。其中 1 处用【草绘】组中的【投影】命令完成，2～5 处用【线链】命令完成，6 处用【3 点/相切端】圆弧命令完成	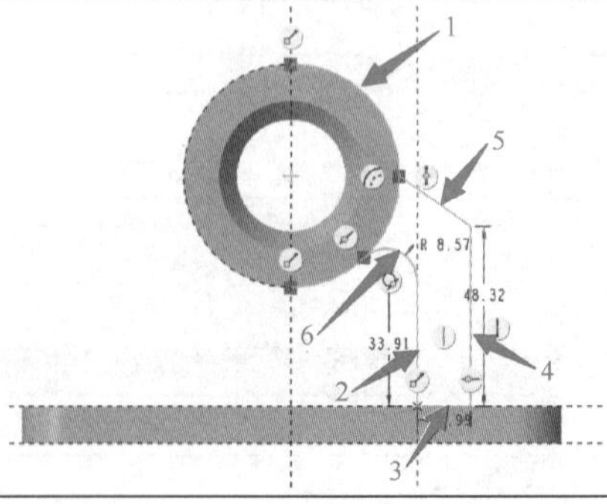	注意：箭头 5 所指的直线要从右下角开始画，终点在箭头 1 所指的圆弧中点处；箭头 6 所指的圆弧起点也在右下角，以便 Creo 自动添加相切约束

（续）

步骤	操作要领	图例	说明
14	单击【约束】组中的【相切】命令，分别单击上图箭头 6 与箭头 1 所指对象，约束其相切；单击【编辑】组中的【删除段】命令，删除箭头 1 所指圆弧两端多余的部分。按主视图的尺寸样式，标注并修改好尺寸，结果如右图所示	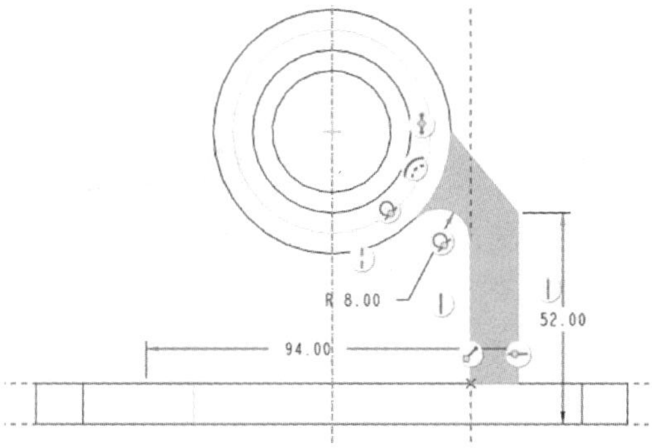	为了标注直径 94，要事先经过圆柱孔中心画一条竖直中心线
15	退出草绘，按右图所示顺序完成拉伸特征的建模	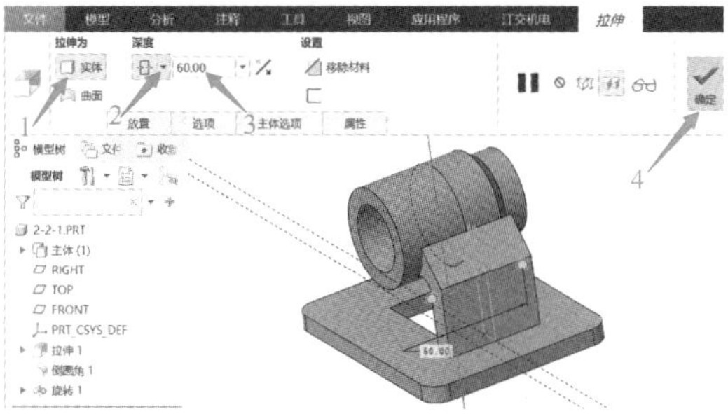	
16	在模型树或绘图区中单击刚刚创建的拉伸特征，单击【编辑】组中的【镜像】命令，根据【状态栏】中的提示，选择 RIGHT 基准平面为镜像平面，完成左侧对称部分的建模，结果如右图所示	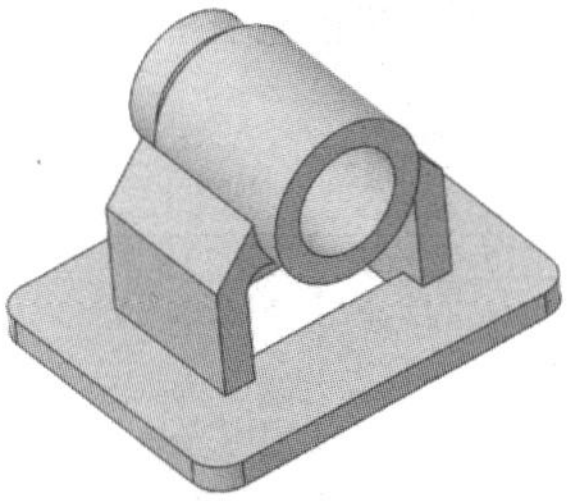	经常关注【状态栏】中的提示是一个很好的习惯，Creo 会最大限度地提示下一个操作步骤
17	接下来进行零件后壁的创建。按住鼠标中键旋转模型至右图方位，单击【模型】选项卡【形状】组中的【拉伸】命令，选择箭头所指平面为草绘平面	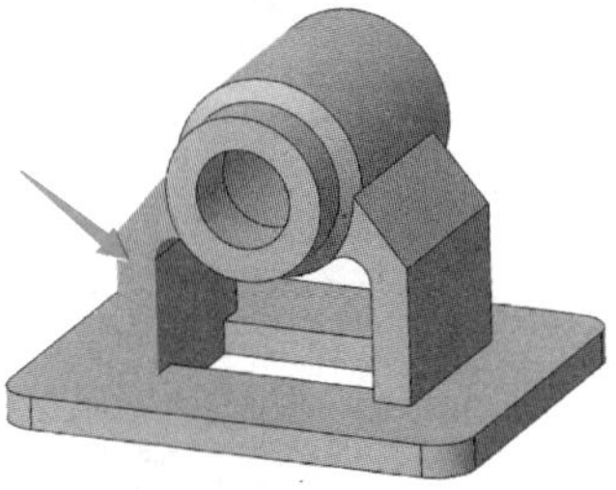	
18	进入草绘环境后，单击【设置】组中的【参考】命令，添加右图箭头 1 所指斜面为新的参考，除箭头 2 所指直线外，全部用【草绘】组中的【投影】命令完成草绘。然后用【线链】命令绘制箭头 2 所指直线，最后用【删除段】命令删除多余的圆弧，如右图所示	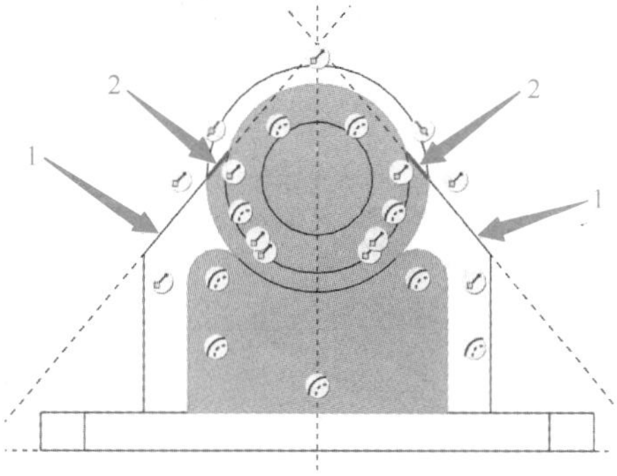	注意：直线 2 要与斜面 1 重合。该草绘图形不需要标注尺寸

（续）

步骤	操作要领	图例	说明
19	退出草绘，在右图箭头 1 所指位置选择【拉伸至指定的点、曲线、平面或曲面】选项，系统自动激活箭头 2 所指收集器。在绘图区中单击箭头 3 所指平面，完成拉伸特征的建模	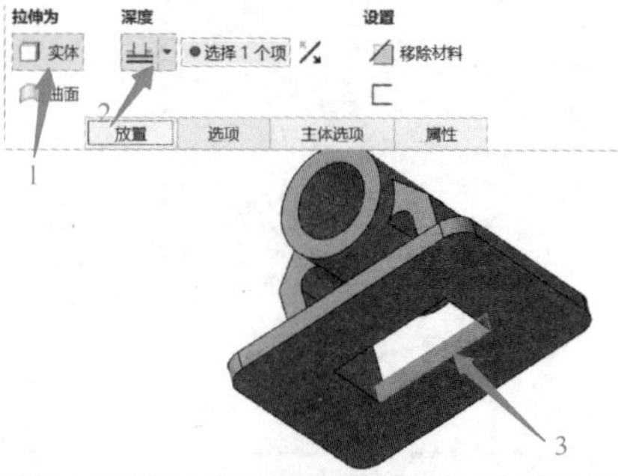	
20	拉伸结果如右图所示		
21	同理，用【拉伸】特征命令完成前端直立壁的建模。草绘平面选择右图箭头所指平面。草绘时利用三点画圆绘制箭头 2 所指的圆弧，其余线条用【投影】命令创建，并用【删除段】命令删掉不要的线，绘制好的草绘图形如右图所示	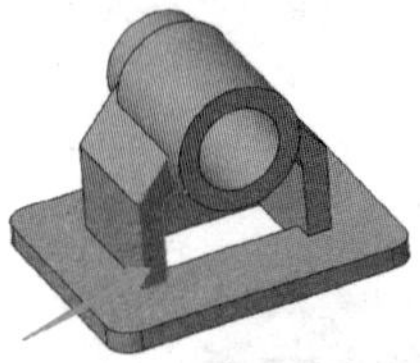 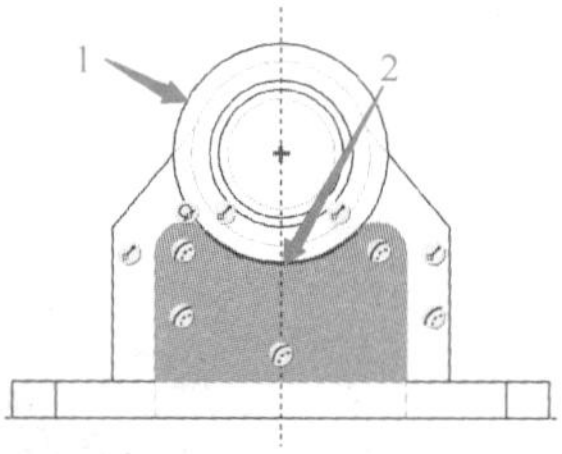	需利用【设置】组【参考】命令添加箭头 1 处所指的圆弧为草绘参考
22	退出草绘，按右图所示步骤完成拉伸特征建模	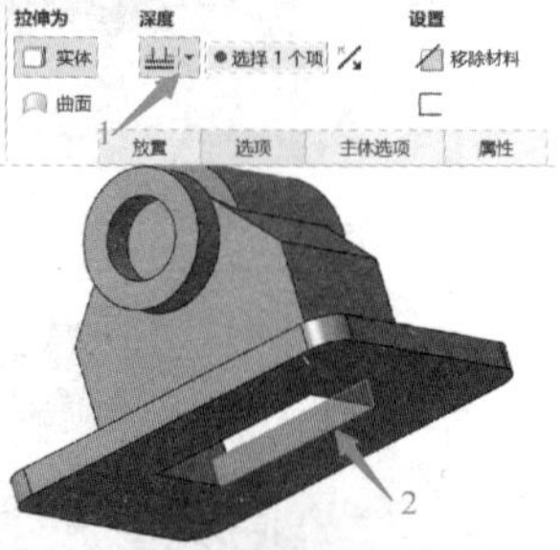	
23	拉伸结果如右图所示		
24	接下来用【拉伸】特征命令完成圆柱孔前端方形凸缘的建模。选择右图箭头 1 所指平面为草绘平面，在草绘环境中任意画一个矩形，并约束其 4 条边均与外圆柱面相切。再用【投影】命令将箭头 2 所指的圆柱孔内表面利用【投影】命令完成，如图所示草绘	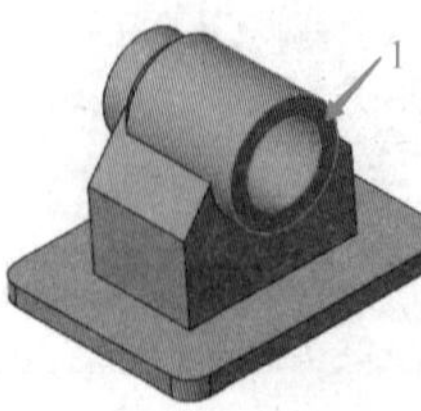 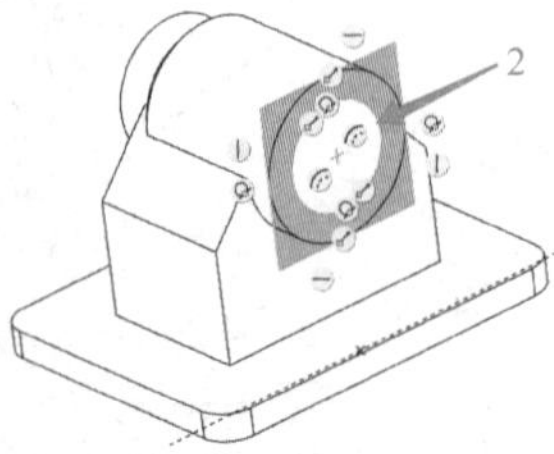	

（续）

步骤	操作要领	图例	说明
25	退出草绘，设置拉伸深度为 18，结果如右图所示	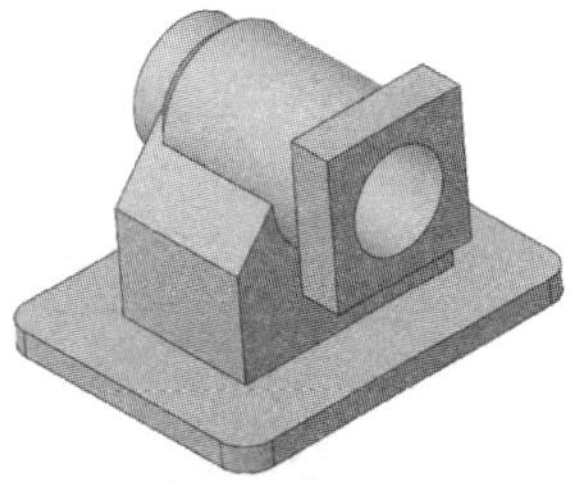	
26	接下来在方形凸缘前端加工 4 个深度为 9 的不通孔，先加工左上角的不通孔。单击【模型】选项卡【工程】组中的【孔】命令，选择凸缘前端面为孔的放置面，按右图所示顺序完成孔参数的设置	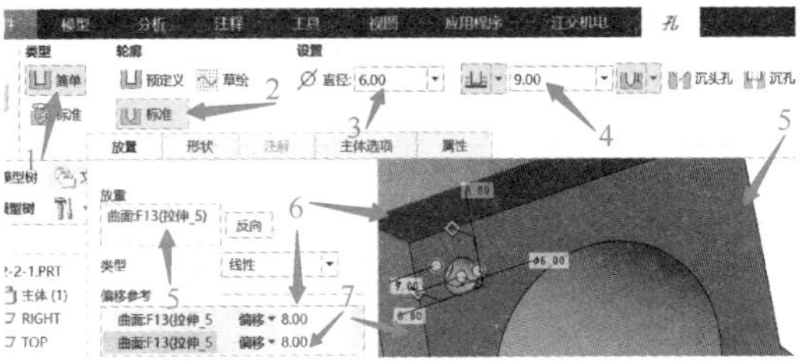	注意在【偏移参考】的【收集器】中要添加多个参考的话，要先按住〈Ctrl〉键，再用鼠标左键选取
27	选中刚才创建的不通孔，单击【模型】选项卡【编辑】组中的【陈列】命令，选择【设置陈列类型】的【轴】选项，在绘图区中选择圆柱孔的轴线（箭头 2 处），按右图所示参数完成圆周阵列	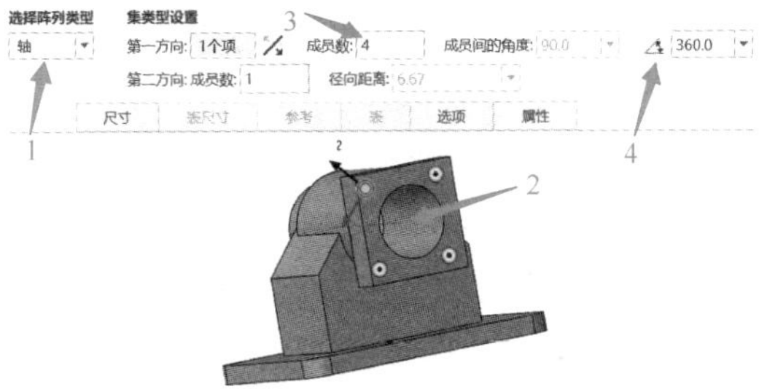	如果绘图区中未显示圆柱孔的轴线，则勾选【视图工具栏】中【基准显示过滤器】下的【轴显示】复选框即可。
28	对方形凸缘 4 条短边倒圆角 R8，结果如右图所示	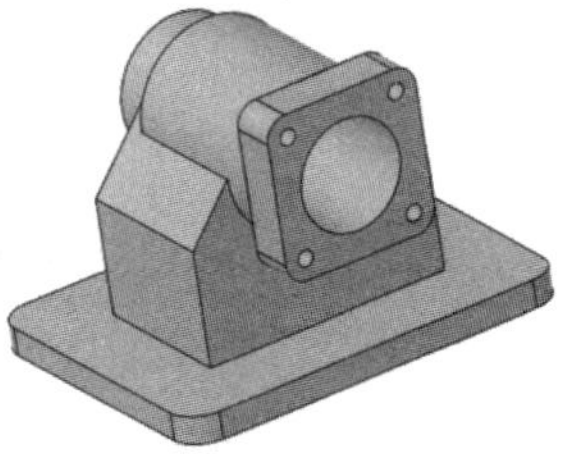	
29	用【拉伸】（移除材料）命令选择箭头 1 处平面为草绘平面，完成底板上 6 个Φ10 通孔的建模。草绘用到了【中心线】【圆】【镜像】【法向】尺寸命令、【相等】约束命令，结果如右图所示	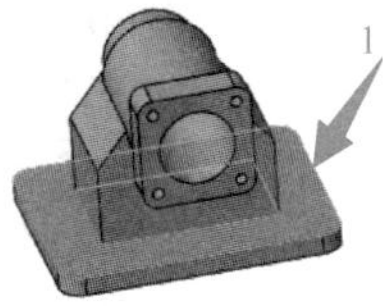 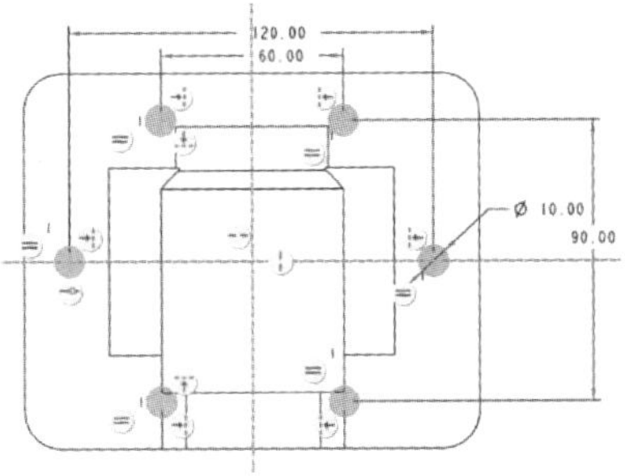	

（续）

步骤	操作要领	图例	说明
30	退出草绘后按右图所示步骤设置拉伸（移除材料）特征	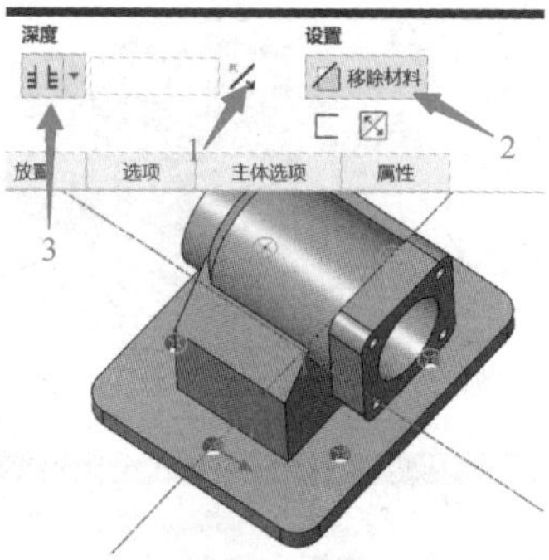	切除材料时，左图中的【移除材料】按钮应处于按下状态
31	接下来用【拉伸】（移除材料）命令完成 Φ18 漏油孔的建模。选择底板下底面或底板上表面为草绘平面，在坐标系原点绘制Φ18 的圆，用【拉伸】命令移除材料至圆柱孔内表面，结果如右图箭头所指处	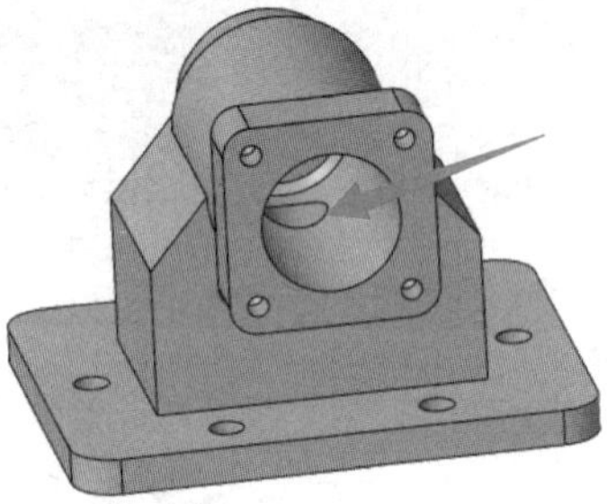	
32	单击【视图工具栏】中的【视图管理器】命令，在【截面】选项卡中单击【新建】组【平面】命令，在【视图管理器】对话框中生成【Xsec0001】剖切截面，按〈Enter〉键，弹出【截面】选项卡，选择 RIGHT 基准平面剖切模型，按右图所示步骤完成	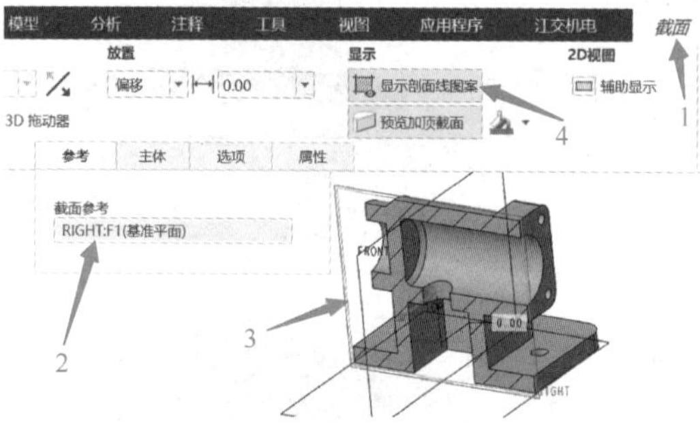	上述Φ18 漏油孔的建模情况，可通过【截面】功能剖开模型查看内部结构。可以通过单击【截面】选项卡的【显示剖切面图案】命令，决定是否显示剖面线
33	最后完成背后加强筋的建模。单击【工程】组中的【轮廓筋】命令，选择 RIGHT 基准平面为草绘平面，绘制如右图所示草绘【仅是一条直线（箭头 2 处），且无须标注尺寸】	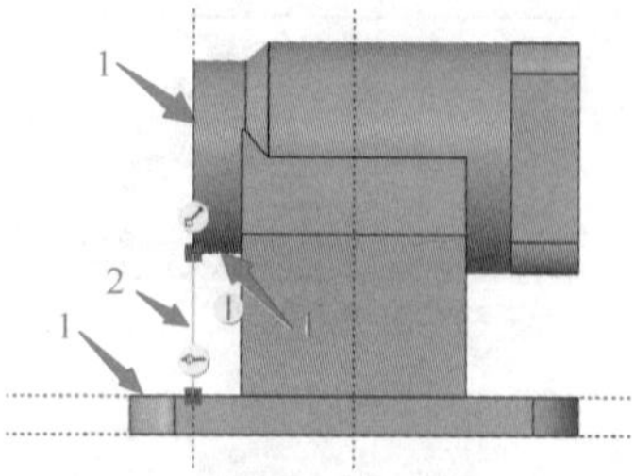	在草绘之前，需利用【设置】组中的【参考】命令添加箭头 1 处的 3 个图元为草绘参考
34	退出草绘，输入加强筋的厚度为 8，完成轮廓筋的建模，结果如右图所示	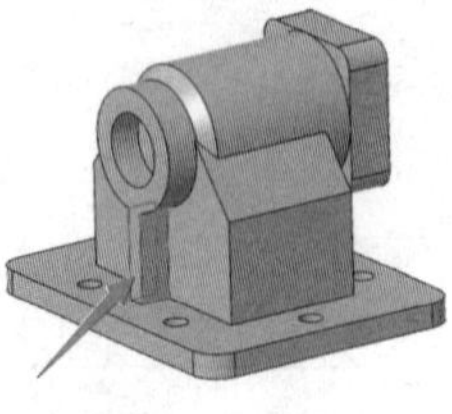	

（续）

步骤	操作要领	图例	说明
35	上述步骤完成了轴承座的三维建模。接下来将模型着色为红色。单击【视图】选项卡【模型显示】组中的【外观库】命令，选择右图箭头 3 所指红色外观，此时鼠标光标显示为毛笔状	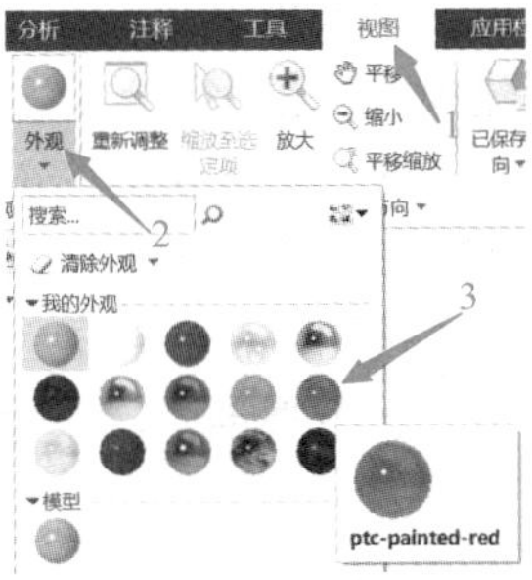	Creo 的三维模型可修改为任意颜色，亦可将自己的照片以贴图的方式覆盖在模型外表面上，这将在后续任务中学习
36	单击 Creo 界面右下角【选择过滤器】中的【零件】选项后，单击绘图区中的三维模型，单击鼠标中键结束，此时三维模型被着色为红色	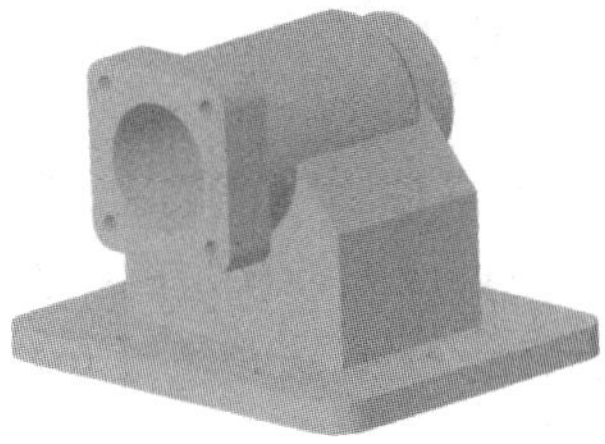	
37	单击【文件】选项卡【另存为】命令，文件【类型】选择【JPEG（*.jpg）】，则可将绘图区的可见图形输出为 jpg 格式的图片文件，如右图所示		
38	至此，已完成全部模型的创建工作，结果如右图所示。单击【快速访问工具栏】中的【保存】命令按钮（或按〈Ctrl+S〉组合键），将三维模型保存至工作目录中	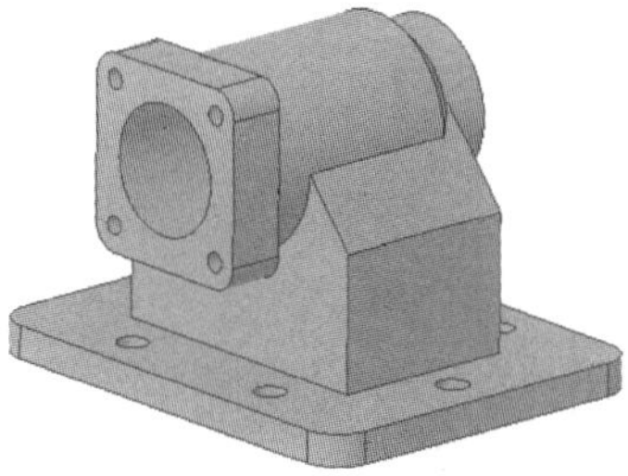	

四、任务评价

图 2-3 所示的轴承座是一个稍有难度、工程图较复杂的零件，读者的读图能力是建模准确与否的关键因素。建模过程中可能会经常出错，那么特征的修改就显得非常重要了。Creo 是一款参数化的三维 CAD/CAM 软件，具有方便的特征修改功能，几乎所有特征的修改都可以在模型树中完成。方法是：在模型树中单击要修改的特征，在弹出的快捷菜单中选择【删除】或有关编辑命令（编辑尺寸、编辑定义、编辑参考）。Creo 允许用户在草绘和特征两个层次修改尺寸、建模方向等要素。

对于上述零件的三维建模，还有一个问题需要思考：为什么第一个特征（底板）的建模选择 TOP 基准面为草绘平面？类似这样的问题是建模人员应该在分析完图样后、进行建模前首先要考虑的问题。本任务这样选择的出发点，在于使 Creo 默认的视图方向能与给定的工程图视图方向一致，这样后续建模的时候不至于让建模人员多次在脑海中切换视图及换算尺寸。选择了正确的草绘平面，那么 Creo 默认的 FRONT 视图为图样给定的主视图，TOP 视图为俯视图，LEFT 视图为左视图。三维模型设计好了，后续如果要出工程图，对应的三视图也和 Creo 零件建模环境默认的视图方向一致。当然，第一个特征建模时选择其他基准面作为草绘平面，也完全可以正确完成模型创建，只是会因为视图方向与工程图不一致而带来看图不方便等问题。

任务三　斜面连接座的关系式建模

前面的建模任务一般都是给出零件工程图的全部尺寸，要求学习者完成三维模型的构建。完成的仅仅是把二维工程图转换成三维模型的工作（属于逆向设计的范畴），还未涉及零件的三维设计。而三维设计恰恰是 Creo 这类三维 CAD 软件的优势所在，所以接下来的学习任务中，建模所用图样会缺一部分尺寸或要求尺寸间满足某种特殊的数学关系。

一、任务下达

本任务通过二维工程图的方式下达（未给出图框及标题栏），与以前建模任务不同的是，该零件要随时根据客户的需要变更部分尺寸。现在要求按表 2-3 所示的尺寸并结合图 2-5 所示的其他尺寸完成斜面连接座的三维建模。同时计算模型体积大小，最后按 50%透明度着色（紫色）显示三维模型，并另存为 jpg 格式的图片文件供客户查看建模效果。

表 2-3　斜面连接座部分尺寸

$X=\phi 115$	$Y=\phi 65$	$Z=X+Y$	模型体积=_____mm^3
$U=\phi 35$	$V=255$	$W=2\times U$	

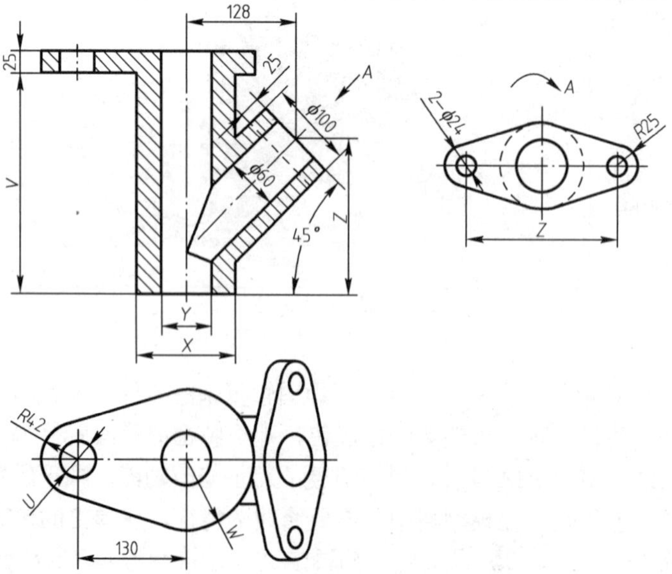

图 2-5　斜面连接座工程图

二、任务分析

图中是一个部分尺寸用参数代替的工程图，零件本身的建模难度不大（斜面部分稍有难度）。该零件总体是一个竖立圆柱体和一个斜圆柱体相贯，各自上端均有用于零件连接的法兰，其中斜面法兰的建模与本学习情境的"任务一　锥形法兰的三维建模"中斜面法兰类似。与以往建模不同的是，本任务给定的工程图中部分尺寸是用字母代替，且部分尺寸间有关联关系（以关系式给定），所以要重点掌握如何在 Creo 中运用参数和关系式进行建模。

完成该模型的创建需用到 Creo 的【草绘】、【拉伸】、【草绘点】、【草绘中心线】、【基准平面】、【拉伸】（移除材料）等特征命令。斜面连接座主要建模流程如图 2-6 所示。

图 2-6　斜面连接座主要建模流程

三、任务实施

表 2-4 详细讲解了完成图 2-5 所示斜面连接座的建模步骤及说明。

表 2-4　斜面连接座的建模步骤及说明

步骤	操作要领	图例	说明
1	按学习情境一中任务一的讲解内容完成 Creo 的安装与配置	（略）	进行三维建模前完成软件安装与配置
2	打开 Creo 软件，单击【快速访问工具栏】的【新建】命令，新建一个文件名为"2-3-1"的实体文件（按右图所示步骤），选择公制模板 mmns_part_solid_abs，即确保建模时长度单位为 mm	新建对话框：类型（布局、草绘、零件（选中）、装配、制造、绘图、格式、记事本）；子类型（实体（选中）、钣金件、主体、线束）；文件名：2-3-1；公用名称：；□使用默认模板；确定　取消	新建公制模板的实体文件
3	单击【工具】选项卡【模型意图】组中的【参数】命令按钮	工具　视图　应用程序　江交机电　几何检查　信息日志　元件界面　发布几何　族表　比较零件　{}参数　切换尺寸　d=关系　UI　外　辅　模型意图 ▼	为了按表 2-3 中的参数建模，必须在建模前完成参数的输入

（续）

步骤	操作要领	图例	说明
4	在弹出的【参数】对话框中按右图所示步骤分别输入参数【名称】(如 2 处箭头所指的位置)和参数【值】(如 3 处箭头所指的位置)，注意直径值无须输入Φ字母 定义参数时，工程图中直接给定参数值的参数(如 X、Y 等)，在定义参数时直接录入给定的值	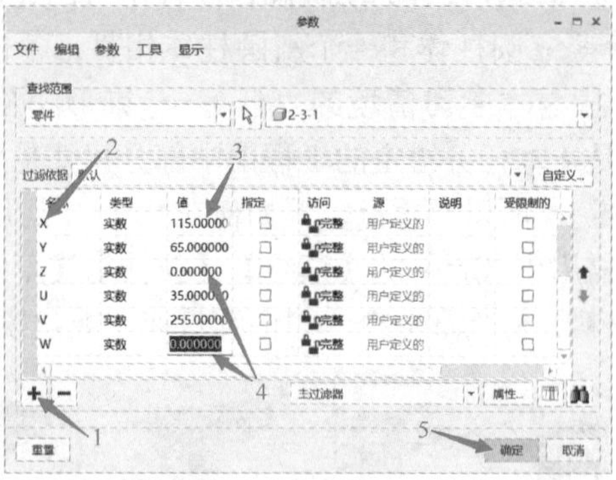	注意：录入参数【值】时，如果是由关系式驱动的参数(如 Z 和 W)，参数值为默认值 0(箭头 4 处所指)
5	单击【工具】选项卡【模型意图】组中的【d=关系】命令按钮，在弹出的【关系】对话框中输入 Z=X+Y 和 W=2*U 两个关系式，之后 Z 和 W 的尺寸大小只能由关系式来驱动		
6	定义好关系式后，再打开【参数】对话框。可以看到，由关系式驱动的参数其参数【值】由原来默认值 0，自动修改为由关系式确定的参数值(如箭头 1 处所指参数值)。 参数【值】为灰色的是由关系式驱动的，在此对话框中无法修改(可在上图【关系】对话框中修改)	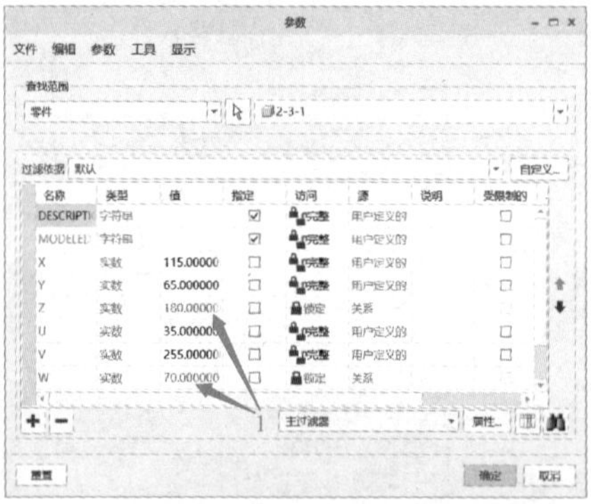	如果此步骤【参数】对话框中由关系式驱动的参数没有修改，可以单击【快速访问工具栏】中的【重新生成】命令，即可完成修改
7	单击【模型】选项卡【形状】组中的【拉伸】命令，选择 TOP 基准面为草绘平面，进入草绘环境后绘制如右图所示草绘(尺寸按默认值)	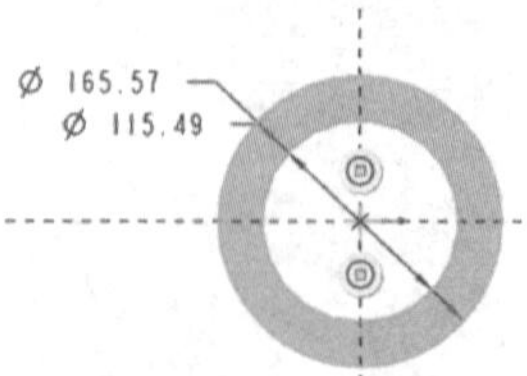	选择 TOP 基准面为草绘平面是为了和图样视图方位一致，便于后续建模查看尺寸
8	双击默认尺寸，输入 X 并按〈Enter〉键，单击【是】按钮添加关系 sd0=X，同理，添加 Y 尺寸。完成后内外圆的直径分别自动修改为此前参数设定的Φ115 和Φ65。 注意：参数名称不区分大小写字母	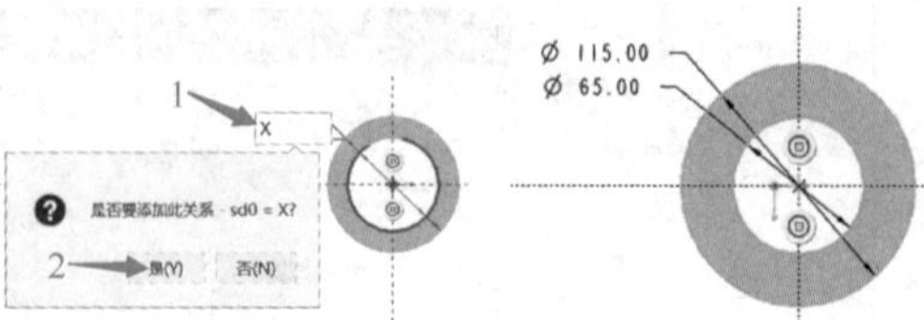	如果要修改Φ115 和Φ65，双击会弹出"此尺寸由关系来控制，无法进行修改。"的提示信息。确实要修改的话需进入【关系】对话框修改关系式

（续）

步骤	操作要领	图例	说明
9	退出草绘环境，按右图所示步骤在【拉伸】选项卡中【深度】文本框中输入字母 V，单击【是】按钮添加特征关系，此时拉伸长度自动修改为此前参数设定的 255	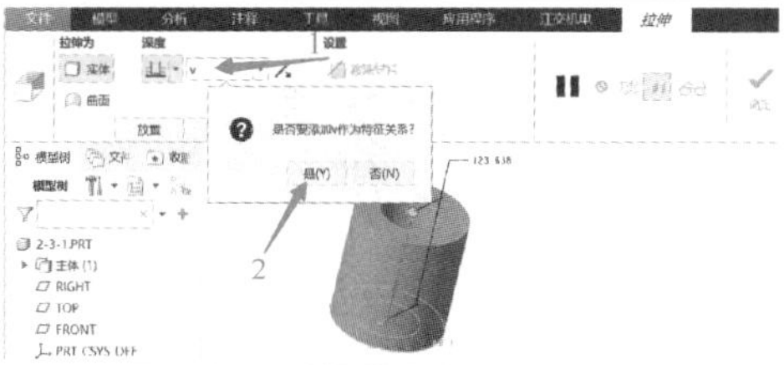	
10	如要修改拉伸高度 255，只能重新进入【参数】对话框进行修改	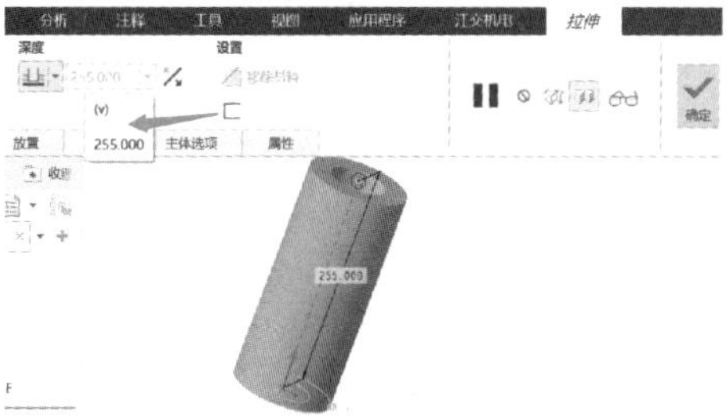	
11	单击【模型】选项卡【形状】组中的【拉伸】命令，选择上一步完成的圆柱体顶面为草绘平面，进入草绘环境后绘制如右图所示草绘，标注相应的尺寸（尺寸大小暂不修改）	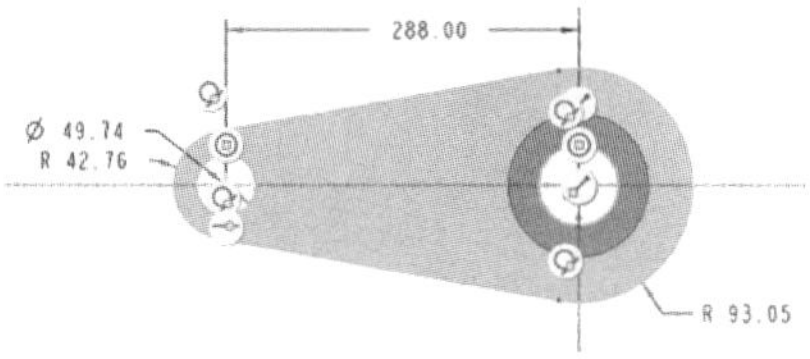	在图中的直线在绘制完两端的圆后再用【直线相切】命令绘制，可减少后续添加相切约束的步骤
12	按表 2-3 的尺寸要求及尺寸关系标注尺寸，如右图所示	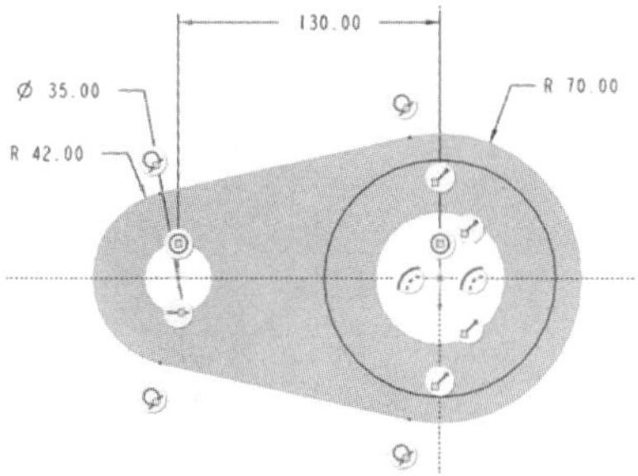	注意：如果更改了参数大小，但模型没有自动更新，则单击【快速访问工具栏】中的【重新生成】命令或按〈Ctrl+G〉组合键
13	退出草绘，输入拉伸深度为 25，方向向上，结果如右图所示	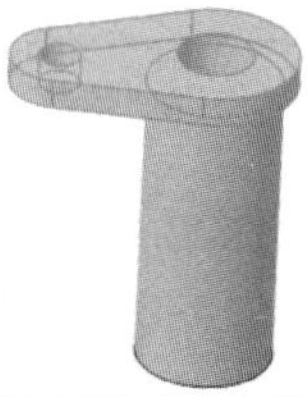	
14	接下来完成斜面部分的建模。为了绘制拉伸草绘，需要先构建斜面草绘平面。单击【模型】选项卡【基准】组中的【草绘】命令，选择 FRONT 基准平面为草绘平面，进入草绘环境。选择【草绘】选项卡【基准】组中的【点】命令，绘制一个基准点，并按主视图中的尺寸进行标注，单击【关闭】组中的【确定】命令退出草绘	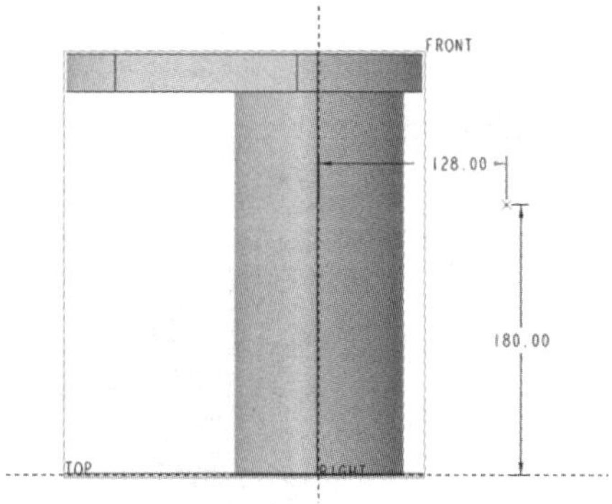	Creo 默认命名基准点为 PNT0、PNT1、PNT2…基准轴为 A_1、A_2…基准平面为 DTM1、DTM2…

（续）

步骤	操作要领	图例	说明
15	按上述相同的方法继续在 FRONT 基准平面上绘制草绘，草绘前通过【设置】组中的【参考】命令添加刚刚创建的基准点为参考。单击【基准】组中的【中心线】命令，绘制一条中心线，并标注经换算后的角度尺寸 45°（该尺寸并不是主视图上看到的 45°），退出草绘	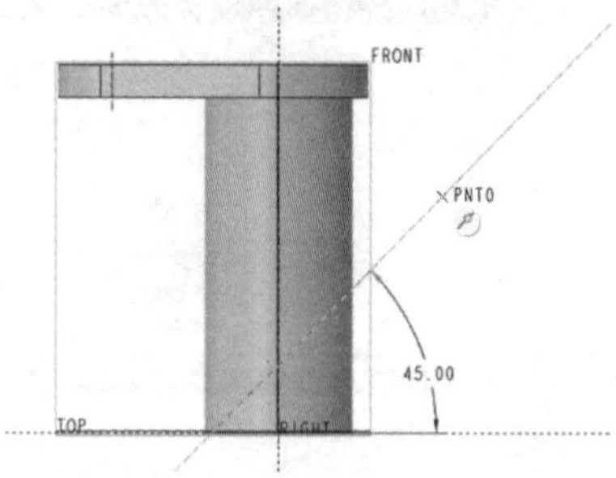	
16	单击【模型】选项卡【基准】组中的【平面】命令，按住〈Ctrl〉键的同时单击刚刚创建的基准点和基准中心线，并按右图所示步骤分别设置基准中心线为【垂直】、基准点为【穿过】，并单击基准面上的箭头使其反向，单击【确定】按钮完成基准平面的创建。注意：箭头 1 和箭头 2 所指的对象在选择时无先后顺序	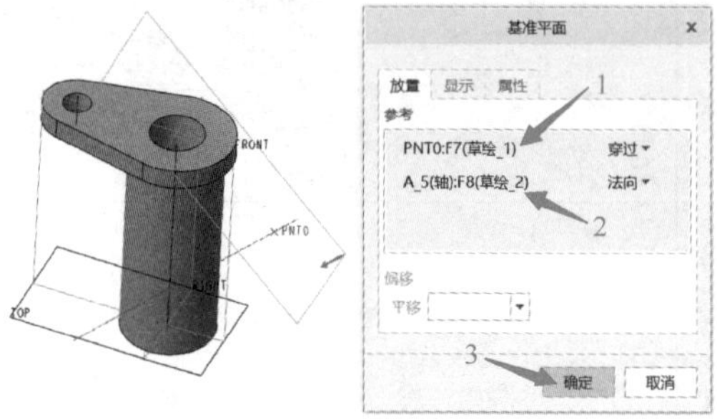	基准平面的构建利用了中学时期学过的几何知识。本例经过一点并垂直于一条直线，可以唯一确定一个平面。不同的是：Creo 中基准平面是有方向性的
17	单击【模型】选项卡【形状】组中的【拉伸】命令，选择刚刚创建的 DTM1 基准平面为草绘平面，添加此前创建的基准点 PNT0 为参考。以该参考为圆心，绘制一个Φ100 的圆，退出草绘。拉伸方式改为【拉伸至与选定的曲面相交】，并选择外圆柱面，如右图所示	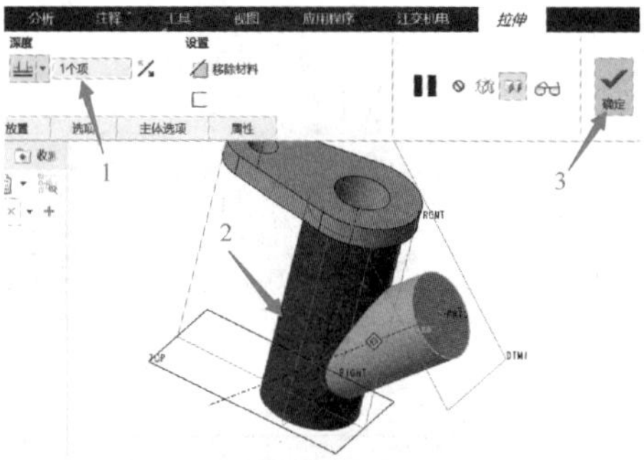	
18	继续单击【模型】选项卡【形状】组中的【拉伸】命令，选择刚刚创建的斜圆柱体上端面为草绘平面，添加 PNT0 和外圆柱面为参考。单击【草绘】组中的【中心线】命令，经过 PNT0 绘制一条竖直中心线，绘制如图所示草绘，并添加约束、标注尺寸	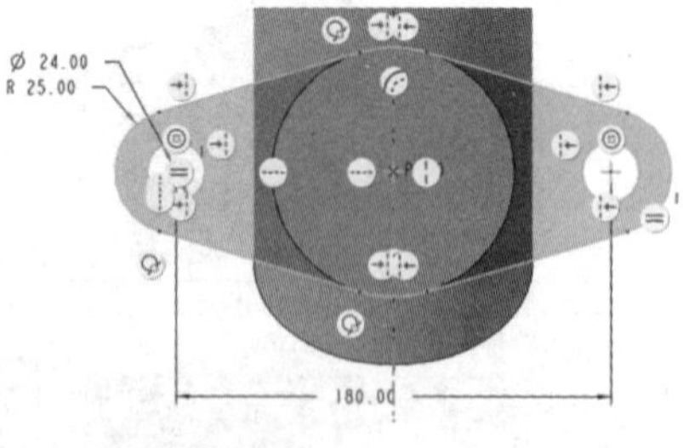	
19	退出草绘，修改拉伸深度为 25，改变拉伸方向为向下拉伸，结果如右图所示	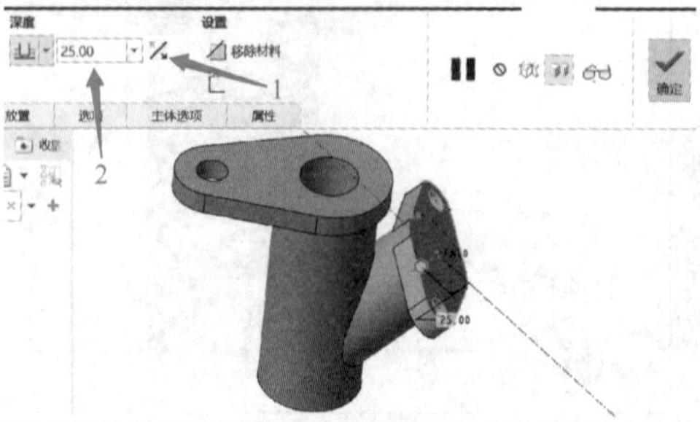	

（续）

步骤	操作要领	图例	说明
20	继续单击【模型】选项卡【形状】组中的【拉伸】命令，选择刚刚创建的拉伸体上端面为草绘平面，利用【草绘】组【圆】-【同心】命令，绘制一个Φ60 的圆，退出草绘。按右图所示步骤完成去除材料拉伸建模	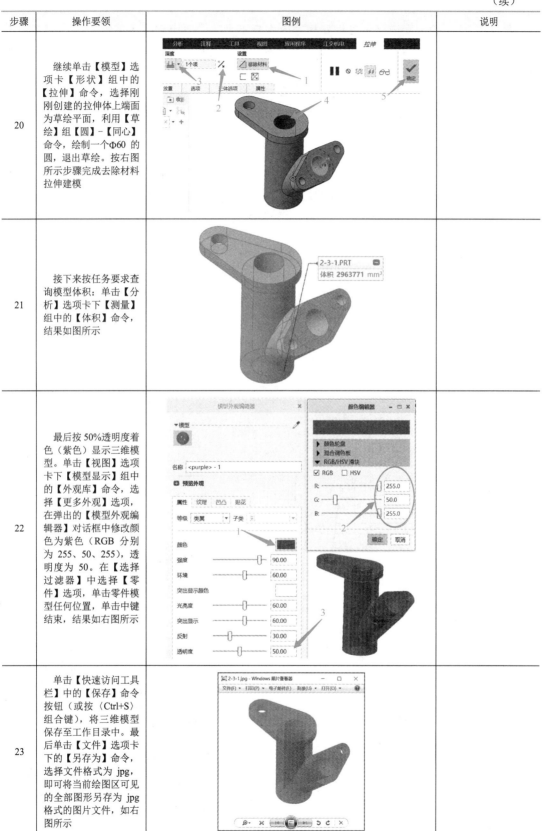	
21	接下来按任务要求查询模型体积：单击【分析】选项卡下【测量】组中的【体积】命令，结果如图所示		
22	最后按 50%透明度着色（紫色）显示三维模型。单击【视图】选项卡下【模型显示】组中的【外观库】命令，选择【更多外观】选项，在弹出的【模型外观编辑器】对话框中修改颜色为紫色（RGB 分别为 255、50、255），透明度为 50。在【选择过滤器】中选择【零件】选项，单击零件模型任何位置，单击中键结束，结果如右图所示		
23	单击【快速访问工具栏】中的【保存】命令按钮（或按〈Ctrl+S〉组合键），将三维模型保存至工作目录中。最后单击【文件】选项卡下的【另存为】命令，选择文件格式为 jpg，即可将当前绘图区可见的全部图形另存为 jpg 格式的图片文件，如右图所示		

四、任务评价

图 2-5 所示的斜面连接座三维建模难度本身不大，主要用到了【草绘】【拉伸】【草绘点】【草绘中心线】【基准平面】【拉伸】（移除材料）等特征命令，总体来说，仍然是一个特征的堆积过程。与以往建模不同的是，本任务给定的工程图中部分尺寸是用字母代替的，且部分尺寸间有关联关系（以关系式 $Z=X+Y$ 和 $W=2\times U$ 给定），所以本任务主要训练学习者 Creo 参数和关系式的运用。

任务四　支承接头的三维建模

在机械产品中，有的零件结构具有对称、同心等几何关系。因此，在产品建模过程中，可以充分利用这些结构的特点来快速创建三维模型，这样有助于提高产品设计效率和质量。

一、任务下达

按图 2-7 所示工程图完成支承接头的建模，要求按表 2-5 所示的尺寸并结合图 2-7 所示的其他尺寸完成支承接头的三维建模。图中未注倒角为 $C1.5$，建模完成后给零件着色，同时查询该模型体积大小。

表 2-5　支承接头部分尺寸

A=35	B=20	C=15	模型体积=_____mm³
D=B+E	E=60	F=28	

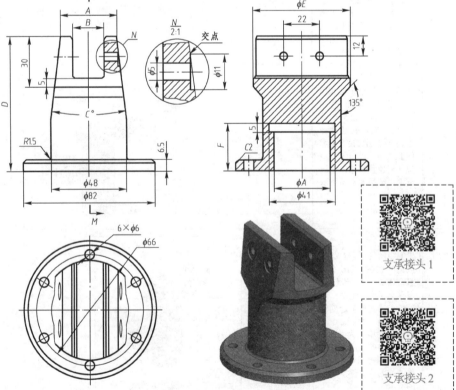

图 2-7　支承接头工程图

二、任务分析

该支承接头整体是一个具有结构对称、同心等几何关系的零件，利用之前学过的【拉伸】等特征命令完成主体结构的建模。在创建支承接头顶部直径较大孔的设计时，需要用到基准平面和草绘基准等基准特征完成整个支承接头的结构设计，对于结构对称部分可利用镜像实现。

完成该模型的创建需用到【拉伸】【旋转】【镜像】【倒角】【倒圆角】和【基准】等特征命令，最后要完成支承接头的着色。支承接头的主要建模流程如图 2-8 所示。

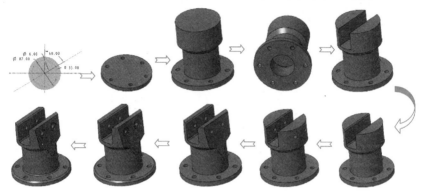

图 2-8　支承接头主要建模流程

建模完成后，可以利用【分析】选项卡【测量】组的【体积】命令分析查询支承接头准确的体积，为后续包装入库等流程提供必要的参数。

三、任务实施

表 2-6 详细描述了完成图 2-7 所示支承接头的建模步骤及说明。

表 2-6　支承接头的建模步骤及说明

步骤	操作要领	图例	说明
1	按学习情境一中任务一的讲解内容完成 Creo 的安装与配置	（略）	进行三维建模前完成软件安装与配置
2	打开 Creo 软件，单击【快速访问工具栏】的【新建】命令，新建一个文件名为"2-4-1"的实体文件（按右图所示步骤），选择公制模板 mmns_part_solid_abs，即确保建模时长度单位为 mm	（新建对话框图例）	新建公制模板的实体文件
3	单击【工具】选项卡【模型意图】组中的【参数】命令按钮	（工具选项卡图例）	为了按表 2-5 中的参数建模，必须在建模前完成参数的输入

（续）

步骤	操作要领	图例	说明
4	在弹出的【参数】对话框中按右图所示步骤分别输入参数【名称】(如 2 处箭头所指的位置)和参数【值】(如 3、4 处箭头所指的位置)。注意直径值无须输入"ϕ"、"°"、字母和符号	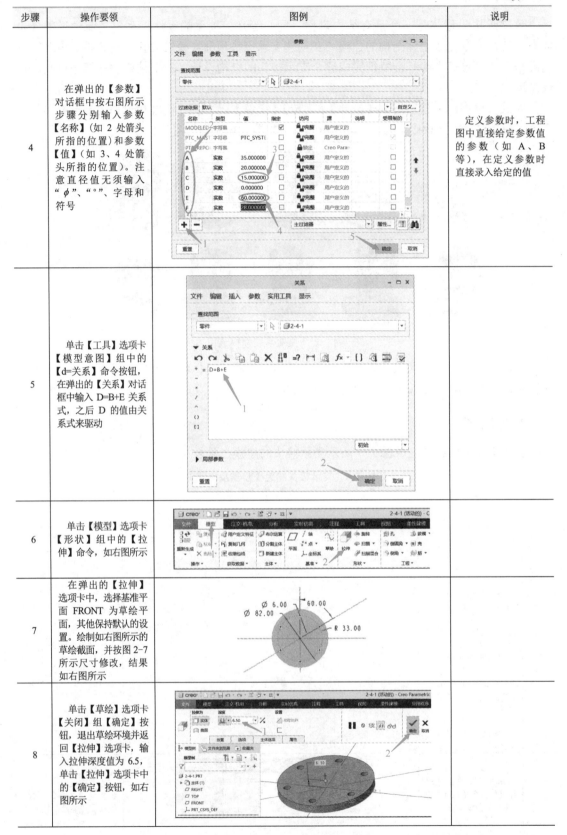	定义参数时,工程图中直接给定参数值的参数(如 A、B 等),在定义参数时直接录入给定的值
5	单击【工具】选项卡【模型意图】组中的【d=关系】命令按钮,在弹出的【关系】对话框中输入 D=B+E 关系式,之后 D 的值由关系式来驱动		
6	单击【模型】选项卡【形状】组中的【拉伸】命令,如右图所示		
7	在弹出的【拉伸】选项卡中,选择基准平面 FRONT 为草绘平面,其他保持默认的设置。绘制如右图所示的草绘截面,并按图 2-7 所示尺寸修改,结果如右图所示		
8	单击【草绘】选项卡【关闭】组【确定】按钮,退出草绘环境并返回【拉伸】选项卡,输入拉伸深度值为 6.5,单击【拉伸】选项卡中的【确定】按钮,如右图所示		

（续）

步骤	操作要领	图例	说明
9	单击【模型】选项卡【形状】组【旋转】特征，选择基准平面 TOP 作为草绘平面，进入草绘环境。选择【设置】组【草绘视图】命令，使草绘平面与屏幕平行。选择【中心线】和【线】命令绘制草绘，并利用箭头 3 的【修改】命令修改尺寸，如右图所示	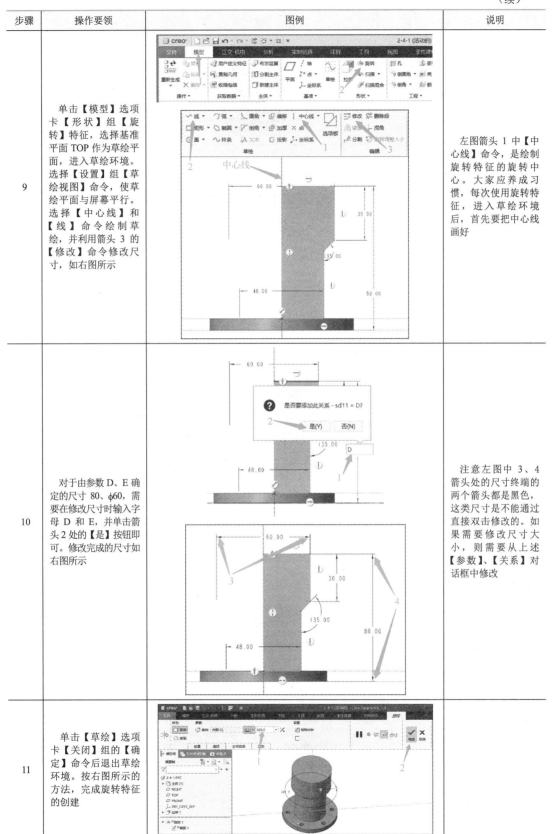	左图箭头 1 中【中心线】命令，是绘制旋转特征的旋转中心。大家应养成习惯，每次使用旋转特征，进入草绘环境后，首先要把中心线画好
10	对于由参数 D、E 确定的尺寸 80、φ60，需要在修改尺寸时输入字母 D 和 E，并单击箭头 2 处的【是】按钮即可。修改完成的尺寸如右图所示		注意左图中 3、4 箭头处的尺寸终端的两个箭头都是黑色，这类尺寸是不能通过直接双击修改的。如果需要修改尺寸大小，则需要从上述【参数】、【关系】对话框中修改
11	单击【草绘】选项卡【关闭】组的【确定】命令后退出草绘环境。按右图所示的方法，完成旋转特征的创建		

（续）

步骤	操作要领	图例	说明
12	完成旋转特征建模的结果如右图所示	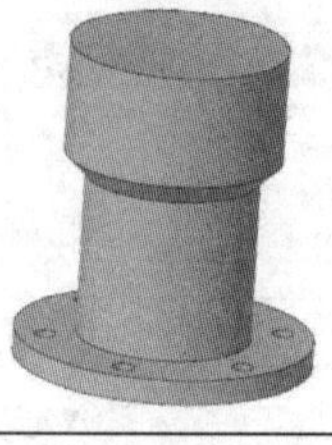	
13	接下来在支承接头底部通过【旋转-切除】方式"加工"一个异形孔。单击【模型】选项卡【形状】组【旋转】特征命令，选择基准平面 TOP 为草绘平面，进入草绘环境。选择【设置】组【草绘视图】命令，使草绘平面与屏幕平行	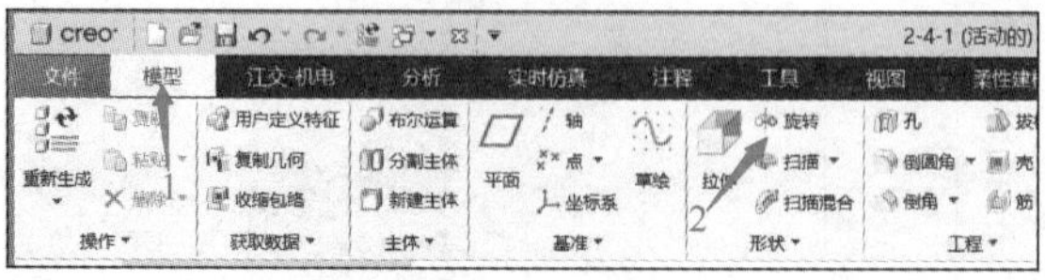	
14	选择【中心线】、【线】命令绘制草绘，并利用箭头 3 处的【修改】命令修改尺寸，并注意由参数 A 和 F 确定的尺寸采用上述方法，结果如右图所示。单击【关闭】组【确定】命令，退出草绘环境	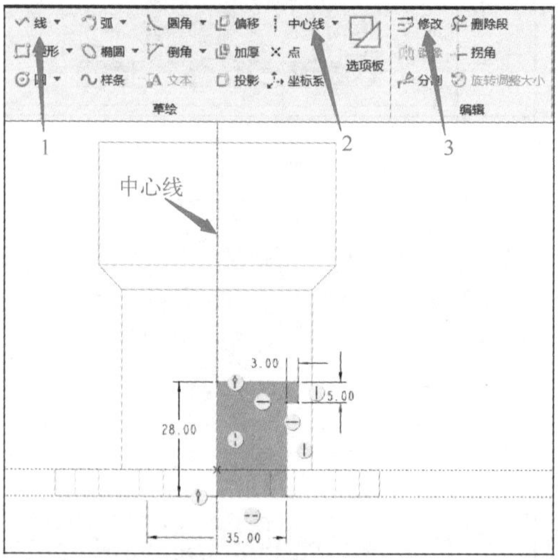	
15	在【旋转】选项卡中选择【设置】组的【移除材料】命令，操作步骤如右图所示	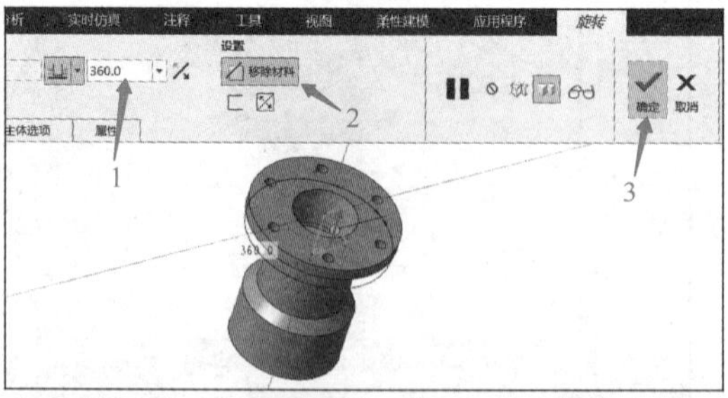	
16	单击【模型】选项卡【形状】组【拉伸】命令，在弹出的【拉伸】选项卡中选择箭头 3 所指的平面为草绘平面，进入草绘环境	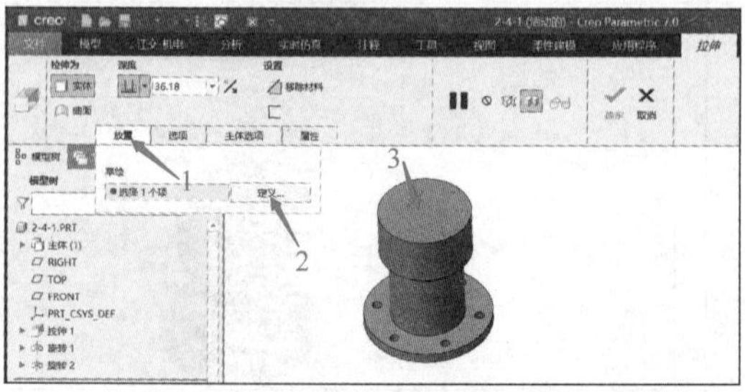	

（续）

步骤	操作要领	图例	说明
17	单击【草绘】选项卡【草绘】组【中心线】、【投影】、【线】命令绘制截面草图。利用箭头 7、8 处的【镜像】、【修改】命令完成草图的修改，具体步骤如右图所示。单击【关闭】组的【确定】命令退出草绘环境	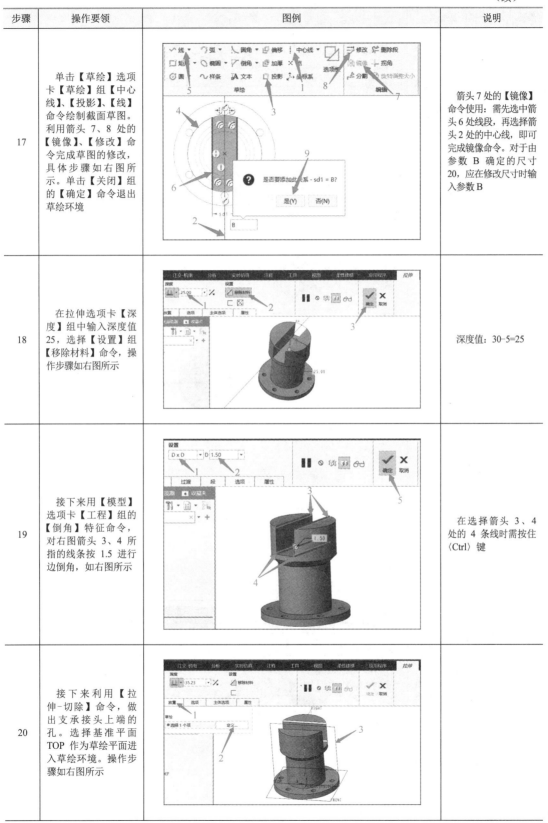	箭头 7 处的【镜像】命令使用：需先选中箭头 6 处线段，再选择箭头 2 处的中心线，即可完成镜像命令。对于由参数 B 确定的尺寸 20，应在修改尺寸时输入参数 B
18	在拉伸选项卡【深度】组中输入深度值 25，选择【设置】组【移除材料】命令，操作步骤如右图所示		深度值：30-5=25
19	接下来用【模型】选项卡【工程】组的【倒角】特征命令，对右图箭头 3、4 所指的线条按 1.5 进行边倒角，如右图所示		在选择箭头 3、4 处的 4 条线时需按住〈Ctrl〉键
20	接下来利用【拉伸-切除】命令，做出支承接头上端的孔。选择基准平面 TOP 作为草绘平面进入草绘环境。操作步骤如右图所示		

（续）

步骤	操作要领	图例	说明
21	单击【草绘】选项卡【草绘】组的【中心线】、【圆】命令绘制截面草图。利用箭头 5、6 处的【镜像】、【修改】命令完成草图的修改，具体步骤如右图所示。单击【关闭】组【确定】命令退出草绘环境	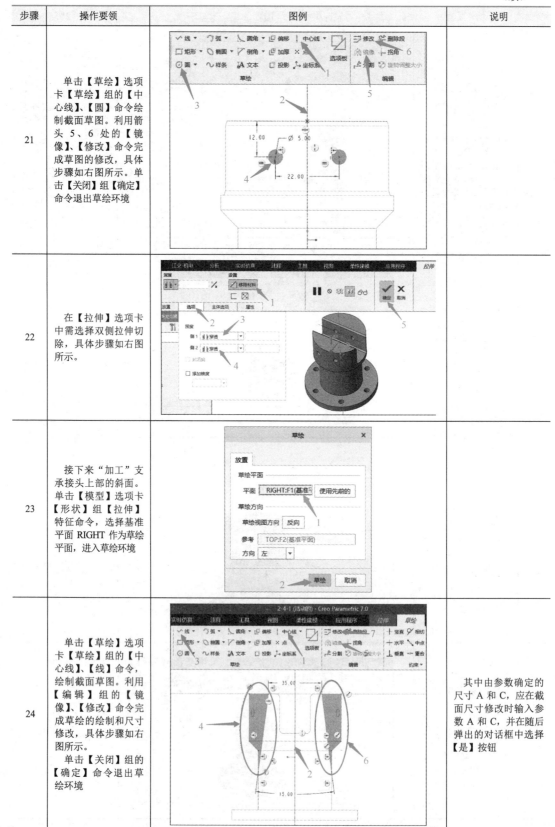	
22	在【拉伸】选项卡中需选择双侧拉伸切除，具体步骤如右图所示。		
23	接下来"加工"支承接头上部的斜面。单击【模型】选项卡【形状】组【拉伸】特征命令，选择基准平面 RIGHT 作为草绘平面，进入草绘环境		
24	单击【草绘】选项卡【草绘】组的【中心线】、【线】命令，绘制截面草图。利用【编辑】组的【镜像】、【修改】命令完成草绘的绘制和尺寸修改，具体步骤如右图所示。单击【关闭】组的【确定】命令退出草绘环境		其中由参数确定的尺寸 A 和 C，应在截面尺寸修改时输入参数 A 和 C，并在随后弹出的对话框中选择【是】按钮

（续）

步骤	操作要领	图例	说明
25	在【拉伸】选项卡中需选择双侧拉伸切除，具体步骤如右图所示		
26	接下来创建支承接头φ11的孔。要创建这个孔，由于没有已知的平面作为草绘平面，需要通过【模型】选项卡【基准】组的【平面】特征命令创建基准平面。在弹出的【基准平面】对话框中选择支承接头的上顶面为参考，输入平移距离为6.5，单击【确定】按钮，完成基准平面DTM1的创建，如右图所示		此部分结构的创建是本例的难点，大家在操作时应注意对称性和同心等几何特征注意：如果创建的基准平面与实际需要的方向相反，需要在【平移】文本框输入-6.5
27	选择【模型】选项卡【基准】组的【草绘】特征命令，单击基准平面RIGHT作为草绘平面，进入草绘环境。单击【草绘】选项卡【设置】组的【参考】命令，弹出【参考】对话框，选择箭头2处的两个图元为草绘参考		设置草绘参考的目的是为下一步的草绘截面做准备。大家要逐渐学会灵活应用草绘参考命令，适时添加草绘需要的参照图元
28	单击【草绘】选项卡【基准】组的【点】命令，在刚刚添加的两个草绘参考的交点处绘制一个基准点，单击【关闭】组【确定】按钮，完成草绘基准点PNT0的创建，如右图所示		

（续）

步骤	操作要领	图例	说明
29	单击【模型】选项卡【基准】组的【平面】特征命令，弹出【基准平面】对话框，选择基准平面 TOP 和上一步刚刚创建的草绘参考点作为参考，单击【确定】按钮，完成基准平面 DTM2 的创建，如右图所示	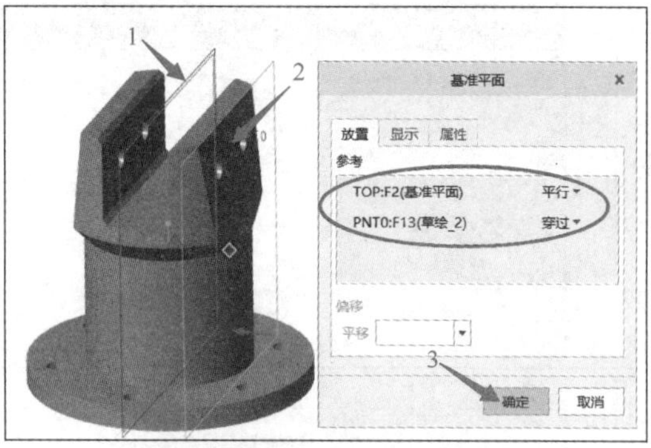	在创建基准平面时，选择多余 1 个的参考图元时，需按住〈Ctrl〉键进行选择
30	创建支承接头上部圆孔的准备工作已完成。接下来选择【模型】选项卡【形状】组的【拉伸】特征命令，在弹出【拉伸】选项卡后选择 DTM2 作为草绘平面，进入草绘环境。单击【草绘】选项卡【设置】组的【参考】命令，弹出【参考】对话框，选择箭头 1、2、3 处的基准平面 DTM1 和基准轴 A_10、A_11 作为草绘参考，单击【关闭】按钮完成操作，操作步骤如右图所示	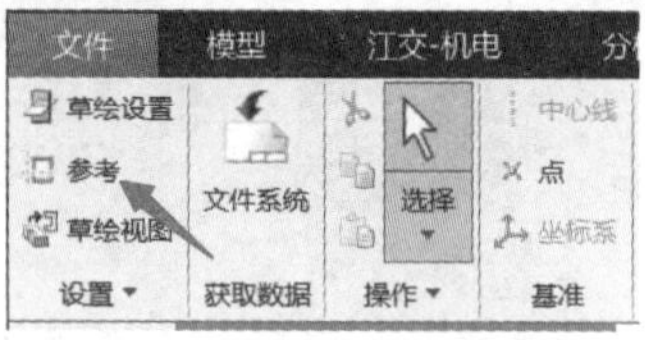 	添加草绘参考时直接单击要添加的图元即可，无须按住〈Ctrl〉键
31	单击【草绘】组【圆心和点】命令，把箭头 2、3 处作为圆的圆心绘制两个圆。在画圆的时候，系统会自动捕捉到与参考 DTM1 的参考线相切点，单击鼠标左键完成圆的绘制。如果没有捕捉到相切点，则可利用【约束】组的【相切】命令，分别选择圆和 DTM1 参考也可完成约束，结果如右图所示。单击【关闭】组的【确定】按钮，退出草绘环境	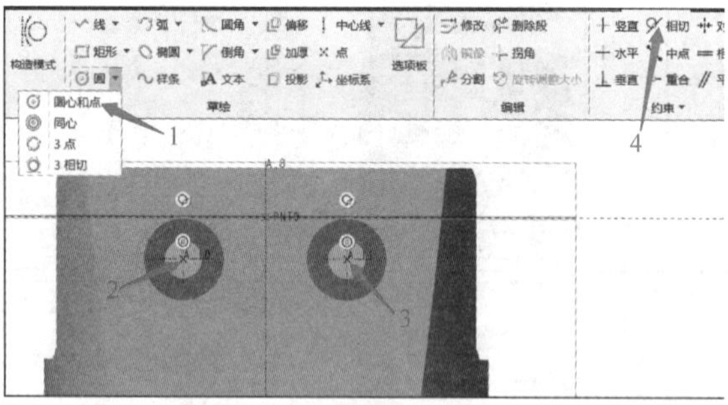	
32	在【拉伸】选项卡中选择拉伸【深度】为"拉伸至与所有面相交"，并选择【移除材料选择】，按如右图所示，完成拉伸特征	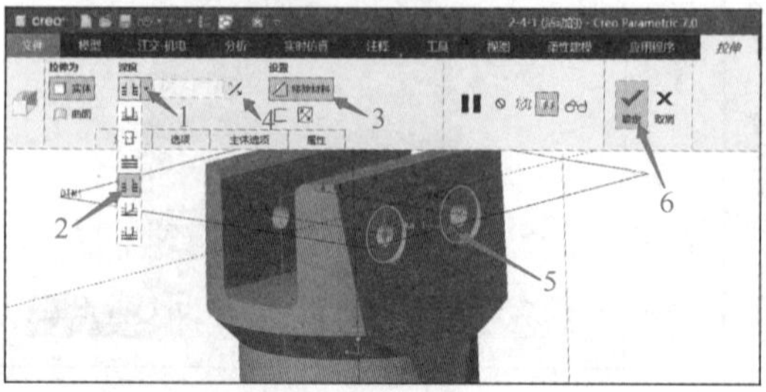	完成拉伸特征前需注意观察箭头 5 处拉伸的方向，如果与所要求的不同，则单击箭头 4 处的"将拉伸的深度方向改为草绘平面的另一侧"按钮

（续）

步骤	操作要领	图例	说明
33	在模型树中单击刚刚创建的孔【拉伸5】特征，选择【模型】选项卡【编辑】组【镜像】特征命令，弹出【镜像】选项卡，单击箭头 1 处的基准平面 TOP 作为镜像平面，单击【确定】按钮，完成支承接头另一侧孔的创建，操作步骤如右图所示	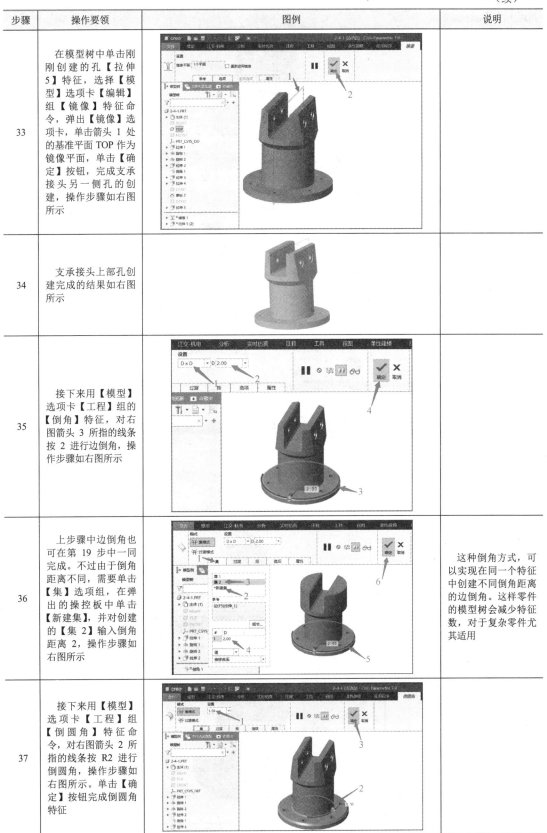	
34	支承接头上部孔创建完成的结果如右图所示		
35	接下来用【模型】选项卡【工程】组的【倒角】特征，对右图箭头 3 所指的线条按 2 进行边倒角，操作步骤如右图所示		
36	上步骤中边倒角也可在第 19 步中一同完成。不过由于倒角距离不同，需要单击【集】选项组，在弹出的操控板中单击【新建集】，并对创建的【集 2】输入倒角距离 2，操作步骤如右图所示		这种倒角方式，可以实现在同一个特征中创建不同倒角距离的边倒角。这样零件的模型树会减少特征数，对于复杂零件尤其适用
37	接下来用【模型】选项卡【工程】组【倒圆角】特征命令，对右图箭头 2 所指的线条按 R2 进行倒圆角，操作步骤如右图所示。单击【确定】按钮完成倒圆角特征		

（续）

步骤	操作要领	图例	说明
38	至此完成了支承接头的三维建模		
39	接下来将模型着色为金属铜的颜色。单击【视图】选项卡【模型显示】组的【外观库】命令，选择右图箭头 3 所指的外观颜色，此时鼠标光标显示为毛笔状。单击 Creo 界面右下角【选择过滤器】中的【零件】选项后，单击绘图区中的三维模型，单击鼠标中键结束，此时三维模型被着色为所需的颜色，效果如右图所示	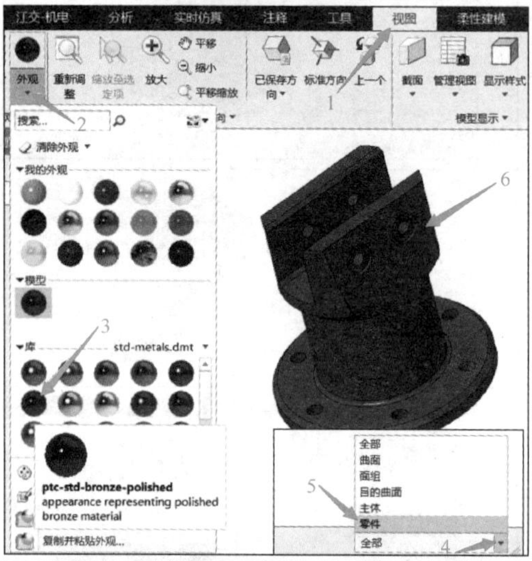	
40	先单击【分析】选项卡中的【测量】命令，再选择体积项 体积，然后单击模型，测得该模型的体积为 118445mm^3	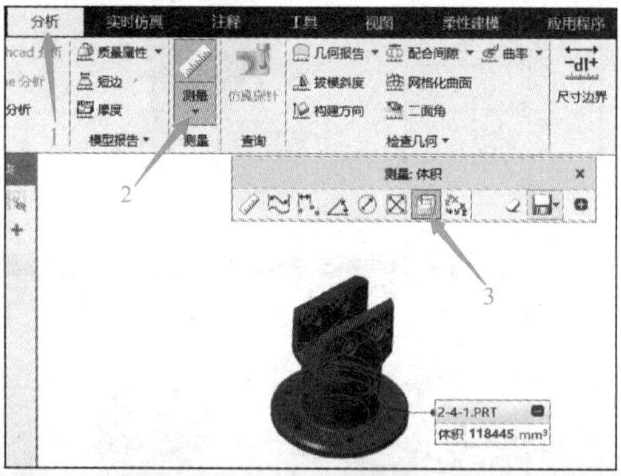	
41	至此，全部完成了图 2-7 工程图对应的三维模型建模以及模型的着色，最后单击【保存】按钮保存模型文件	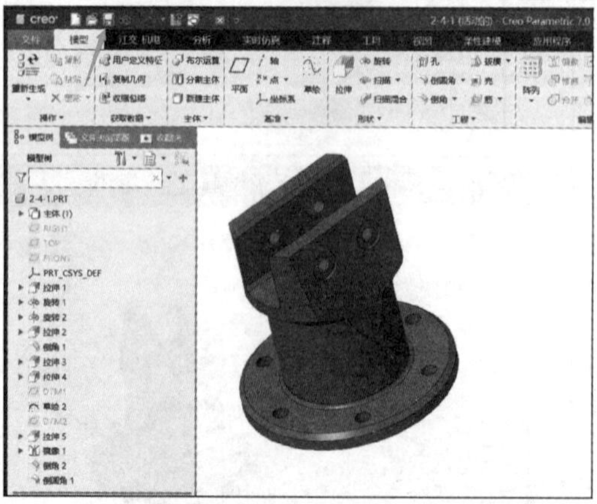	

四、任务评价

图 2-7 所示的支承接头，建模过程需综合利用 Creo 的关系式建模和基准特征，并充分利用零件的结构对称性和同心等几何关系，按这种思路建模可大大提高工作效率。该支承接头的工程图较复杂，建模属中等难度，需要读者认真识读工程图并熟练掌握 Creo 有关建模命令来完成建模任务。建模完成后还需进行着色和体积查询等工作，分别用于零件展示和原材料准备等后续流程。

任务五　三维模型的渲染及输出

为了宣传推广新产品以占领市场先机，企业一般在产品样机开发之前就需要提前做好产品推介文案，文案中要用到的产品图片就成了关键的因素。Creo 工作区（图形窗口）四周某一侧的【视图】工具栏可使模型在【线框】、【着色】、【消隐】等不同显示样式进行显示。然而在实际的产品设计中，这些显示状态是远远不够的，因为它们无法表达产品的颜色、光泽和质感等外观特点。再加上没有产品实物（样机来不及做），所以只能通过诸如 Rhinoceros、3ds Max、KeyShot 等专业的造型渲染软件进行设计。如果要求不是太高的话，用 Creo 自带的渲染功能也能达到类似的效果。

当然，如果要使产品的效果图更具有质感和美感，可将渲染后的图形文件导入到专门的图像处理软件（如 Photoshop 等）中，进行进一步的编辑和美化。

一、任务下达

按图 2-9 所示工程图完成陶瓷茶杯的建模，建模完成后按青花瓷样式进行贴图并渲染。为了和其他三维 CAD/CAM 软件进行通信，需要输出相应的中间数据格式（如 igs、x_t、x_b 等）。图 2-9 中尺寸仅供参考，学习者可自行设计为实用的茶杯尺寸。完成该口方底圆茶杯的建模后，请读者自行设计一个口圆底方的同类茶杯，尺寸自定义。

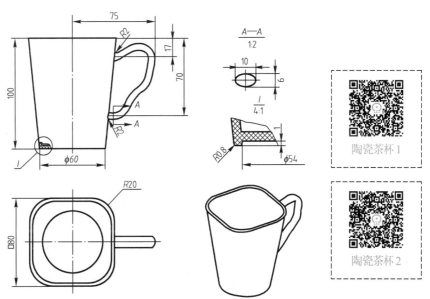

图 2-9　陶瓷茶杯工程图

图 2-9 未注圆角为 *R*0.5；除把手外，壁厚均为 2；把手轮廓为样条曲线；未注尺寸请根据图形特点自行补充。

建模结束后，利用 Creo 自带的渲染功能进行渲染，结果如图 2-10 所示。

图 2-10　陶瓷茶杯渲染图

二、任务分析

图 2-9 中是一个口方底圆的茶杯，用之前学过的【拉伸】、【旋转】等特征命令无法完成建模，所以本任务要用到 Creo 的【混合】特征。同理，手柄部分也无法通过【拉伸】、【旋转】等特征命令完成建模，而要用到【扫描】特征命令。

所以完成该模型的创建需用到【混合】、【壳】、【扫描】等特征命令，最后要完成渲染，需要用【渲染】选项卡下的有关命令。茶杯的主要建模流程如图 2-11 所示。

图 2-11　茶杯的主要建模流程

建模完成后，可以利用【分析】选项卡【测量】组和【测量】命令，分析查询茶杯的准确体积，为后续包装入库等流程提供必要的参数。

三、任务实施

表 2-7 详细描述了完成图 2-9 所示茶杯的建模和渲染步骤及说明。

表 2-7　茶杯的建模和渲染步骤及说明

步骤	操作要领	图　例	说明
1	按学习情境一中任务一的讲解内容完成 Creo 的安装与配置	（略）	进行三维建模前完成软件安装与配置
2	打开 Creo 软件，单击【快速访问工具栏】的【新建】命令，新建一个文件名为"2-5-1"的实体文件（按右图所示步骤），选择公制模板 mmns_part_solid_abs，即确保建模时长度单位为 mm		新建公制模板的实体文件

（续）

步骤	操作要领	图　例	说明
3	单击【模型】选项卡【形状】组中的【混合】命令 混合 ，如右图所示	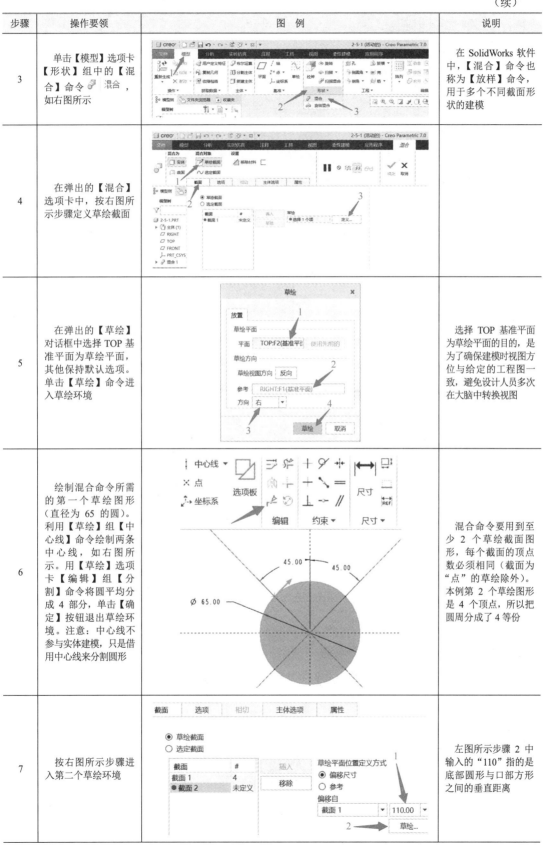	在 SolidWorks 软件中，【混合】命令也称为【放样】命令，用于多个不同截面形状的建模
4	在弹出的【混合】选项卡中，按右图所示步骤定义草绘截面		
5	在弹出的【草绘】对话框中选择 TOP 基准平面为草绘平面，其他保持默认选项。单击【草绘】命令进入草绘环境		选择 TOP 基准平面为草绘平面的目的，是为了确保建模时视图方位与给定的工程图一致，避免设计人员多次在大脑中转换视图
6	绘制混合命令所需的第一个草绘图形（直径为 65 的圆）。利用【草绘】组【中心线】命令绘制两条中心线，如右图所示。用【草绘】选项卡【编辑】组【分割】命令将圆平均分成 4 部分，单击【确定】按钮退出草绘环境。注意：中心线不参与实体建模，只是借用中心线来分割圆形		混合命令要用到至少 2 个草绘截面图形，每个截面的顶点数必须相同（截面为"点"的草绘除外）。本例第 2 个草绘图形是 4 个顶点，所以把圆周分成了 4 等份
7	按右图所示步骤进入第二个草绘环境		左图所示步骤 2 中输入的"110"指的是底部圆形与口部方形之间的垂直距离

（续）

步骤	操作要领	图　例	说明
8	选择【草绘】组【矩形】右侧黑色三角形【中心矩形】命令，单击坐标系原点，绘制一个边长为 80 的正方形。若右图中箭头 1 处方向与箭头 2 处不同，则选中箭头 1 处的箭头起点，按住鼠标右键约 0.5s 后弹出快捷菜单，选择【起点】命令可改变起点方向，单击【确定】按钮后退出草绘环境	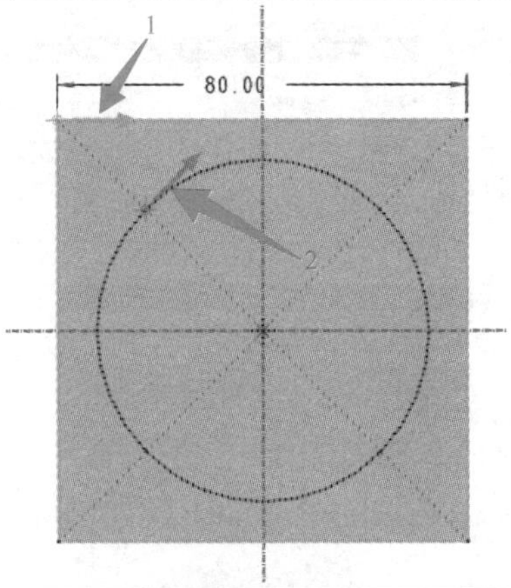	绘制正方形时，要注意鼠标所处位置的影响，确保鼠标所在位置恰巧约束边长相等时完成矩形的绘制。当然，也可绘制任一矩形后再添加约束
9	单击【混合】选项卡中的 ✔ 按钮，完成混合特征建模	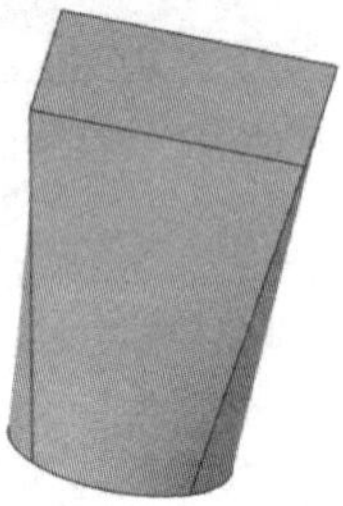	
10	单击【模型】选项卡【工程】组中的【倒圆角】命令，在箭头 1 处输入倒圆角半径 20，按住〈Ctrl〉键的同时选中杯身的 4 条竖线，完成 R20 的倒圆角建模	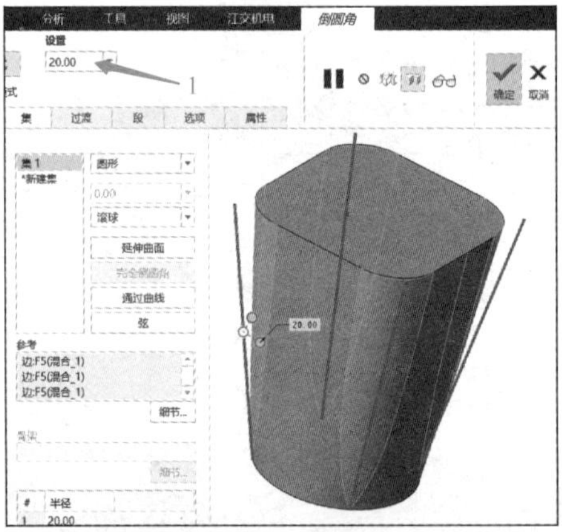	
11	接下来在杯底通过【拉伸-切除】的方式做一个深为 1、直径为底圆往内偏移 2 的圆柱形凹槽。 注意：圆的绘制，利用【草绘】组【偏移】命令，如右图所示箭头 3 处是选择 Φ65 圆。 完成的草绘图形如右部的下图所示	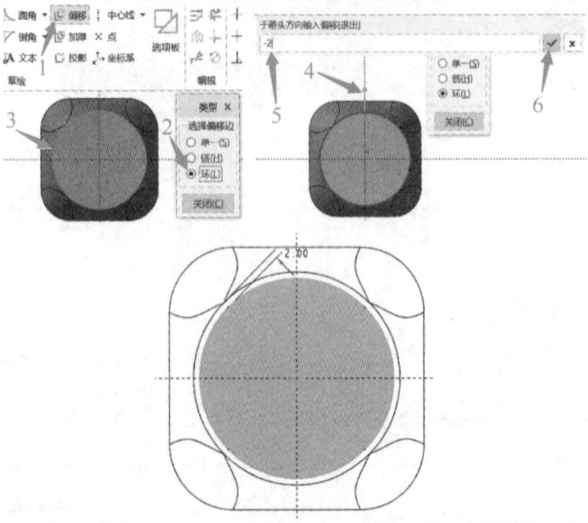	

（续）

步骤	操作要领	图　例	说明
12	在【拉伸】选项卡中输入拉伸深度值为1，操作步骤如右图所示	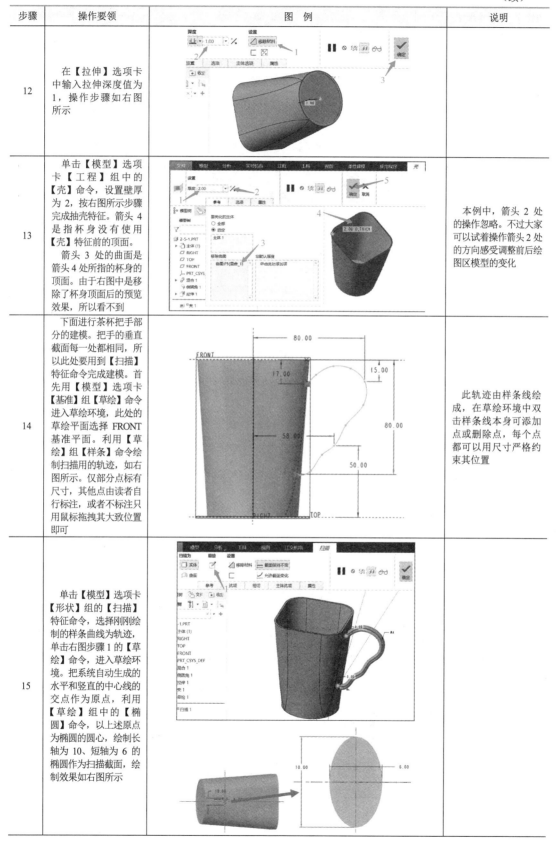	
13	单击【模型】选项卡【工程】组中的【壳】命令，设置壁厚为2，按右图所示步骤完成抽壳特征。箭头4是指杯身没有使用【壳】特征前的顶面。 箭头3处的曲面是箭头4处所指的杯身的顶面。由于右图中是移除了杯身顶面后的预览效果，所以看不到		本例中，箭头2处的操作忽略。不过大家可以试着操作箭头2处的方向感受调整前后绘图区模型的变化
14	下面进行茶杯把手部分的建模。把手的垂直截面每一处都相同，所以此处要用到【扫描】特征命令完成建模。首先用【模型】选项卡【基准】组【草绘】命令进入草绘环境，此处的草绘平面选择 FRONT 基准平面。利用【草绘】组【样条】命令绘制扫描用的轨迹，如右图所示。仅部分点标有尺寸，其他点由读者自行标注，或者不标注只用鼠标拖拽其大致位置即可		此轨迹由样条线绘成，在草绘环境中双击样条线本身可添加点或删除点，每个点都可以用尺寸严格约束其位置
15	单击【模型】选项卡【形状】组的【扫描】特征命令，选择刚刚绘制的样条曲线为轨迹，单击右图步骤1的【草绘】命令，进入草绘环境。把系统自动生成的水平和竖直的中心线的交点作为原点，利用【草绘】组中的【椭圆】命令，以上述原点为椭圆的圆心，绘制长轴为10、短轴为6的椭圆作为扫描截面，绘制效果如右图所示		

（续）

步骤	操作要领	图 例	说明
16	接下来用【模型】选项卡【工程】组的【倒圆角】特征命令，对右图箭头 A 所指的线条按 R0.8 倒圆角，对箭头 B 所指的线条按 R2 倒圆角。杯口处的两条边线都需要倒圆角	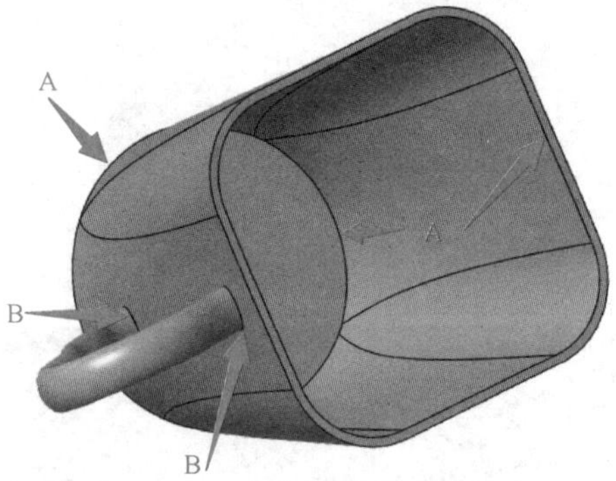	如果生成的把手在杯身里面有多余的结构或把手与杯身的外表面没有完全接触的情况出现，可试着调整第 14 步的样条曲线与杯身接触位置的样条曲线控制点
17	至此，茶杯的三维模型已设计好了。最后需要用到 Creo 自带的【渲染】功能完成此青花瓷茶杯的渲染。方法见右图所示步骤：单击【视图】选项卡【外观】组的【库】下三角符号，在弹出的控制面板中单击【外观管理器】命令	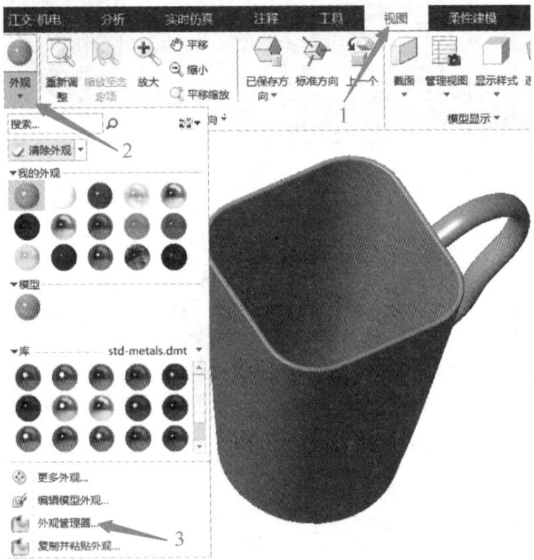	
18	在弹出的【外观管理器】对话框中按右图所示步骤，新建一个自行贴图的外观球	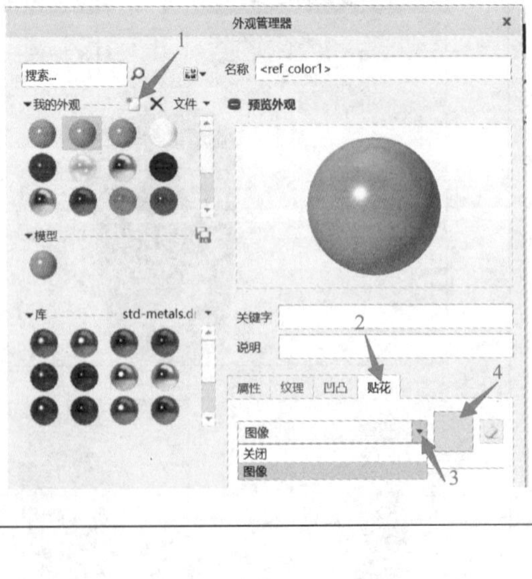	

（续）

步骤	操作要领	图　例	说明
19	单击第 8 步所示图的箭头 4 处【贴花】命令，在弹出的【打开】对话框中选择打开本地计算机上的青花瓷图片（可提前上网下载放在工作目录中），然后关闭【外观管理器】对话框	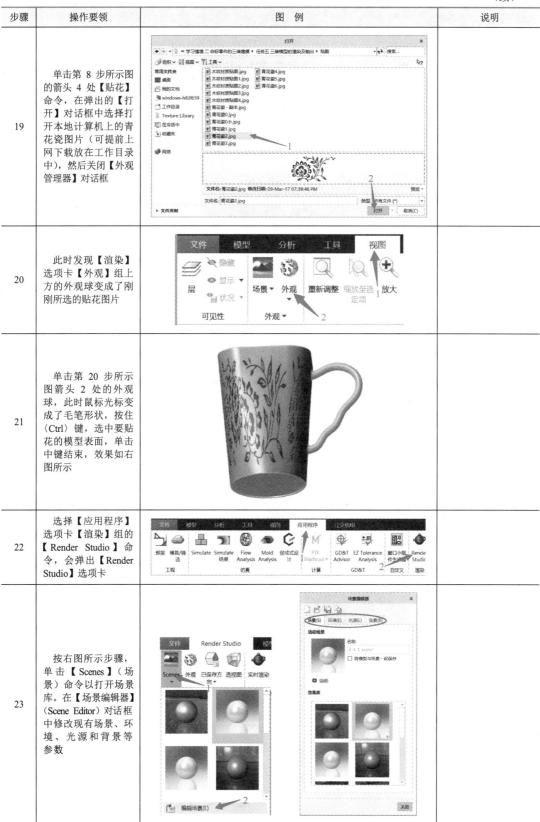	
20	此时发现【渲染】选项卡【外观】组上方的外观球变成了刚刚所选的贴花图片		
21	单击第 20 步所示图箭头 2 处的外观球，此时鼠标光标变成了毛笔形状，按住〈Ctrl〉键，选中要贴花的模型表面，单击中键结束，效果如右图所示		
22	选择【应用程序】选项卡【渲染】组的【Render Studio】命令，会弹出【Render Studio】选项卡		
23	按右图所示步骤，单击【Scenes】（场景）命令以打开场景库。在【场景编辑器】（Scene Editor）对话框中修改现有场景、环境、光源和背景等参数		

（续）

步骤	操作要领	图　例	说明
24	按右图所示步骤完成地板的贴花（贴花图片自行上网下载或从本书的"随书素材"中查找）	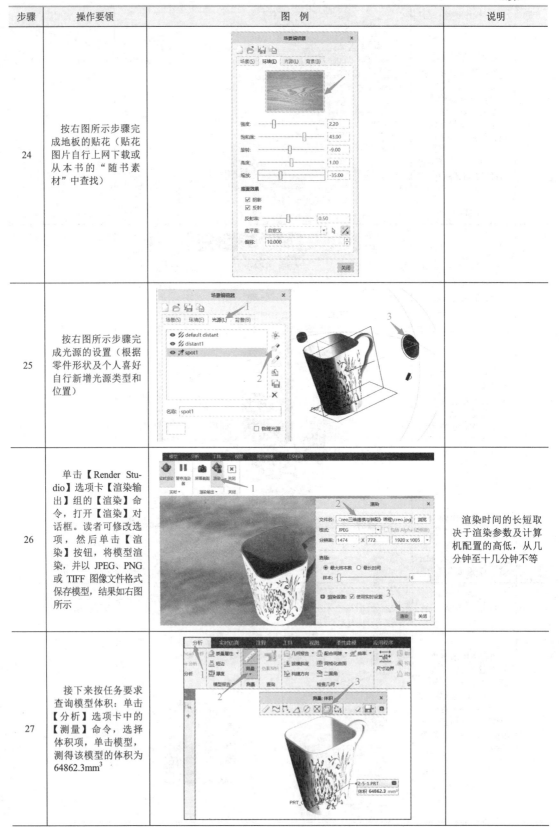	
25	按右图所示步骤完成光源的设置（根据零件形状及个人喜好自行新增光源类型和位置）		
26	单击【Render Studio】选项卡【渲染输出】组的【渲染】命令，打开【渲染】对话框。读者可修改选项，然后单击【渲染】按钮，将模型渲染，并以 JPEG、PNG 或 TIFF 图像文件格式保存模型，结果如右图所示		渲染时间的长短取决于渲染参数及计算机配置的高低，从几分钟至十几分钟不等
27	接下来按任务要求查询模型体积：单击【分析】选项卡中的【测量】命令，选择体积项，单击模型，测得该模型的体积为 64862.3mm³		

（续）

步骤	操作要领	图　例	说明
28	至此，完成了图 2-9 所示工程图对应的三维建模以及模型的渲染，最后保存模型文件	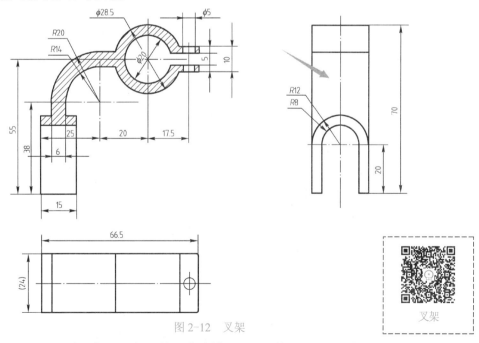	

四、任务评价

图 2-9 所示的口方底圆茶杯，建模过程需用到【混合】和【扫描】特征命令，这在之前的建模过程中不曾用到。该茶杯工程图较简单，建模本身难度也不大，只是需要用到新的建模命令，否则无法完成建模任务。至于模型渲染的要求，也是第一次碰到。Creo 自带的渲染功能偏弱，如果需要照片级的渲染效果，可将模型另存为 igs、x_t、x_b 等格式的中间文件，然后在 3ds Max、Rhinoceros、KeyShot 等软件中完成渲染工作。

强化训练题二

1. 完成图 2-12 所示叉架零件（未注圆角为 R1.2）的三维建模，并以黄色显示三维模型（箭头所指曲面需贴上自己的照片）。建模完成后分析查询该模型的体积（用【分析】选项卡【测量】组的【体积】命令实现）。

图 2-12　叉架

2. 完成图 2-13 所示实心五角星的三维建模，并以红色显示三维模型。提示：本题主要用【混合】命令完成，第一个草绘为点，第二个草绘为正五角星（五角星可利用草绘环境中的选项板/调色板进行快速绘制）。

3. 完成图 2-14 所示实心曲别针的三维建模，并以绿色显示三维模型。提示：本题要用到【扫描】特征命令，创建俯视图中凸起部分的扫描轨迹时，可用曲线【投影】命令实现（用【模型】选项卡【编辑】组的【投影】命令实现）。

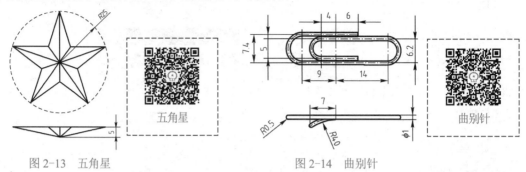

图 2-13　五角星　　　　　　　　　　　　　　图 2-14　曲别针

4．完成图 2-15 所示零件的三维建模（底板上的 4 个 ϕ10 孔均为通孔），并以灰色显示三维模型。建模完成后分析查询该模型的体积（用【分析】选项卡【测量】组的【体积】命令实现）。

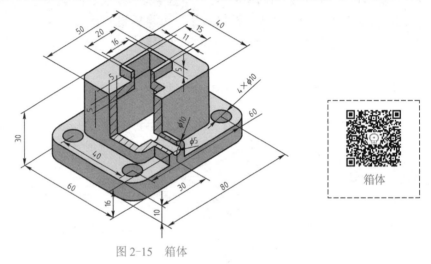

图 2-15　箱体

5．完成图 2-16 所示零件的三维建模，并按【消隐】的方式显示三维模型的轴测图（用【已保存方向】组中的【标准方向】命令实现）。

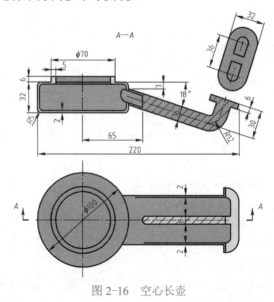

图 2-16　空心长壶

6. 完成图 2-17 所示零件的三维建模，并按【带反射着色】的方式显示三维模型的轴测图（用【已保存方向】组中的【标准方向】命令实现）。

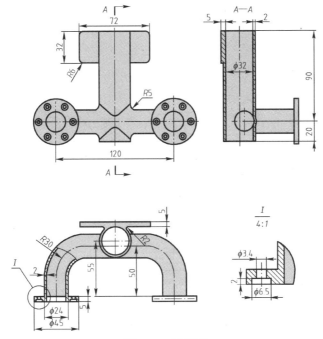

图 2-17 连接管

7. 完成图 2-18 所示工程图对应的三维建模，图中 A=132、B=170、C=82、D=30，建模完成后分析查询该模型的体积。

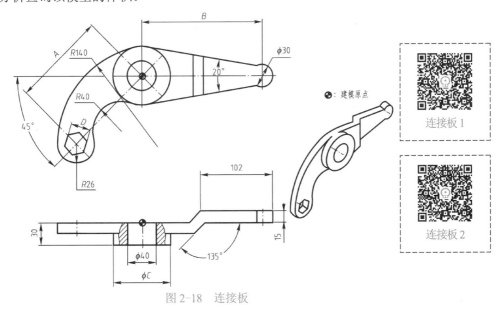

图 2-18 连接板

8. 完成图 2-19 所示工程图对应的三维建模，图中 A=55、B=61、C=97、D=85，建模完成后分析查询该模型的体积。

9. 完成图 2-20 所示带轮工程图对应的三维建模，未注铸造圆角为 $R3$，并以绿色【带边着色】显示三维模型，建模完成后分析查询该模型的体积。

10. 完成图 2-21 所示工程图对应的三维建模，建模完成后分析查询该模型的体积。

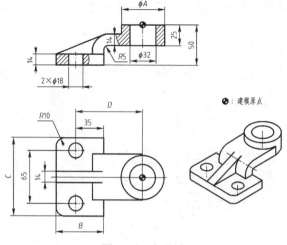

图 2-19　支承板

🌐：建模原点

支承板 1

支承板 2

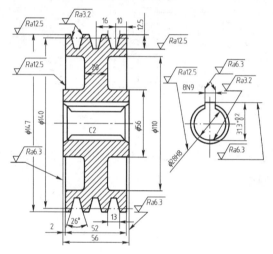

图 2-20　带轮

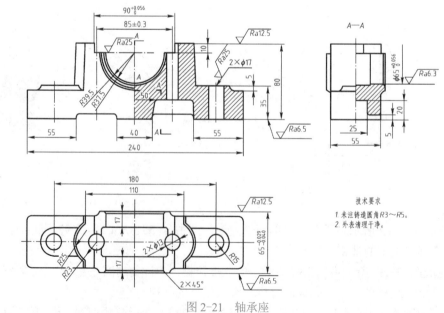

技术要求
1. 未注铸造圆角 R3～R5。
2. 外表清理干净。

图 2-21　轴承座

11. 完成图 2-22 所示工程图对应的三维建模，建模完成后分析查询该模型的体积。

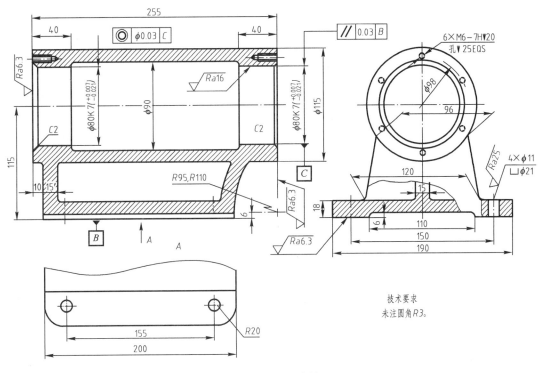

图 2-22　铣刀座体

12. 完成图 2-23 所示工程图（未注圆角为 R3）对应的三维建模，图中左端 M36×2 的螺纹暂按 φ36 绘制。建模完成后分析查询该模型的体积。

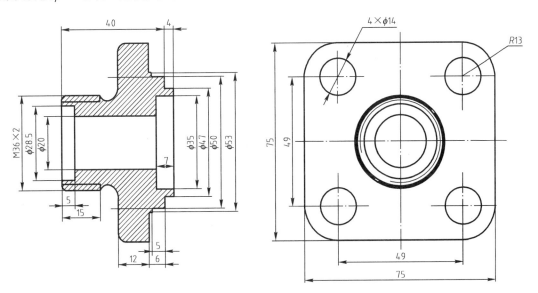

图 2-23　阀盖

13. 完成图 2-24 所示工程图对应的三维建模，建模完成后分析查询该模型的体积。

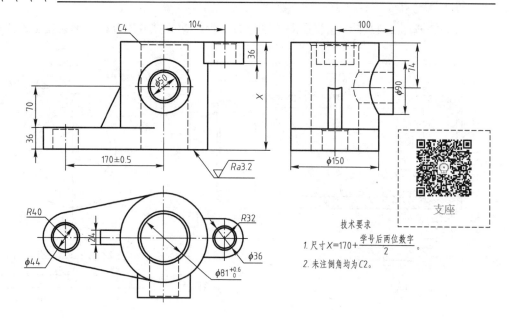

图 2-24　支座

14. 完成图 2-25 所示工程图对应的三维建模，建模完成后分析查询该模型的体积。

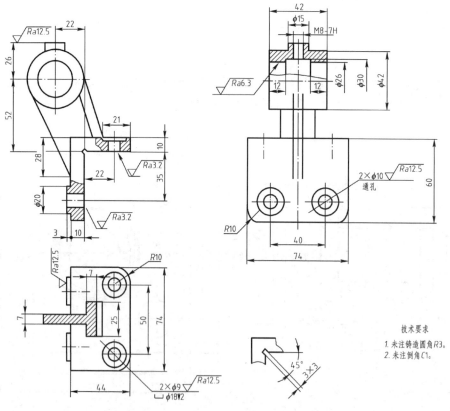

图 2-25　支架

15. 完成图 2-26 所示工程图对应的三维建模，建模完成后分析查询该模型的体积。

16. 完成图 2-27 所示工程图对应的三维建模，以红色显示三维模型，建模完成后分析查询该模型的体积。

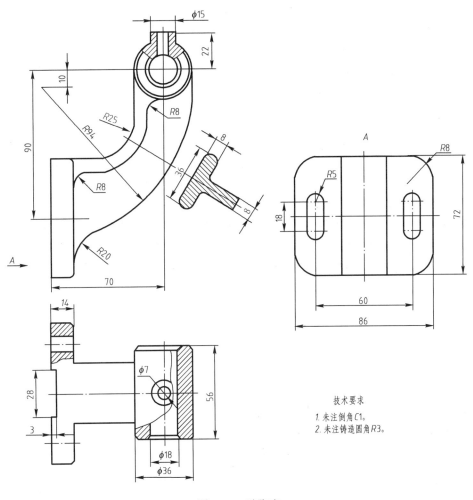

技术要求
1. 未注倒角C1。
2. 未注铸造圆角R3。

图 2-26 踏脚座

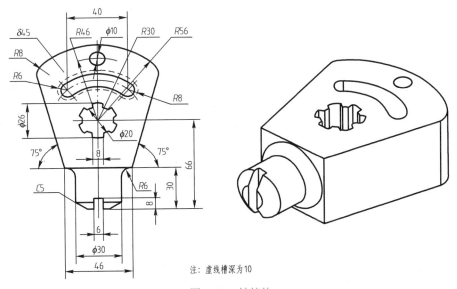

注: 虚线槽深为10

图 2-27 转接块

学习情境三 标准件的三维建模

前面两个情境主要学习常见组合体及非标零件的三维建模，学完后可以初步设计一些结构不太复杂的零件产品。大多数工程产品经常会用到标准件，虽然标准件一般直接向标准件厂订购，无需另外设计，但在总装环节需要把这些标准件虚拟安装进去，所以产品设计人员还需要掌握标准件和常用件的设计。

在各类产品中，常用的标准件有螺钉、螺栓、螺母、垫圈、键、销、滚动轴承等；也会用到不属于标准件的常用机件，如弹簧、齿轮等。考虑到垫圈、键、销、滚动轴承等标准件本身建模难度较小，所以接下来主要介绍有一定难度且部分结构已标准化的零件的三维建模。

任务一 螺栓的三维建模

螺栓是由头部和螺杆（带有外螺纹的圆柱体）两部分组成的一类紧固件，需与螺母配合，用于紧固连接两个带有通孔的零件。

一、任务下达

本任务通过二维工程图的方式下达，要求按图 3-1 所示的尺寸完成螺栓的三维建模，建模完成后将模型着色为蓝色，同时以轴测图视图输出背景为白色的 jpg 格式图片文件。

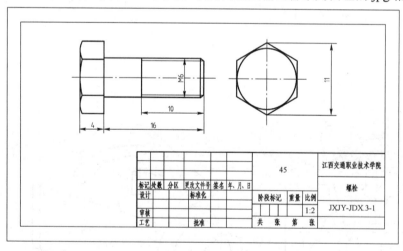

图 3-1 螺栓工程图

二、任务分析

根据图 3-1 所示工程图，螺栓零件的建模难度不大，基体结构是一个棱柱和一个圆柱体。圆柱体的外部有螺纹。Creo 中【模型】选项卡【工程】组的【修饰螺纹】命令可用来创建修饰螺纹，但不是实体螺纹，从模型上不容易看出螺纹效果，所以需要采用螺旋扫描切除的方式进行螺纹的建模。

完成该模型的创建需用到【草绘】、【旋转】、【拉伸】、【倒圆角】、【螺旋扫描】（移除材料）等特征命令。螺栓的主要建模流程如图 3-2 所示。

图 3-2　螺栓的主要建模流程

三、任务实施

表 3-1 详细描述了完成图 3-1 所示螺栓的建模步骤及说明。

表 3-1　螺栓的建模步骤及说明

步骤	操作要领	图例	说明
1	按学习情境一中任务一的讲解内容完成 Creo 的安装与配置	（略）	进行三维建模前完成软件安装与配置
2	打开 Creo 软件，单击【快速访问工具栏】的【新建】命令，新建一个文件名为"3-1-1"的实体文件（按右图所示步骤）	新建 类型：○布局 ○草绘 ●零件 ○装配 ○制造 ○绘图 ○格式 ○记事本 子类型：●实体 ○钣金件 ○主体 ○线束 文件名：3-1-1 公用名称： □使用默认模板 确定 取消	因已选零件文件类型，所以扩展名.prt 不需要输入，系统会自动生成
3	在右图箭头 1 处选择公制模板 mmns_part_solid_abs，确保后续建模时长度单位为 mm	新文件选项 模板 mmns_part_solid_abs 浏览... mmns_harn_part_rel mmns_mold_component_abs mmns_mold_component_rel mmns_part_ecad_abs mmns_part_solid_abs mmns_part_solid_rel 参数 DESCRIPTION MODELED_BY □复制关联绘图 确定 取消	新建公制模板的实体文件

（续）

步骤	操作要领	图例	说明
4	单击【模型】选项卡【形状】组中的【拉伸】命令，选择 TOP 基准面为草绘平面，系统自动进入草绘环境。单击【设置】组中的【草绘视图】命令，使草绘平面与显示器平面平行		选择【文件】菜单的【选项】命令，在弹出的对话框中，勾选【草绘器】中的【使草绘平面与屏幕平行】复选框，将参数保存到启动目录中的配置文件 config.pro 中，这样下次启动 Creo 画草绘时默认就会使草绘平面与显示器平面平行
5	单击【草绘】选项卡【草绘】组中的【选项板】命令		
6	双击【草绘器选项板】选项卡【多边形】组中的【六边形】命令		
7	在绘图区单击左键，在弹出的【导入截面】选项卡中输入比例值 5.5		
8	选中拖动点按住鼠标左键移动图形，使六边形的中心点与坐标原点重合，单击 ✔ 按钮离开草绘界面		

（续）

步骤	操作要领	图例	说明
9	设置拉伸深度为 4，按右图所示步骤完成六边形的拉伸		
10	单击【形状】组的【旋转】命令，选择 FRONT 基准面为草绘平面，Creo 自动进入草绘环境，在草绘界面中单击，【设置】组中的【参考】命令，打开【参考】对话框，加选右图所示的投影为参照		【旋转】命令需要在草绘中绘制中心线作为旋转轴
11	绘制如右图所示的截面，单击 ✔ 按钮离开草绘界面		
12	单击 按钮移除材料，材料移除方向为侧向右上角，旋转角度为 360°，完成旋转切除		
13	选择拉伸特征的下底面为草绘平面，拉伸直径为 6 的圆，深度为 16		
14	单击【工程】组【倒角】的【边倒角】命令，如右图所示设置参数，选择螺栓头部边线倒角		

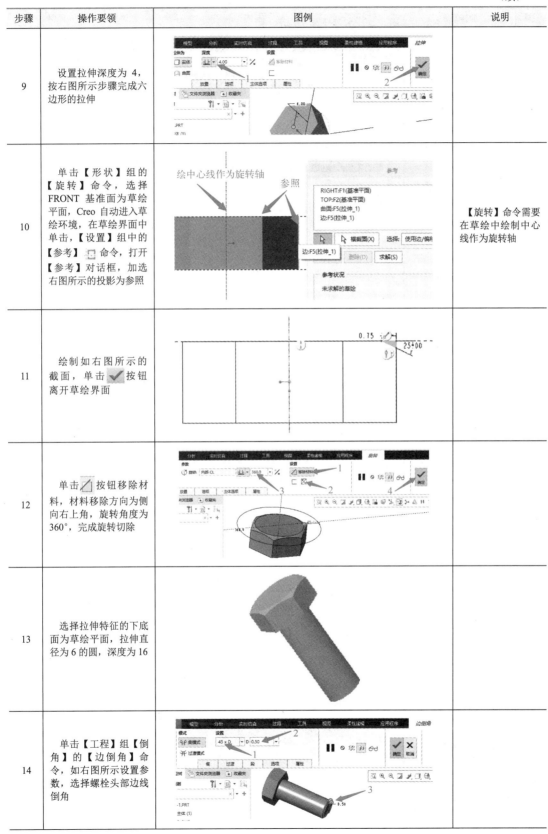

（续）

步骤	操作要领	图例	说明
15	单击【模型】选项卡【形状】组中的【螺旋扫描】命令	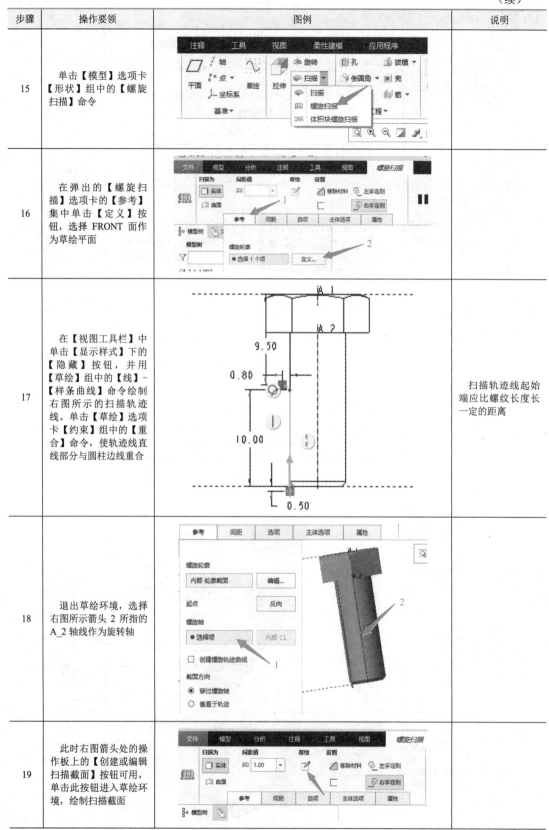	
16	在弹出的【螺旋扫描】选项卡的【参考】集中单击【定义】按钮，选择 FRONT 面作为草绘平面		
17	在【视图工具栏】中单击【显示样式】下的【隐藏】按钮，并用【草绘】组中的【线】-【样条曲线】命令绘制右图所示的扫描轨迹线。单击【草绘】选项卡【约束】组中的【重合】命令，使轨迹线直线部分与圆柱边线重合		扫描轨迹线起始端应比螺纹长度长一定的距离
18	退出草绘环境，选择右图所示箭头 2 所指的 A_2 轴线作为旋转轴		
19	此时右图箭头处的操作板上的【创建或编辑扫描截面】按钮可用，单击此按钮进入草绘环境，绘制扫描截面		

（续）

步骤	操作要领	图例	说明
20	在右图所示位置绘制一个边长为 0.75 的等边三角形作为扫描截面	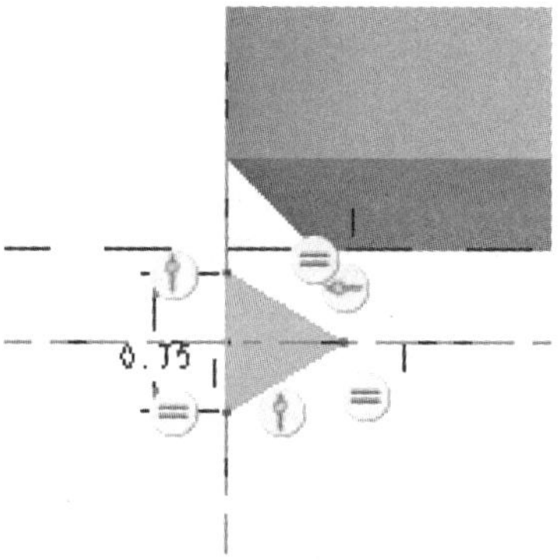	边长必须小于节距 1，否则特征会失败
21	其他参数按照右图所示设置，单击【确定】按钮完成螺纹绘制	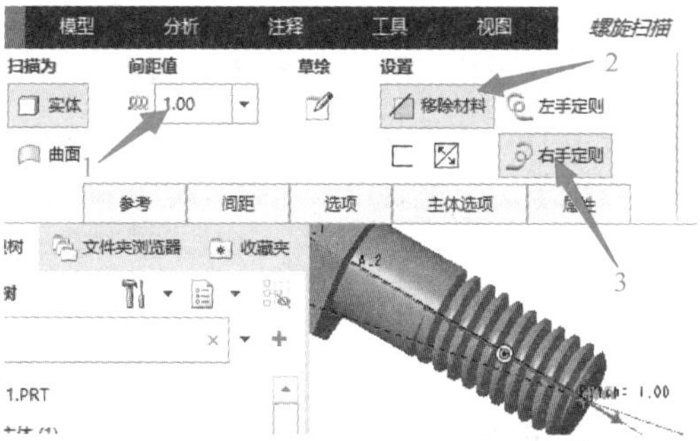	
22	按右图步骤将模型外观颜色改为蓝色。第 3 步选好蓝色后，单击【选择过滤器】中的【零件】选项，在图形区单击零件的任一部位，将整个零件着色为蓝色	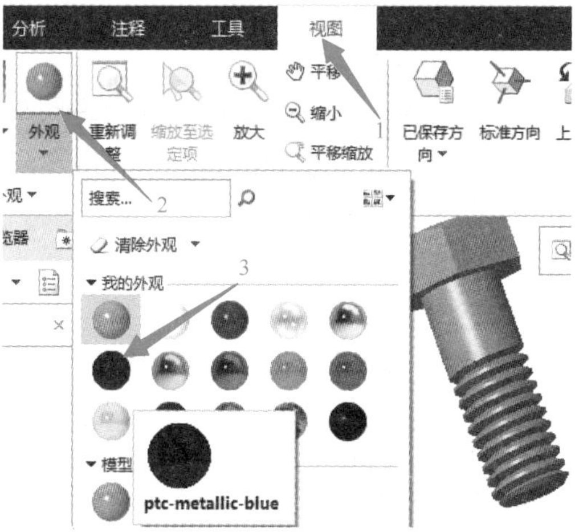	
23	按住鼠标中键并移动鼠标，将模型旋转到合适的轴测图角度，在【视图工具栏】中取消所有基准特征的显示。保存模型文件。最后选择【文件】菜单下的【另存为】命令，自行命名文件名，并在弹出的【保存副本】对话框中的【类型】下拉菜单中选择【JPEG(*.jpg)】选项，即可将 Creo 图形区可见模型另存为 jpg 格式图片文件	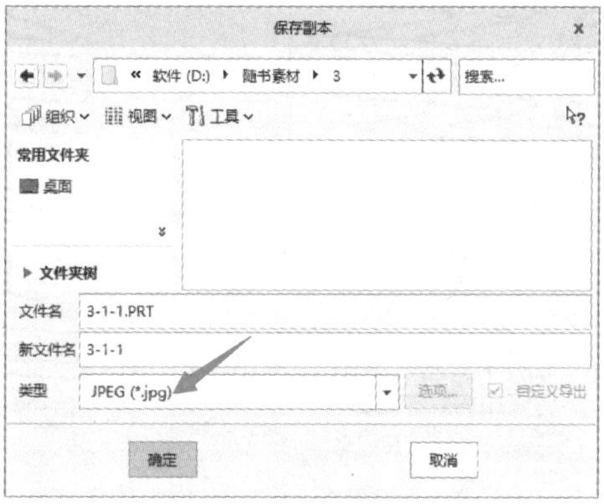	

（续）

步骤	操作要领	图例	说明
24	最终结果如右图所示	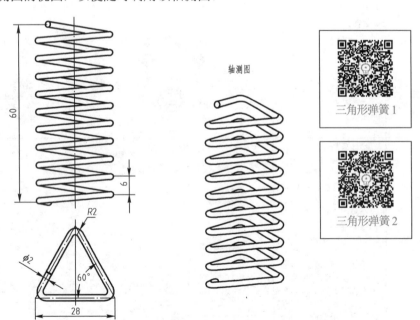	

四、任务评价

图 3-1 所示的螺栓是一种常用的紧固件，本身建模难度不大。此前大家都没有进行过螺纹的建模训练，所以本任务的建模重点在于螺纹的建模。

Creo 是一款参数化建模软件，实体螺纹的建模需要后台大量的运算，对于标准螺纹来说，在 Creo 中一般只用修饰螺纹来表达，主要用于后续工程图输出时能转化符合标准的工程图。

任务二　三角形弹簧的三维建模

弹簧是一种用来储能、减振、夹紧和测力等的常用件，其特点是当所承受的外力去除后，能立即恢复原有的形状和尺寸，所以在各类机械上运用较广。

一、任务下达

本任务通过二维工程图和轴测图的方式下达（未给出图框及标题栏），要求按图 3-3 所示的尺寸完成三角形弹簧的三维建模（未注尺寸由 Creo 建模特性决定），并按图中轴测图的大致方位保存一个轴测图的视图，以便随时调用该轴测图。

图 3-3　三角形弹簧

二、任务分析

图 3-3 中三角形弹簧与普通的弹簧不同，其俯视图为一个等边三角形，这也是建模的难点所在，需要通过三角形拉伸曲面和螺旋扫描曲面相交得到扫描轨迹后，再通过扫描命令完成最终弹簧的建模。

完成该模型的创建需用到【草绘】（包括【构造】命令的使用）、【螺旋扫描】、【拉伸】、曲面【相交】、【扫描】等命令。三角形的主要建模流程如图 3-4 所示。

图 3-4　三角形弹簧主要建模流程

三、任务实施

表 3-2 详细说明完成图 3-3 所示三角形弹簧的建模步骤及注意事项。

表 3-2　三角形弹簧的建模步骤及注意事项

步骤	操作要领	图例	说明
1	按学习情境一中任务一的讲解内容完成 Creo 的安装与配置	（略）	进行三维建模前完成软件安装和配置
2	打开 Creo 软件，单击【快速访问工具栏】的【新建】命令，新建一个文件名为"3-2-1"的零件文件（按右图所示步骤）。单击【确定】按钮后，在弹出的【新文件选项】对话框中选择公制模板 mmns_part_solid_abs，确保后续建模时长度单位为 mm		新建公制模板的实体文件
3	单击【模型】选项卡【形状】组中的【螺旋扫描】命令		

（续）

步骤	操作要领	图例	说明
4	在弹出的【螺旋扫描】选项卡的【参考】集中单击【定义】按钮	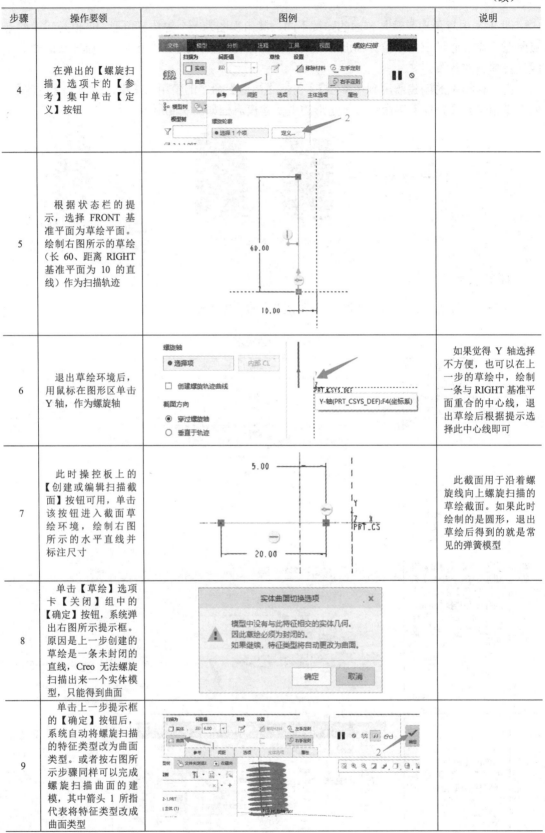	
5	根据状态栏的提示，选择 FRONT 基准平面为草绘平面。绘制右图所示的草绘（长 60、距离 RIGHT 基准平面为 10 的直线）作为扫描轨迹		
6	退出草绘环境后，用鼠标在图形区单击 Y 轴，作为螺旋轴		如果觉得 Y 轴选择不方便，也可以在上一步的草绘中，绘制一条与 RIGHT 基准平面重合的中心线，退出草绘后根据提示选择此中心线即可
7	此时操控板上的【创建或编辑扫描截面】按钮可用，单击该按钮进入截面草绘环境，绘制右图所示的水平直线并标注尺寸		此截面用于沿着螺旋线向上螺旋扫描的草绘截面。如果此时绘制的是圆形，退出草绘后得到的就是常见的弹簧模型
8	单击【草绘】选项卡【关闭】组中的【确定】按钮，系统弹出右图所示提示框。原因是上一步创建的草绘是一条未封闭的直线，Creo 无法螺旋扫描出来一个实体模型，只能得到曲面		
9	单击上一步提示框的【确定】按钮后，系统自动将螺旋扫描的特征类型改为曲面类型。或者按右图所示步骤同样可以完成螺旋扫描曲面的建模，其中箭头 1 所指代表将特征类型改成曲面类型		

（续）

步骤	操作要领	图例	说明
10	接下来拉伸三角形曲面。单击【模型】选项卡【形状】组中的【拉伸】命令，在 TOP 基准平面上绘制右上图所示的边长为 28 的等边三角形，其几何中心通过坐标系原点，3 个顶点均倒 R2 的圆角。右下图为按住中键并移动鼠标旋转后的草绘轴测图	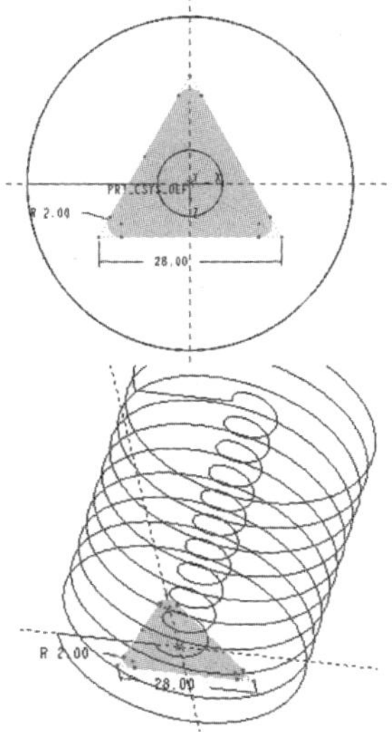	
11	退出草绘环境，按右图所示步骤完成高度为 60 的曲面建模	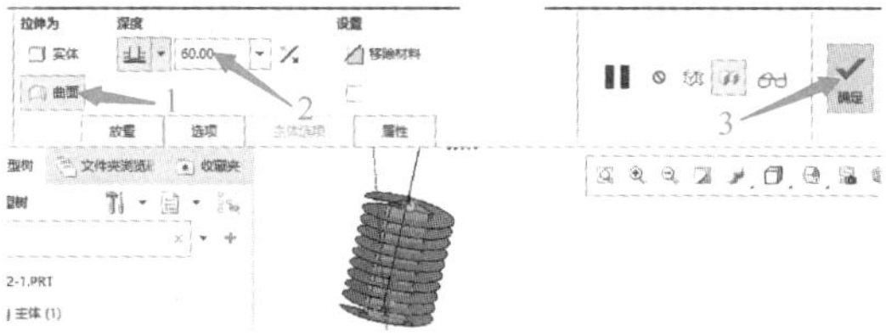	
12	按住〈Ctrl〉键的同时单击选择模型树中已创建好的两个曲面特征，松开〈Ctrl〉键，单击【编辑】组中的【相交】命令，即可得到前述两个曲面的交线	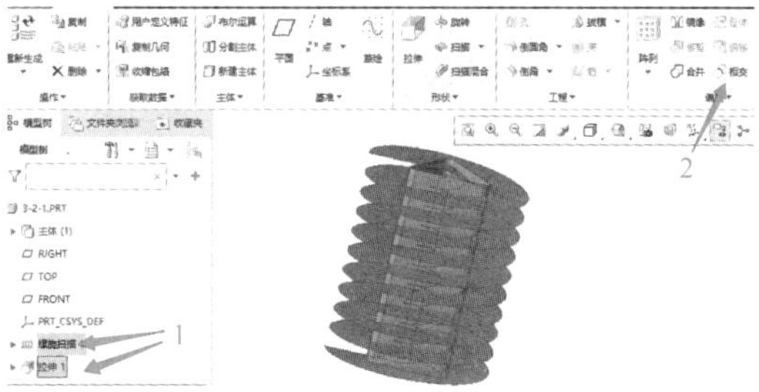	
13	在模型树中右击前述两个曲面，在弹出的快捷菜单中选择【隐藏】命令，此时图形区就只剩下两曲面相交得到的三角形螺旋线（如右图所示）。右击弹出的快捷菜单中还有一项【隐含】命令，隐含后的特征不会出现在模型树中。要恢复的方法是：单击模型树右侧的按钮 ，选择【树过滤器】，在弹出的【模型树项】对话框勾选"隐含的对象"复选框后即可在模型树中看到隐含的特征，右击该特征在弹出的快捷菜单选择【恢复】命令即可将隐含的特征恢复	 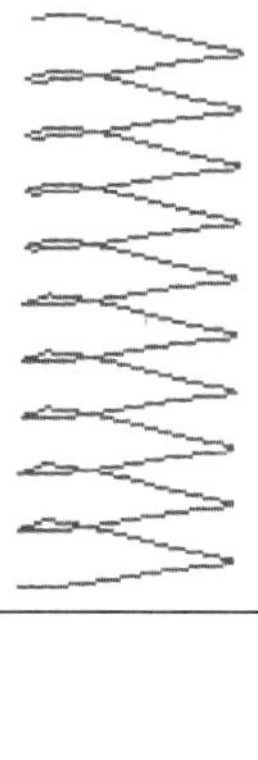	【隐藏】是指不显示某个选定的特征，但该特征仍参与建模的过程；【隐含】是指临时删除某特征，相当于该特征不存在，类似于 SolidWorks 中的【压缩】命令。【隐含】全部特征后的 Creo 文件会大幅度减小，方便发送

（续）

步骤	操作要领	图例	说明
14	单击【模型】选项卡【形状】组中的【扫描】命令，按照状态栏"选择任何数量的链用作扫描的轨迹"的提示，在图形区单击上述三角形螺旋线。此时操控板上的【创建或编辑扫描截面】按钮可用，单击该按钮进入截面草绘环境，绘制右图所示的圆形并标准尺寸	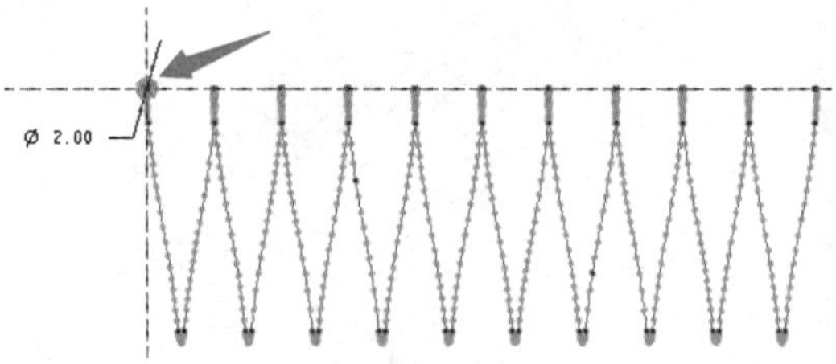	
15	退出草绘环境，单击【扫描】选项卡操控板右端的按钮"✓"，完成三角形弹簧实体建模		
16	接下来按图 3-3 轴测图的大致方位保存一个轴测图的视图，以便随时调用该轴测图。单击图形区上方【视图】工具栏中的【已保存方向】按钮，在下拉列表中选择【重定向】命令	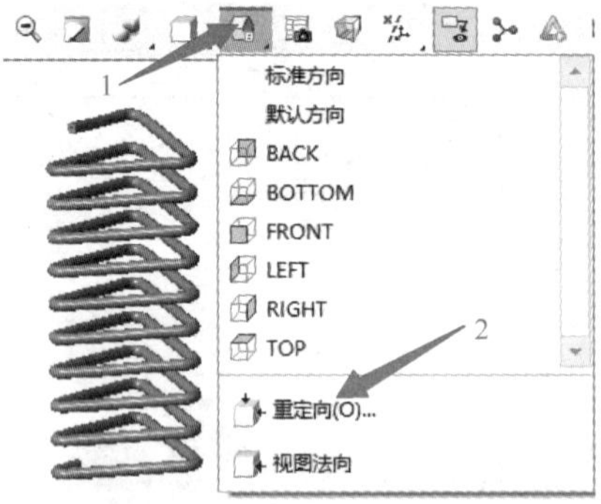	
17	在弹出的【视图】对话框的【视图名称】文本框中输入"轴测图"，单击【保存】和【确定】按钮后退出对话框。此时当前的视图方位被存入文档中。后续在工程图、装配等环境中仍然可以调用零件中保存的视图方位	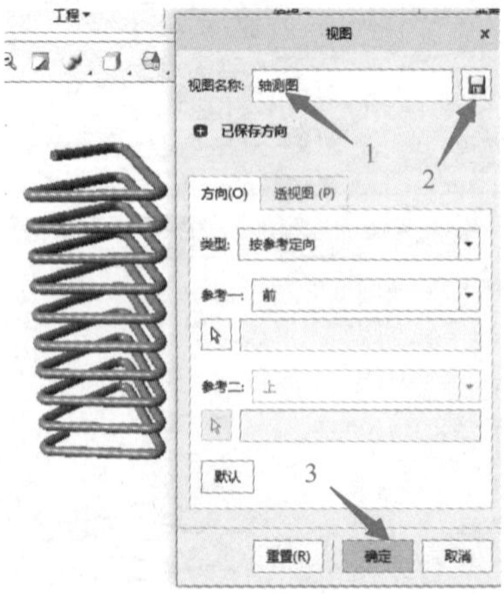	

（续）

步骤	操作要领	图例	说明
18	若图形区中的模型视图方位发生了变化，单击【视图】工具栏中的【已保存方向】按钮，可看到刚才保存的"轴测图"视图方位文件已存在视图列表中了。单击此视图名称，即可将模型视图从任意方位调整到该轴测图视图方位	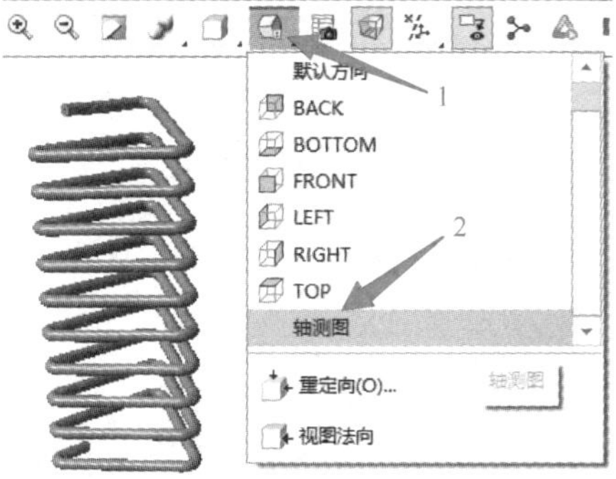	
19	至此，已完成三角形弹簧模型的创建工作，模型树及模型如右图所示。单击【快速访问工具栏】中的【保存】按钮（或按〈Ctrl+S〉组合键），将三维模型保存至工作目录	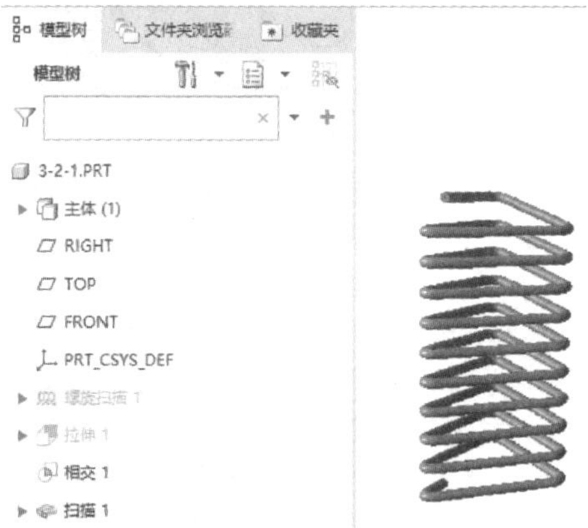	

四、任务评价

图 3-3 中的三角形弹簧与常见的圆形弹簧相比，其建模难度更大。对于初学者来说，最大的困难在于如何运用曲面相交得到三角形螺旋线，其要点是分别绘制螺旋扫描曲面和三角形拉伸曲面（不分先后顺序）。然后利用 Creo 自身的曲面相交命令得到该三角形螺旋线。最后再次运用螺旋扫描命令完成最终实体弹簧的创建。

这里要特别说明的是，如果将三角形拉伸曲面更换为四边形、五角星等其他形状的拉伸曲面时，则可得到四边形弹簧、五角星弹簧等其他异形弹簧。

任务三　齿轮的三维建模

齿轮是广泛用于机器或部件中的传动零件，可完成动力传递，并实现变速和转向等功能。严格来说，齿轮不属于标准件，但是其轮齿部分已标准化了，且轮齿的齿廓曲线一般都是渐开线之类的、可用数学方程式表达的曲线，所以本任务主要讨论如何运用 Creo 的参数、关系和方程进行三维建模。

一、任务下达

本任务通过二维工程图的方式下达，如图 3-5 所示。图样中暂不考虑材料、齿面硬度、表面粗糙度、尺寸精度等技术要求。与以前建模任务不同的是，该直齿圆柱齿轮属于齿形已标准化的零件，从工程图的视图上很难看出齿形，只能根据有关标准的要求进行计算。为该零件建模的目的是为了今后在装配图中可以直接调用该零件的三维实体模型，以求出装配体的质量、重心等参数。

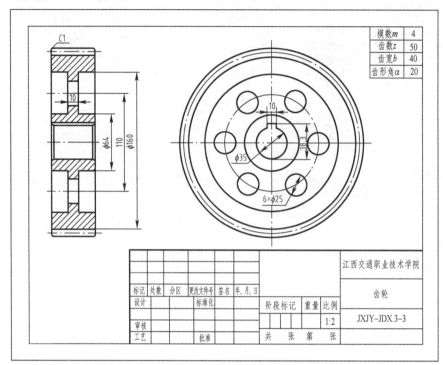

模数 m	4
齿数 z	50
齿宽 b	40
齿形角 α	20

齿轮 1

齿轮 2

图 3-5　直齿圆柱齿轮工程图

二、任务分析

图 3-5 是一个典型的常用件工程图，部分结构已按国标简化处理，看懂图样是建模的第一步。该工程图主视图和左视图均无法直接看出齿形，但是图中右上角已给出了该齿轮的 4 个关键参数，在建模时要全部考虑进去。图中的直齿圆柱齿轮总体上是一个回转体零件，基体部分可用旋转命令建模。齿轮的实体建模最关键的是渐开线轮齿的建模，而渐开线是一种可用数学方程式表达的曲线，所以本任务要重点掌握如何在 Creo 中运用参数、关系和方程进行三维建模。

完成该模型的创建需用到【草绘】、【草绘中心线】、【旋转】、【拉伸】、【基准平面】、【阵列】、【倒角】、【参数】、【关系】和【方程】等特征命令。直齿圆柱齿轮的主要建模流程如图 3-6 所示。

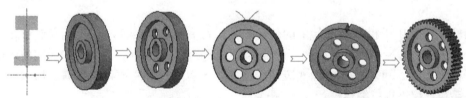

图 3-6　直齿圆柱齿轮的主要建模流程

三、任务实施

下面开始对图 3-5 所示的直齿圆柱齿轮进行三维建模，有关步骤和说明详见表 3-3。

表 3-3　直齿圆柱齿轮建模步骤及说明

步骤	操作要领	图例	说明
1	按学习情境一中任务一的讲解内容完成 Creo 的安装与配置	（略）	进行三维建模前完成软件安装与配置
2	打开 Creo 软件，单击【快速访问工具栏】的【新建】命令，新建一个文件名为"3-3-1"的实体文件（按右图所示步骤）	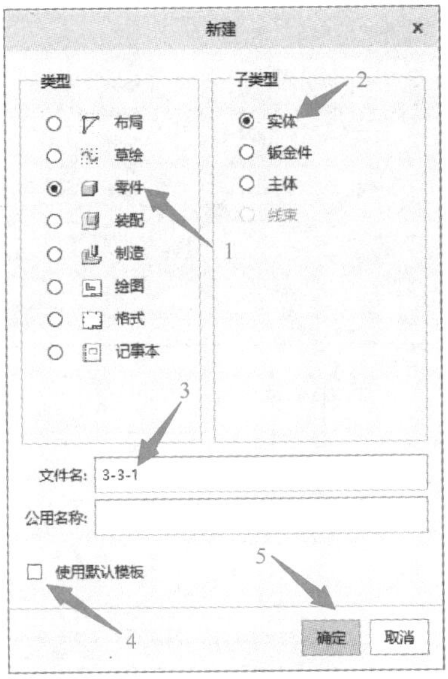	因已选零件文件类型，所以扩展名.prt 不需要输入，系统会自动生成
3	在右图所示箭头 1 处选择公制模板 mmns_part_solid_abs，确保后续建模时长度单位为 mm	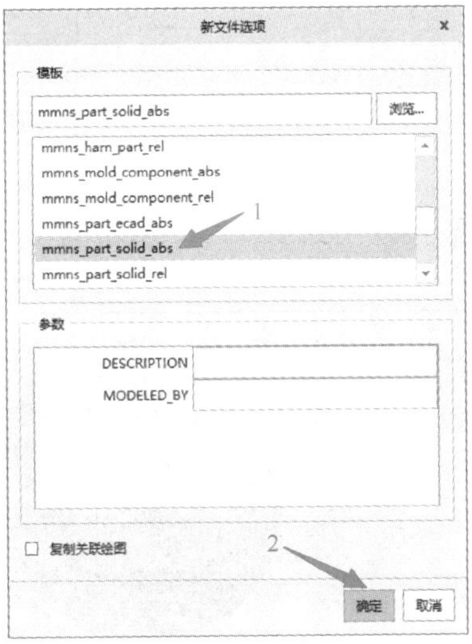	新建公制模板的实体文件
4	单击【工具】选项卡【模型意图】组中的【参数】命令	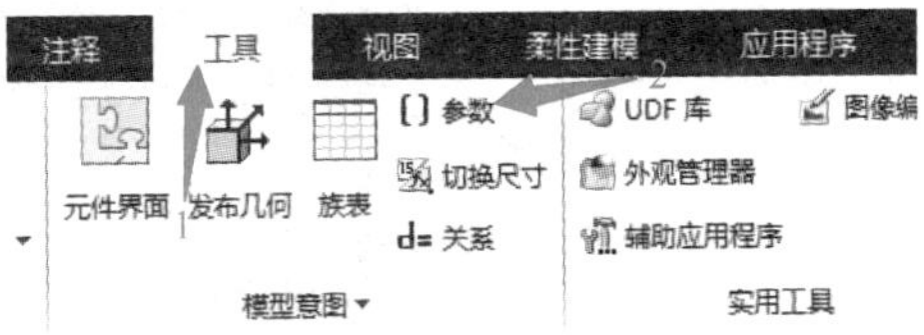	为了完成技术要求中的参数建模，必须在建模前完成参数的输入

（续）

步骤	操作要领	图例	说明
5	在弹出的【参数】对话框中按图所示步骤分别输入参数【名称】和参数【值】。注意直径值无需输入Φ字母	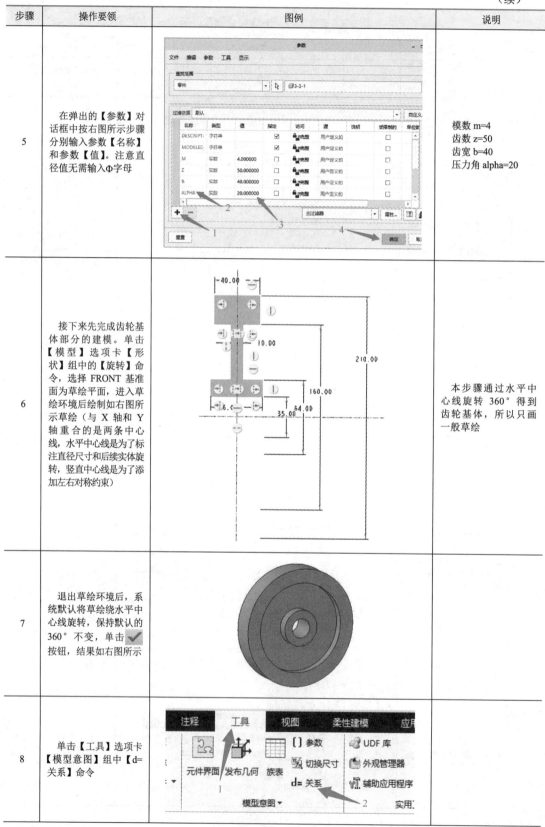	模数 m=4 齿数 z=50 齿宽 b=40 压力角 alpha=20
6	接下来先完成齿轮基体部分的建模。单击【模型】选项卡【形状】组中的【旋转】命令，选择 FRONT 基准面为草绘平面，进入草绘环境后绘制如右图所示草绘（与 X 轴和 Y 轴重合的是两条中心线，水平中心线是为了标注直径尺寸和后续实体旋转，竖直中心线是为了添加左右对称约束）		本步骤通过水平中心线旋转 360°得到齿轮基体，所以只画一般草绘
7	退出草绘环境后，系统默认将草绘绕水平中心线旋转，保持默认的360°不变，单击✔按钮，结果如右图所示		
8	单击【工具】选项卡【模型意图】组中【d=关系】命令		

（续）

步骤	操作要领	图例	说明
9	弹出【关系】对话框，此时单击上一步创建的齿轮基体模型，系统显示各尺寸的内部代码。为箭头 1、2、3 三处尺寸分别添加以下关系式： d1=b d4=0.25 * b d6=m * z+2* m	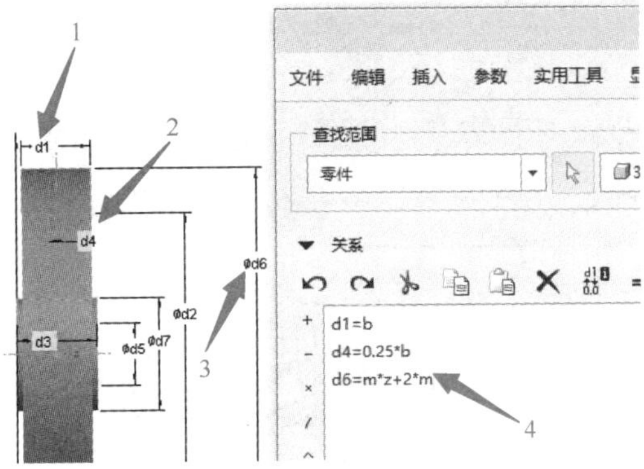	箭头 1、2、3 三处尺寸的代码未必和本图一致，读者只需单击相应箭头处的尺寸代码并分别添加关系式即可
10	接下来开键槽。单击【模型】选项卡【形状】组中的【拉伸】命令，选择 RIGHT 基准平面为草绘平面，进入草绘环境后绘制如右图所示草绘	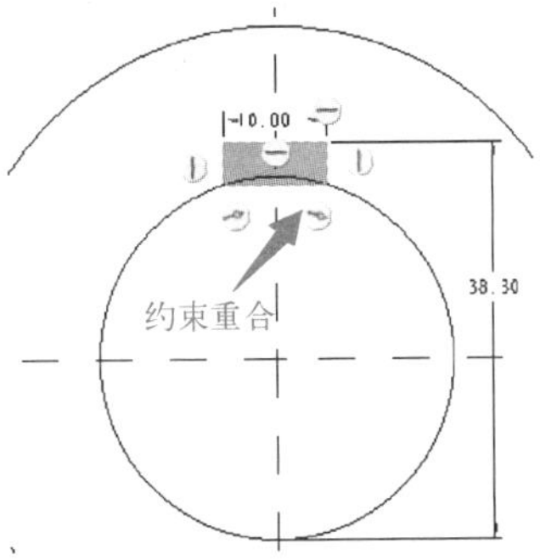	键槽关于竖直中心线左右对称，键槽草绘矩形下面两个角点和齿轮基体内孔重合
11	退出草绘环境，按右图所示步骤完成键槽的切除	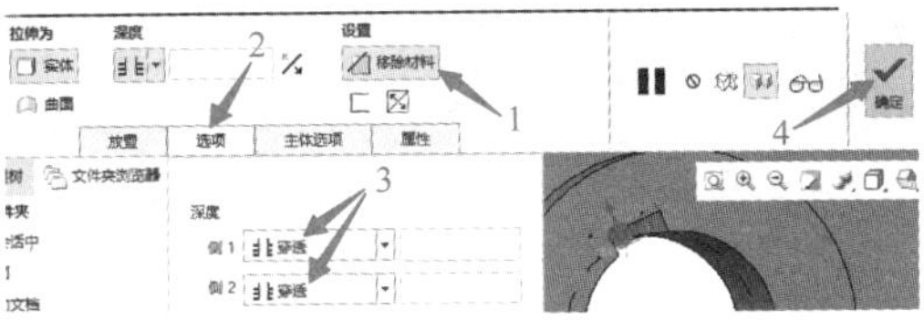	因键槽的草绘平面为 RIGHT 基准平面，所以要设定两侧同时切除材料（均为穿透切除）
12	单击【模型】选项卡【形状】组中的【拉伸】命令，在操控板上单击【移除材料】按钮，选择 RIGHT 基准平面为草绘平面，进入草绘环境后绘制如右图所示的Φ25 圆	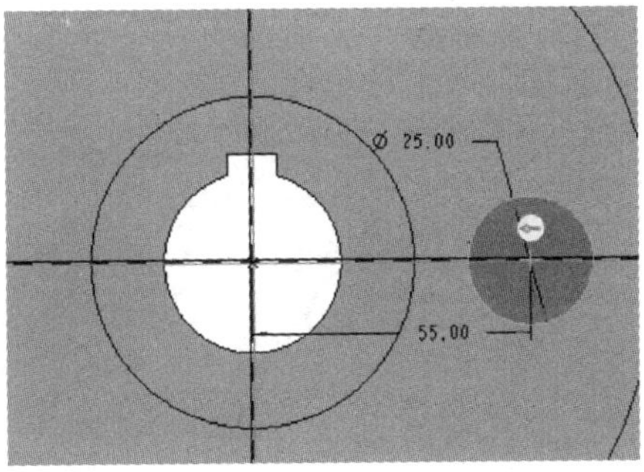	
13	退出草绘环境，按右图所示步骤完成圆孔的切除	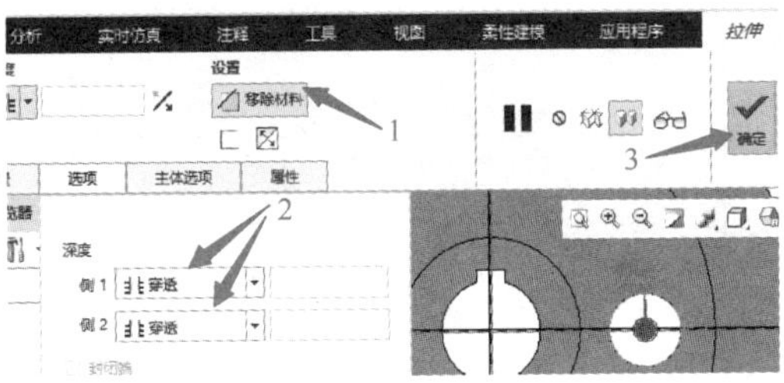	

（续）

步骤	操作要领	图例	说明
14	选中刚刚创建好的圆孔，单击【模型】选项卡【编辑】组中的【阵列】命令，在右图所示箭头 1 处选择【轴】阵列，箭头 2 处选择轴线 A_1，完成 6 个圆孔圆周阵列	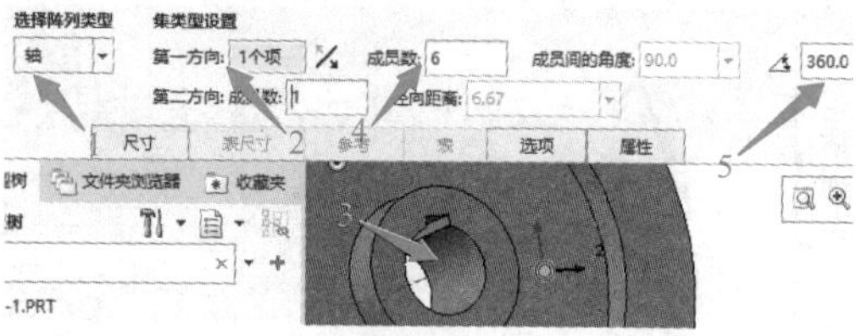	若轴线 A_1 不可见，则单击【视图】工具栏的【基准显示过滤器】命令，并在弹出的对话框勾选【轴显示】复选框
15	完成阵列后的模型如右图所示		
16	单击【模型】选项卡【基准】组中的【草绘】命令，选择 RIGHT 基准平面为草绘平面，其他参数保持默认不变，进入草绘环境，以坐标原点为圆心绘制 4 个直径不等的同心圆	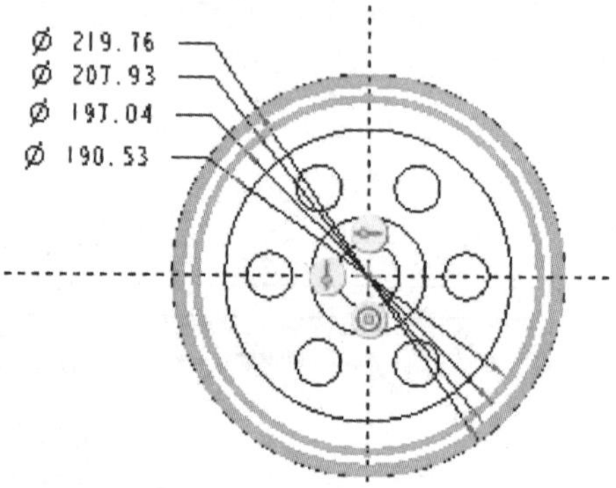	
17	单击【工具】选项卡【模型意图】组中的【d=关系】命令，在弹出的【关系】对话框中输入以下关系式： sd0=m * (z+2) sd1=m * z sd2=m * z*cos(alpha) sd3=m * (z-2.5) db=sd2 单击【草绘】操控板右侧的确认按钮 ✔，退出草绘环境，结果如右图所示	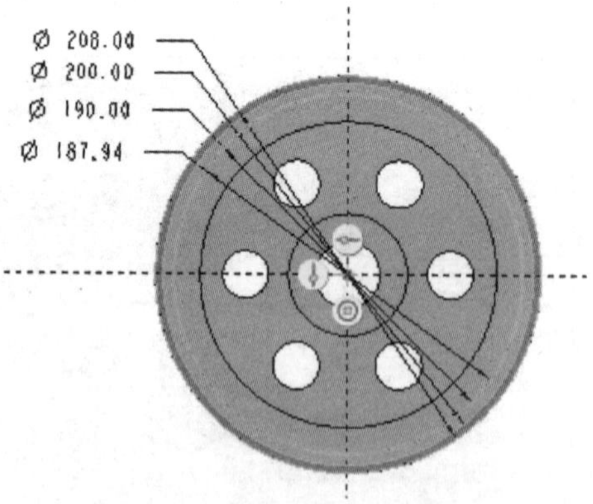	sd0 为齿顶圆直径；sd1 为分度圆直径；sd3 为齿根圆直径；sd2 和 db 为基圆直径，db 属于关系驱动的参数
18	单击【模型】选项卡【基准】组【曲线】下的【来自方程的曲线】命令，操作步骤如右图所示	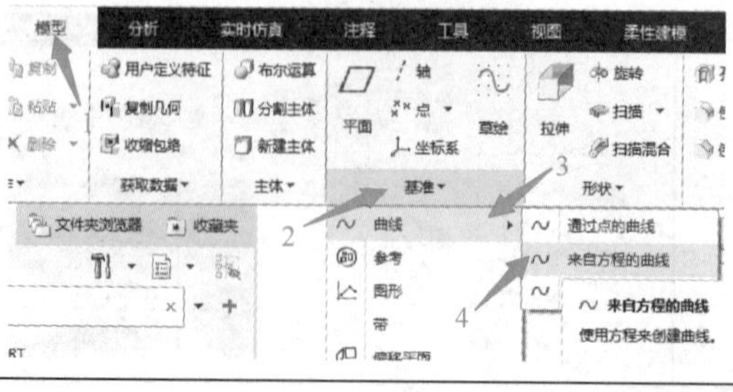	

（续）

步骤	操作要领	图例	说明
19	在弹出的【曲线：从方程】选项卡中选择【笛卡儿】坐标系，并根据状态栏提示信息选择图中唯一的坐标系	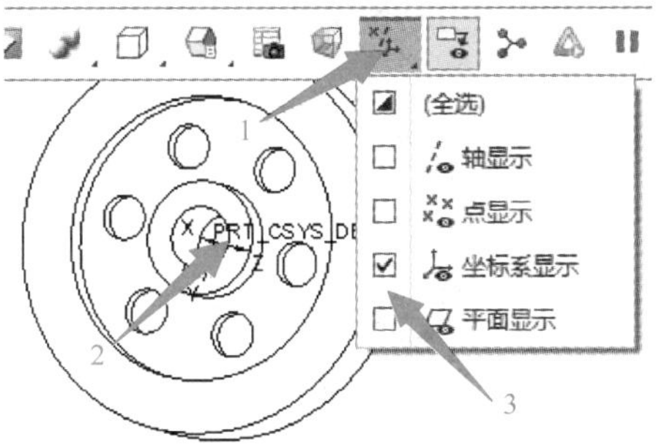	坐标系也可从模型树中直接选取，即单击 PRT_CSYS_DEF 选项
20	在【曲线：从方程】选项卡中单击【方程】命令，在弹出的【方程】对话框中输入以下关系式： r=db/2 theta=t*60 x=0 y=r*cos(theta)+r*(theta*pi/180)*sin(theta) z=r*sin(theta)-r*(theta *pi/180)*cos(theta)	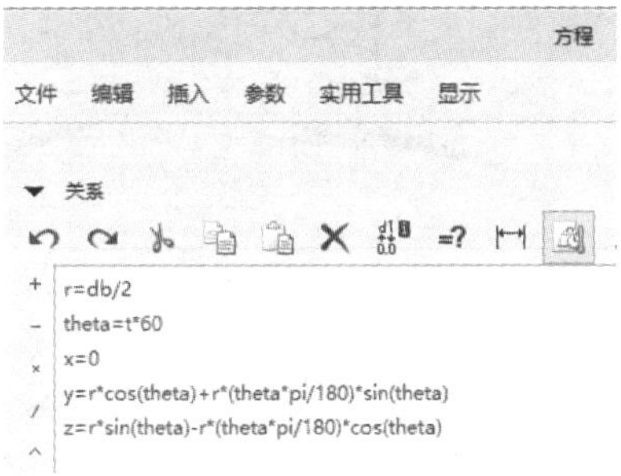 方程 文件　编辑　插入　参数　实用工具　显示 ▼ 关系 + r=db/2 − theta=t*60 × x=0 / y=r*cos(theta)+r*(theta*pi/180)*sin(theta) z=r*sin(theta)-r*(theta*pi/180)*cos(theta)	此方程式为标准渐开线的方程
21	单击【确定】按钮退出【方程式】对话框，单击【曲线：从方程】选项卡右侧的按钮，完成渐开线曲线的绘图，结果如右图所示的上部曲线	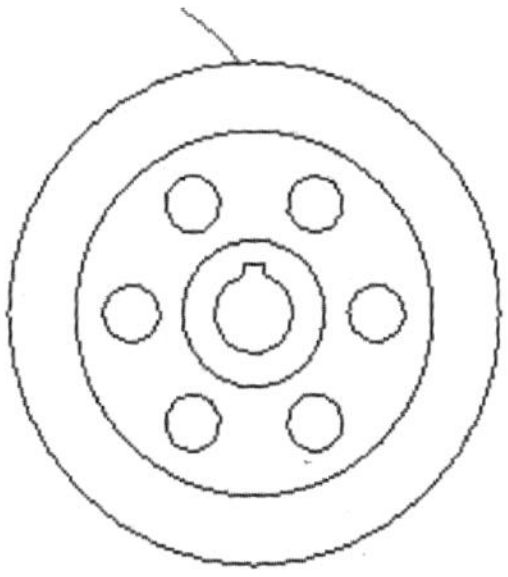	
22	单击【模型】选项卡【基准】组的【点】命令，按住〈Ctrl〉键的同时分别单击此前创建的分度圆和渐开线，松开〈Ctrl〉键，单击【基准点】对话框中的【确定】按钮，完成基准点的创建	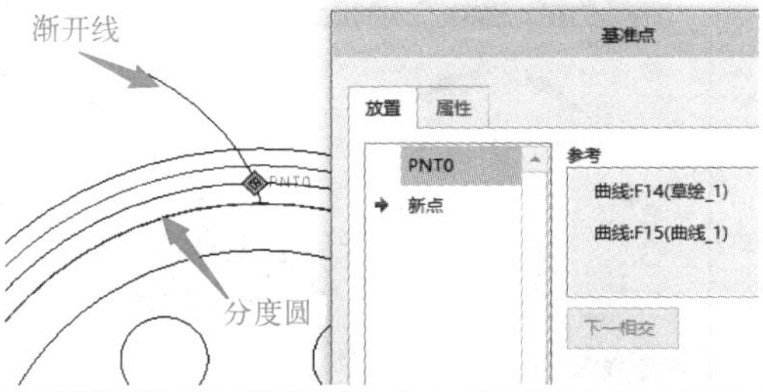 渐开线　分度圆　基准点 放置　属性　PNT0　新点　参考　曲线:F14(草绘_1)　曲线:F15(曲线_1)　下一相交	
23	单击【模型】选项卡【基准】组的【平面】命令，按住〈Ctrl〉键的同时分别单击此前创建的基准点 PNT0 和已存在的基准轴 A_1，松开〈Ctrl〉键，选择约束类型均为【穿过】，单击【基准平面】对话框中的【确定】按钮，完成基准平面 DTM1 的创建	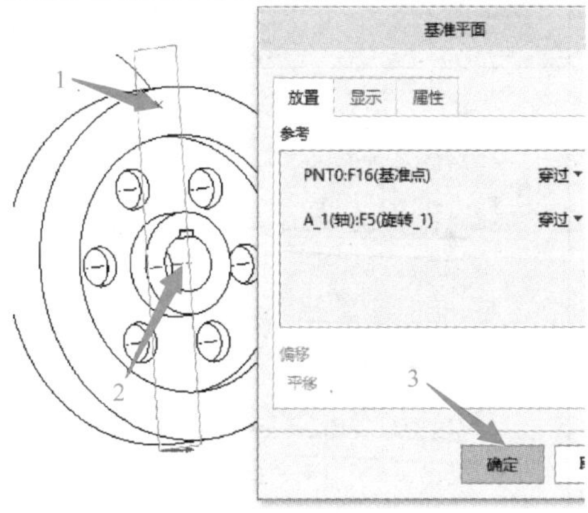 基准平面 放置　显示　属性　参考 PNT0:F16(基准点)　穿过 A_1(轴):F5(旋转_1)　穿过 偏移　平移　确定	

（续）

步骤	操作要领	图例	说明
24	单击【模型】选项卡【基准】组的【平面】命令，按住〈Ctrl〉键的同时分别单击此前创建的基准平面 DTM1 和已存在的基准轴 A_1，松开〈Ctrl〉键，选择约束类型分别为【偏移】和【穿过】，偏移角度为 90/z，单击【基准平面】对话框中的【确定】按钮，完成基准平面 DTM2 的创建	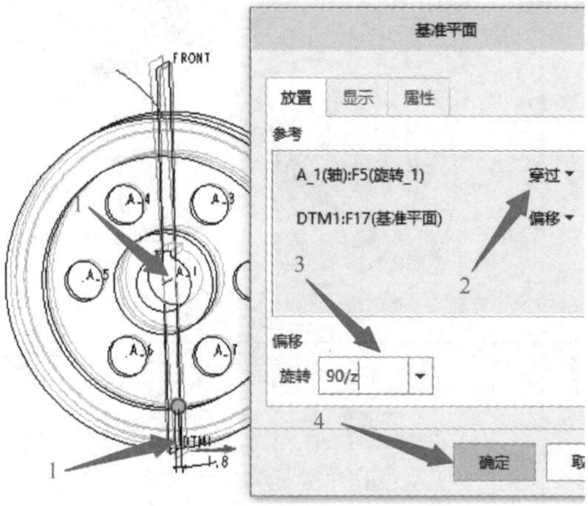	
25	选中之前创建的渐开线，单击【模型】选项卡【编辑】组的【镜像】命令，根据状态栏的提示，选取上述基准平面 DTM2 为镜像平面，单击【镜像】选项卡的 ✔ 按钮，完成渐开线的镜像，结果如右图所示	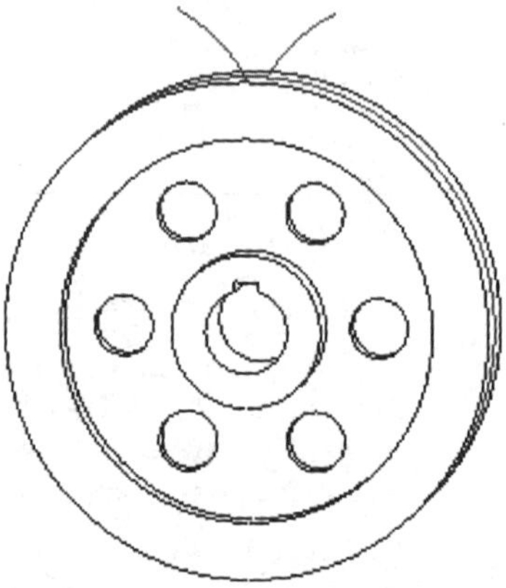	
26	单击【模型】选项卡【工程】组的【倒角】命令，按右图所示步骤对圆柱体两条外边线和轴孔两条内边线倒角 C1	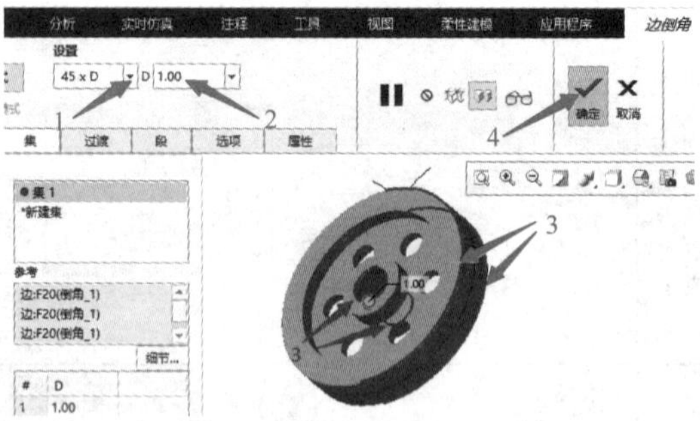	左图多个 3 箭头表明要重复多次操作
27	单击【模型】选项卡【形状】组的【拉伸】命令，单击【拉伸】操控板上的【移除材料】命令，选取 RIGHT 基准平面为草绘平面，按默认设置进入草绘环境。单击【草绘】组中的【投影】命令，分别选中齿顶圆、齿根圆和两条渐开线进行投影绘图，然后用【编辑】组【删除段】命令将多余的线条删除	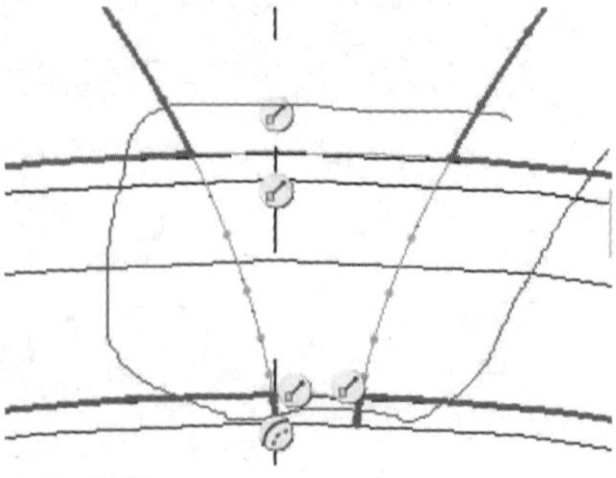	单击【删除段】命令后按住鼠标左键并移动鼠标，所经过的曲线一律被删除

（续）

步骤	操作要领	图例	说明
28	单击【草绘】组的【圆角】命令，在齿根部倒圆角 R0.5，结果如右图所示	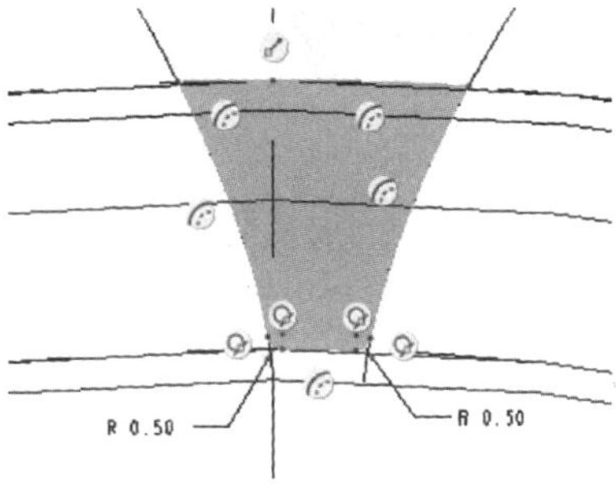	
29	在【拉伸】操控板中，按右图所示步骤完成拉伸切除命令。至此，完成了一个齿形的"加工"	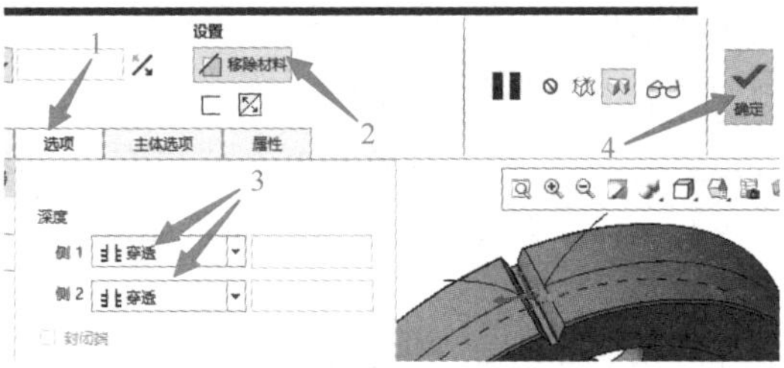	
30	选中刚刚创建的齿形槽，单击【模型】选项卡【编辑】组中的【阵列】命令，箭头 2 处选择轴线 A-1，箭头 4 处为齿数 z，单击选择箭头 5 处按钮（表示在 360°内均布 z 个齿），其他参数保持默认不变	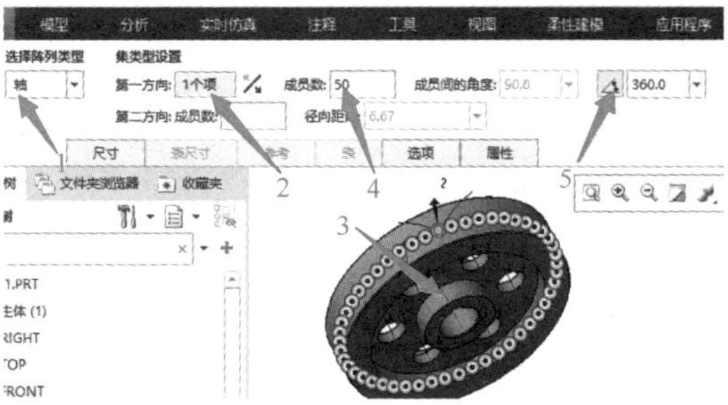	
31	完成阵列后的齿轮结果如右图所示		
32	单击【快速访问工具栏】中的【保存】按钮（或按〈Ctrl+S〉组合键），将三维模型保存至工作目录中		

（续）

步骤	操作要领	图例	说明
33	建模完成后的模型树如右图所示，从【旋转】特征开始，共用了 11 个特征，总体来说建模过程不算复杂	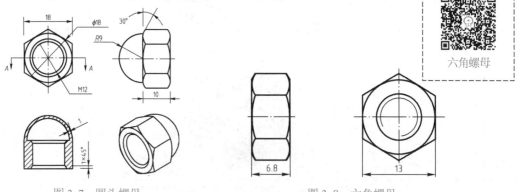	

四、任务评价

图 3-5 所示的直齿圆柱齿轮三维建模难在渐开线齿廓的构建，建模过程中要用到【旋转】、【拉伸】、【基准平面】、【阵列】、【倒角】、【参数】、【关系】和【方程】等命令，是一种典型的系列化产品设计方法。

同理，只要模型中有可以用数学方程表达的曲线，一般都可以用上述的齿轮建模思路完成建模。这也是 Creo、SolidWorks、UG NX、CATIA 等三维参数化 CAD 软件的优势所在。

强化训练题三

1. 完成图 3-7 所示圆头螺母的三维建模。

2. 完成图 3-8 所示工程图对应的 M12 六角螺母（GB/T 6170—2015）的三维建模，未注尺寸（如螺距 1.25 等）按 GB/T 6170—2015 确定。

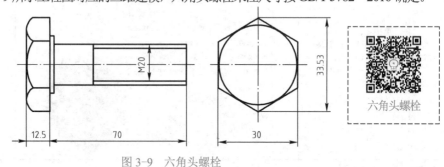

图 3-7 圆头螺母   图 3-8 六角螺母

3. 完成图 3-9 所示工程图对应的三维建模，六角头螺栓未注尺寸按 GB/T 5782—2016 确定。

图 3-9 六角头螺栓

4. 完成图 3-10 所示蝶形螺母的三维建模，并以灰色显示三维模型。

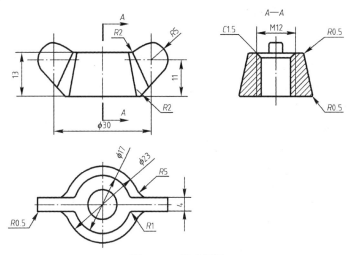

图 3-10　蝶形螺母

5. 完成图 3-11 所示泵盖零件的三维建模。

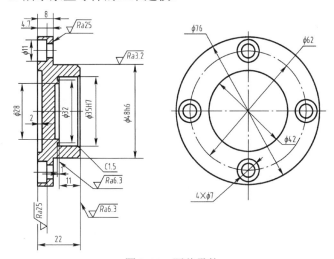

图 3-11　泵盖零件

6. 完成图 3-12 所示梯形螺栓的三维建模。

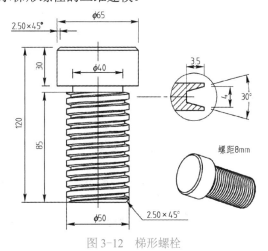

图 3-12　梯形螺栓

7. 完成图 3-13 所示底座的三维建模，并以蓝色显示三维模型。

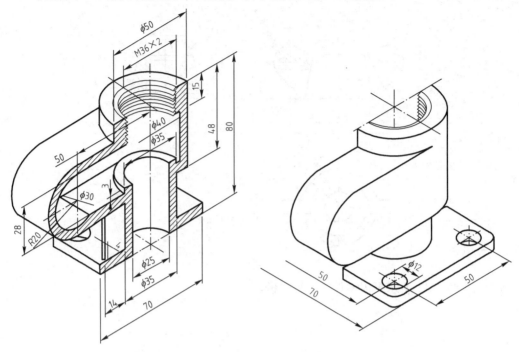

图 3-13　底座

8. 完成图 3-14 所示连接轴的三维建模，并以红色显示三维模型。

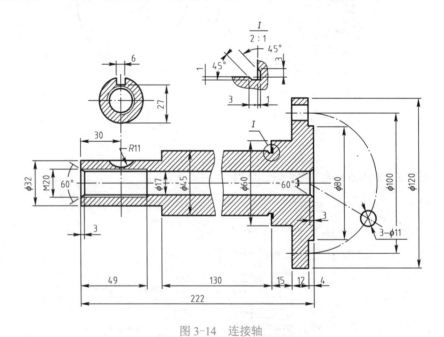

图 3-14　连接轴

9. 完成图 3-15 所示阀体座的三维建模，以红色显示三维模型，并分析查询该模型的体积。

10. 完成图 3-16 所示直齿圆柱齿轮的三维建模。建模完成后分析查询该模型的体积。

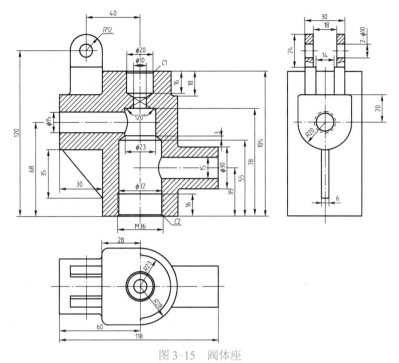

图 3-15　阀体座

模　数	m	3
齿　数	z	19
齿 形 角	α	20°
精度等级		7FL
齿圈径向跳动公差	F	0.050
公法线长度公差	F_w	0.028
基节极限偏差	f_{pb}	±0.013
齿形公差	f_f	0.011

技术要求

1. 全部倒角为 C1。
2. 热处理后齿面硬度为（241～286）HBW。

JXJY-JDX007.3-2							江西交通职业技术学院	
						HT 200	**直齿圆柱齿轮**	
标记	处数	分区	更改文件号	签名	年、月、日			
设计	何世松	2017年6月11日	标准化			阶段标记	重量	比例
审核	贾颖莲	2017年7月1日				S		1:1
工艺			批准			共 1 张　第 1 张		JXJY-JDX007.3-2

图 3-16　直齿圆柱齿轮

11. 完成图 3-17 所示法兰盘的三维建模。

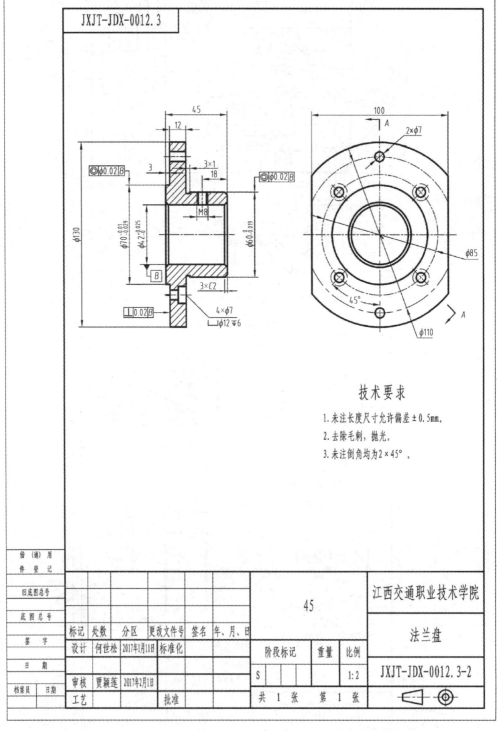

图 3-17 法兰盘

学习情境四　异形件的三维建模与工程图输出

前面 3 个学习情境介绍了组合体、非标零件、标准件等 3 种不同类型、不同难度零件的三维建模过程。至此已基本掌握了 Creo 的三维建模流程和技巧，可以胜任企业三维建模初级岗位的要求。但是，企业真实产品中的大多数零件形状不太规则，有的甚至无法用工程图完整表达，只能通过三维模型表达。所以，如何完成异形件的设计与建模，就成了接下来大家要重点突破的技能。

任务一　钣金支架的三维建模

钣金是一种针对金属薄板（一般在 6mm 以下）的综合冷加工工艺，包括剪、冲、切、折、焊接、铆接、拼接、成形（如汽车车身）等工艺，其主要特征是同一零件厚度一致。通过钣金工艺加工得到的产品叫作钣金件。钣金件可以是单一的零件，也可以是多个零件通过焊接、铆接等方式装配得到的产品。常见的钣金件有汽车覆盖件、配电柜、自行车变速齿轮、冰箱箱体、台式计算机机箱、防盗门钣金、巧克力金属包装盒等。

一、任务下达

本任务通过二维工程图和轴测图的方式下达（图中未给出全部尺寸），要求按图 4-1 所示的尺寸和形状完成钣金支架的三维建模（壁厚均为 3、未注圆角为 R3，其他未注尺寸由读者自行确定），并按图中轴测图的大致方位保存一个轴测图的视图，以便随时调用该轴测图。

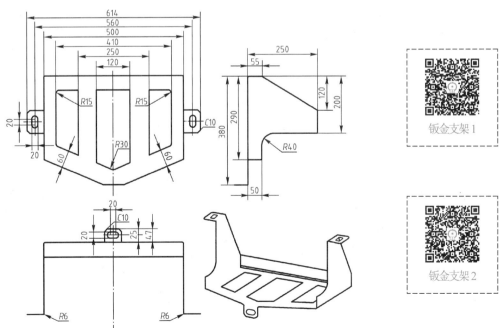

图 4-1　钣金支架

二、任务分析

图 4-1 中的钣金支架是一个典型的壁厚均一的钣金零件，用于安装固定其他零部件（或产品）。考虑到这种零件一般通过冲压成型工艺制造，所以需计算钢板等原材料的形状及大小，以便准确下料。这种薄壁件的建模与此前的实体零件建模不完全一样，最终需要在钣金专用设计环境下完成建模过程，所以很多特征命令与实体建模完全不一样。

完成该模型的创建需用到【草绘】、【拉伸】（含切除材料）、【转换为钣金件】、【转换】、【镜像】、【平整】、【倒角】、【展平】、【折回】等特征命令，可以看出，大多数特征命令此前都不曾用到。钣金支架的主要建模流程如图 4-2 所示。

图 4-2　钣金支架的主要建模流程

三、任务实施

表 4-1 详细描述了完成图 4-1 所示钣金支架的建模步骤及说明。

表 4-1　钣金支架的建模步骤及说明

步骤	操作要领	图例	说明
1	按学习情境一中任务一的讲解内容完成 Creo 的安装与配置	（略）	进行三维建模前完成软件安装与配置
2	打开 Creo 软件，单击【快速访问工具栏】的【新建】命令，新建一个文件名为"4-1-1"的实体文件（按右图所示步骤），选择公制模板 mmns_part_solid_abs，确保建模后长度单位为 mm		新建公制模板的实体
3	单击【模型】选项卡【形状】组中的【拉伸】命令，选择 FRONT 基准面为草绘平面，其他保持默认设置。进入草绘环境后单击【草绘视图】按钮，使草绘平面与显示器平面平行，绘制 500×380 的长方形，如右图所示的草绘		先绘制水平和竖直中心线，再用【矩形】命令绘制矩形，可在绘制过程中自动捕捉对称约束，以提高绘图效率

（续）

步骤	操作要领	图例	说明
4	退出草绘后，输入拉伸深度为250，其他保持默认不变	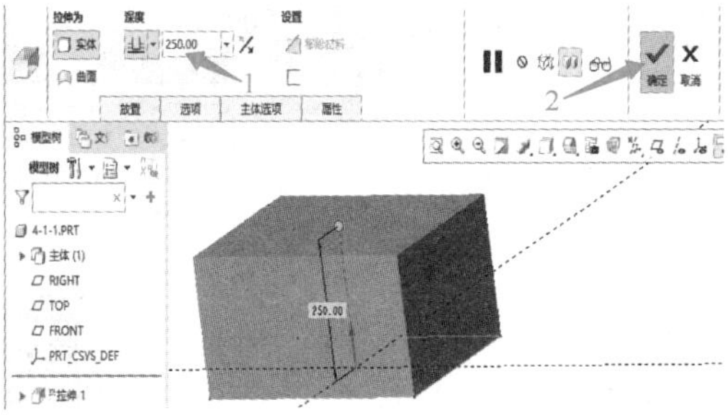	
5	单击【模型】选项卡【形状】组中的【拉伸】命令，按右图所示步骤设置拉伸切除命令。选择长方体右端面为草绘平面，其他参数保持默认值，进入草绘环境	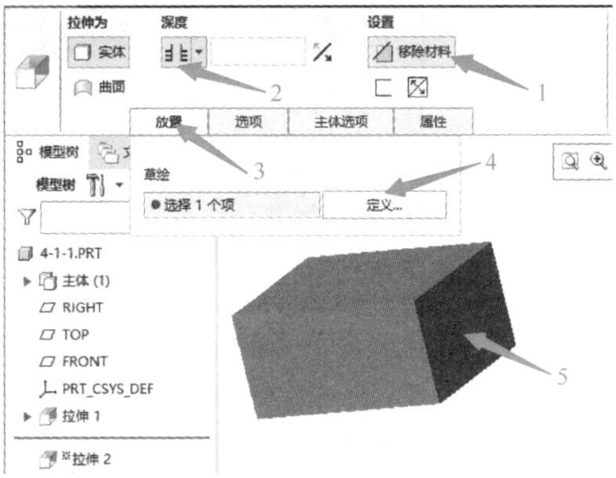	
6	单击【草绘】选项卡【草绘】组中的【中心线】命令，画一条与 Y 轴重合的中心线	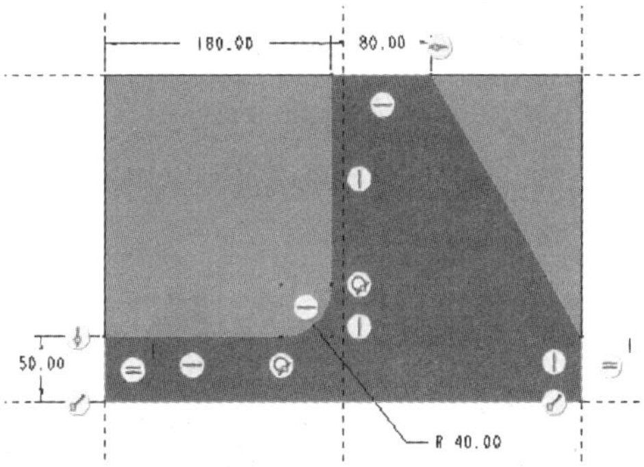	
7	按右图所示步骤调整拉伸的深度方向和材料的拉伸方向，退出草绘，结束拉伸切除特征命令	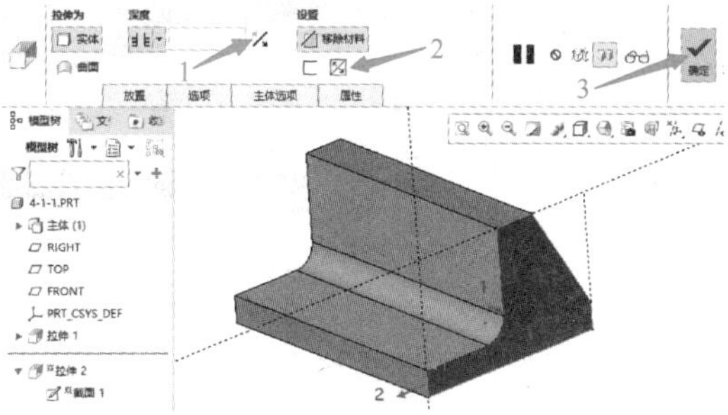	
8	结果如右图所示	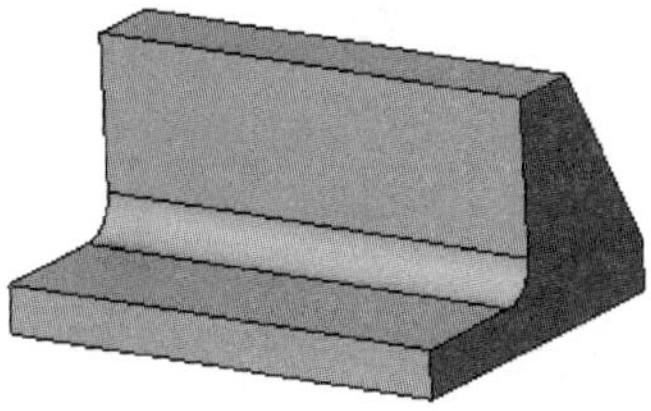	

（续）

步骤	操作要领	图例	说明
9	单击【模型】选项卡【操作】组中的【转换为钣金件】命令，操作步骤如右图所示		
10	按右图所示步骤，使用"挖空实体的内部"命令将实体主体转换为钣金主体，输入钣金厚度值为 3。根据状态栏"选择要移除的曲面"的提示信息，按住〈Ctrl〉键，选择箭头 3~8 所指的 6 个面为移除平面		为了选择箭头 8 所指的面，一定要旋转模型（更易于选取），所以此时要先松开〈Ctrl〉键
11	单击中键结束【转换为钣金件】命令，其结果如右图所示		钣金件的突出特点是壁厚均一，本例的壁厚为 3
12	此时 Creo 的界面增加了【钣金件】选项卡，可进行钣金设计		

（续）

步骤	操作要领	图例	说明
13	为了将所需特征添加到钣金件，以便进行展开和设计，单击【钣金件】选项卡【工程】组中的【转换】命令	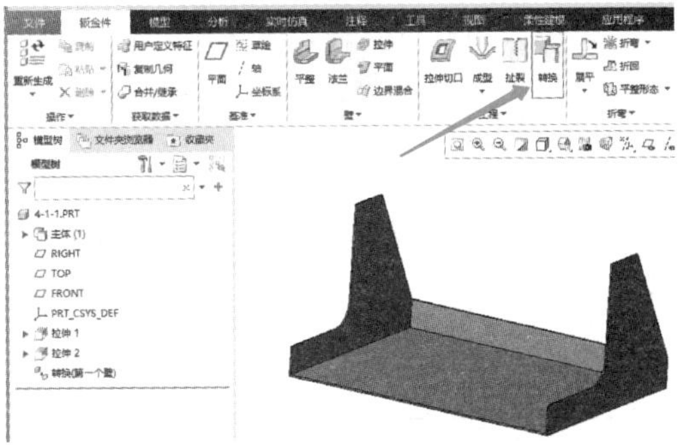	
14	在弹出的【转换】选项卡中单击【边扯裂】命令	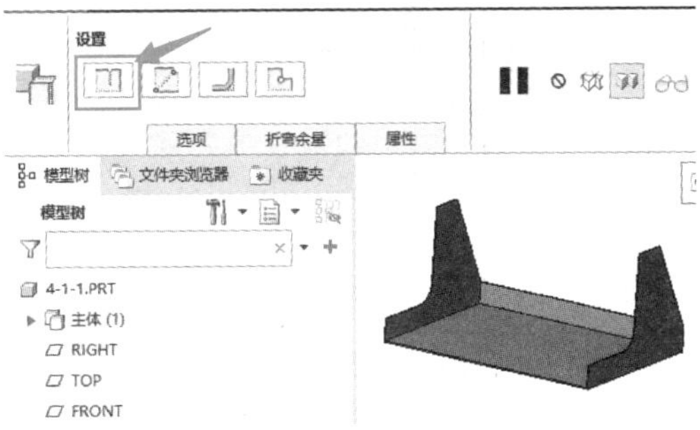	
15	根据状态栏中"选择要扯裂的边或链"的提示信息，按住〈Ctrl〉键的同时依次选择箭头所指的两条边线为要扯裂的边	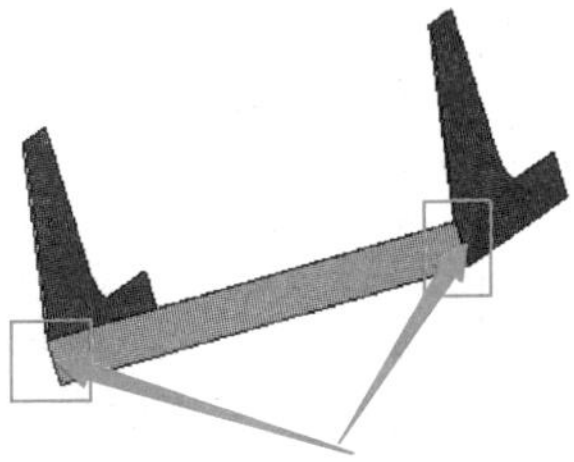	
16	其他保持默认值，单击两次按钮 ✔，扯裂后的结果如右图所示	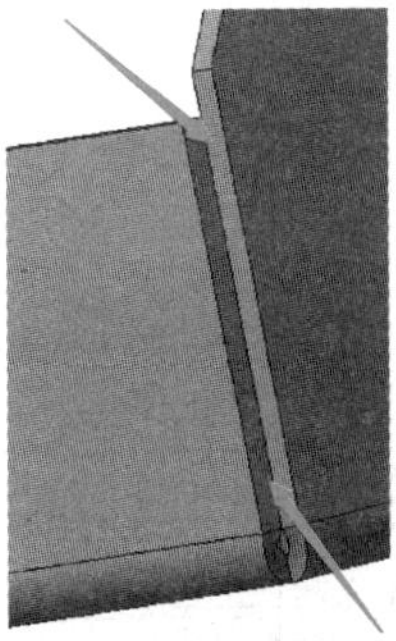	
17	单击【模型】选项卡【形状】组中的【拉伸】命令，选择右图箭头所指的平面为草绘平面	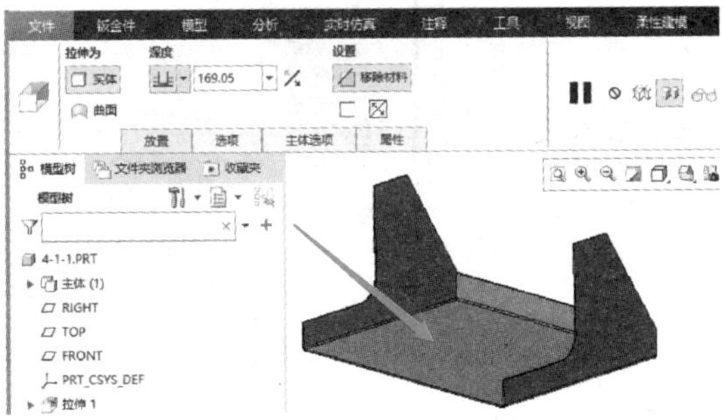	

（续）

步骤	操作要领	图例	说明
18	进入草绘环境后，单击【草绘】选项卡【设置】组中的【参考】命令，添加右图所示箭头 2～5 所指额边线（最外侧）为参考，以便接下来绘图时自动捕捉此边线		
19	绘制右图所示草绘。		
20	框选上一步的草绘，单击【草绘】选项卡【编辑】组中的【镜像】命令，此时状态栏提示"选择一条中心线"的信息，单击竖直线，结果如右图所示		
21	继续修改完善草绘，添加约束和尺寸后，结果如右图所示		

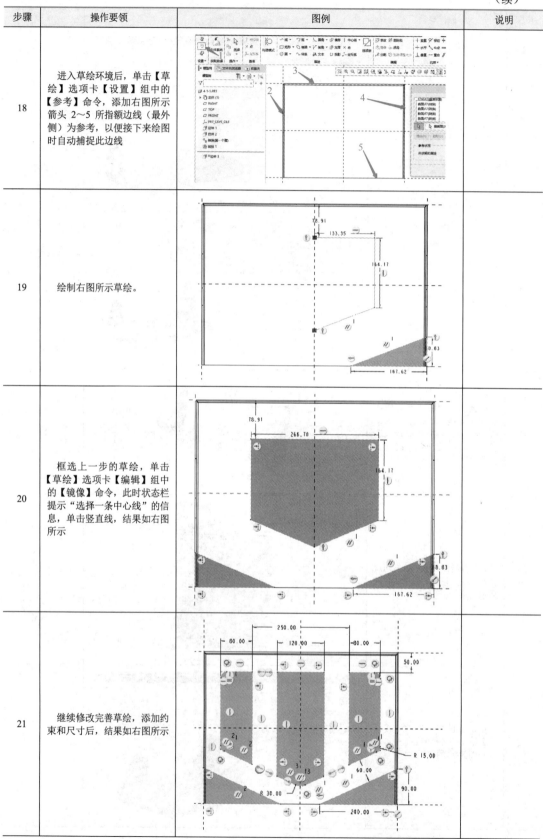

（续）

步骤	操作要领	图例	说明
22	退出草绘，按右图所示步骤设置两侧的深度均为【穿透】	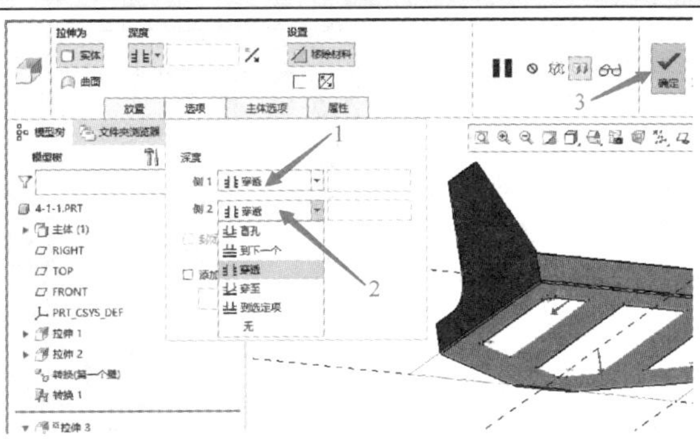	
23	以 FRONT 视图（即主视图）显示模型，发现右图所示箭头 3 所指的地方上下较窄，需要修改此处的尺寸	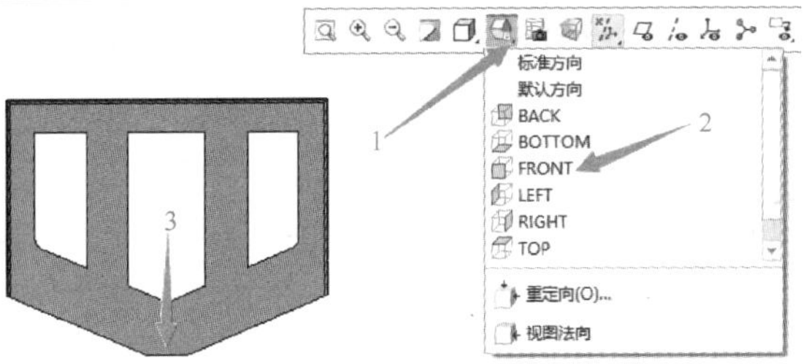	
24	在【模型树】中右击刚刚创建的拉伸 3，在弹出的快捷菜单中选择【编辑定义】命令	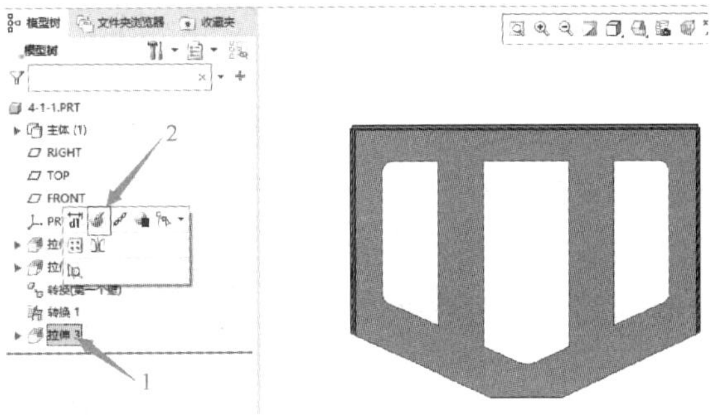	
25	系统自动弹出【拉伸】选项卡，按右图所示步骤重新进入草绘环境	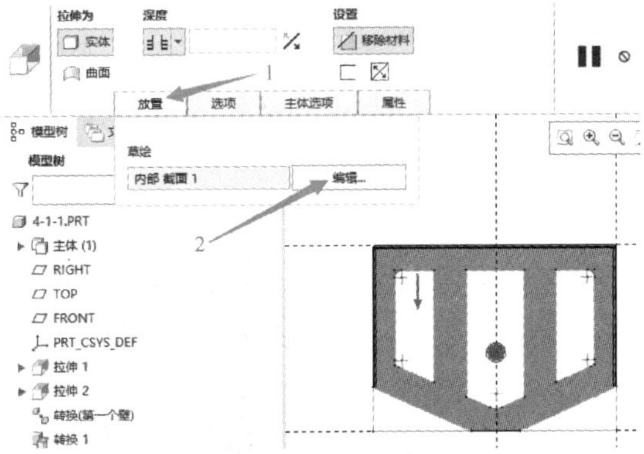	
26	双击右图所示箭头所指的尺寸 200，修改为 220	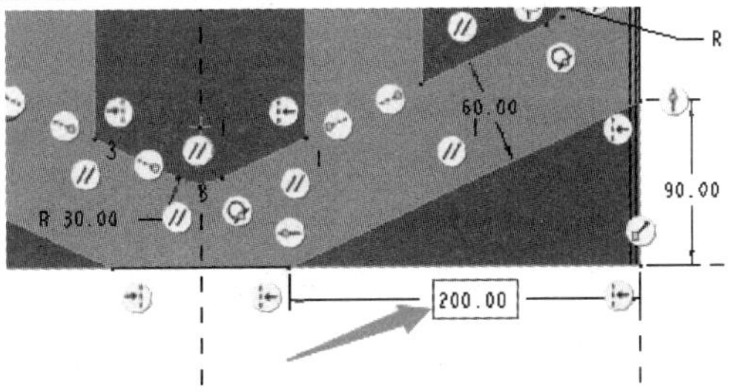	

（续）

步骤	操作要领	图例	说明
27	退出草绘，完成拉伸（切除）特征修改后的模型如右图所示		
28	单击【钣金件】选项卡【壁】组中的【平整】命令，此时状态栏提示"选择一个边连到壁上"的信息，旋转并缩放模型到合适的方位，用鼠标单击右图箭头所指的边线	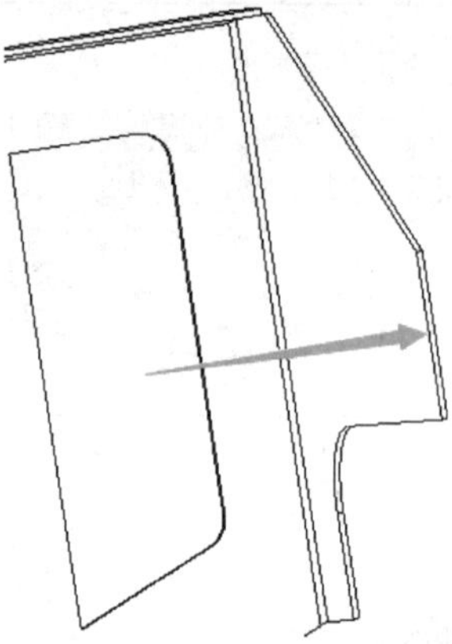	
29	保持【矩形】【90】等参数不变，单击【形状】集，双击尺寸修改为 60	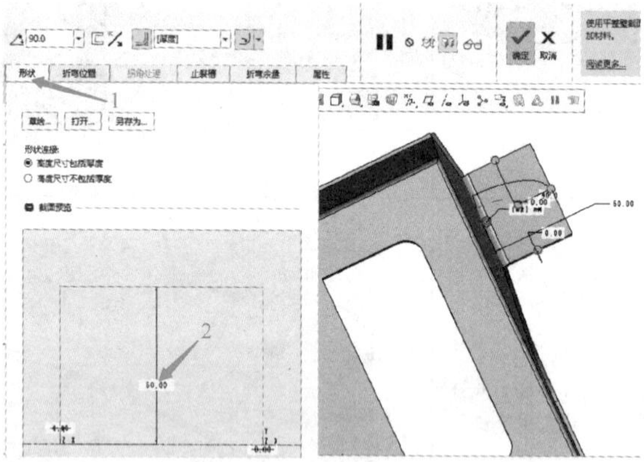	
30	单击【止裂槽】集，选择类型为【无止裂槽】	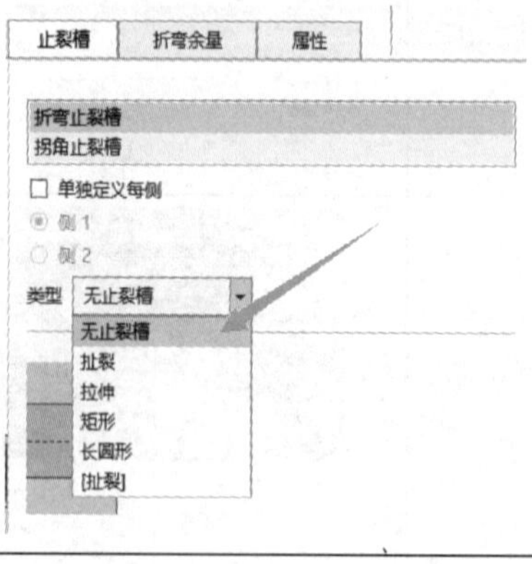	

（续）

步骤	操作要领	图例	说明
31	单击【折弯余量】集，在"展开长度计算"列表框中选择【使用特征设置】，单击【按折弯表】单选按钮	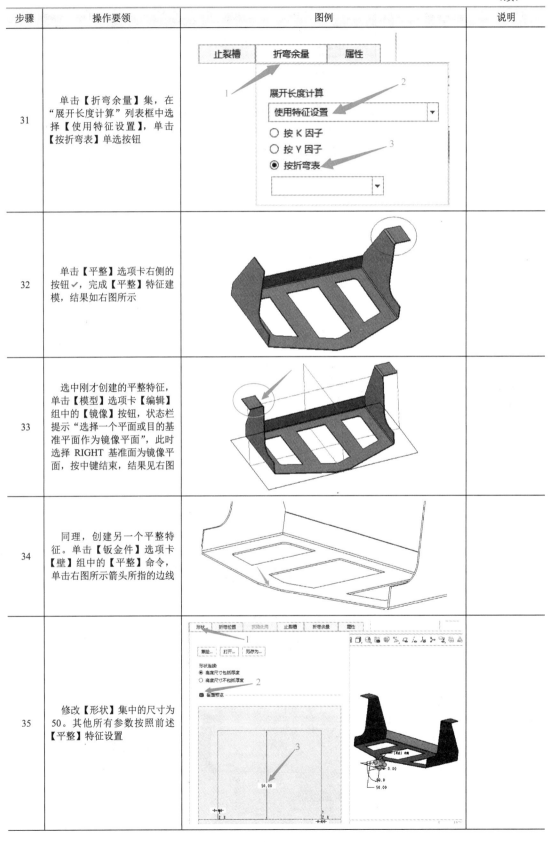	
32	单击【平整】选项卡右侧的按钮✓，完成【平整】特征建模，结果如右图所示		
33	选中刚才创建的平整特征，单击【模型】选项卡【编辑】组中的【镜像】按钮，状态栏提示"选择一个平面或目的基准平面作为镜像平面"，此时选择 RIGHT 基准面为镜像平面，按中键结束，结果见右图		
34	同理，创建另一个平整特征。单击【钣金件】选项卡【壁】组中的【平整】命令，单击右图所示箭头所指的边线		
35	修改【形状】集中的尺寸为50。其他所有参数按照前述【平整】特征设置		

（续）

步骤	操作要领	图例	说明
36	完成后的结果如右图所示	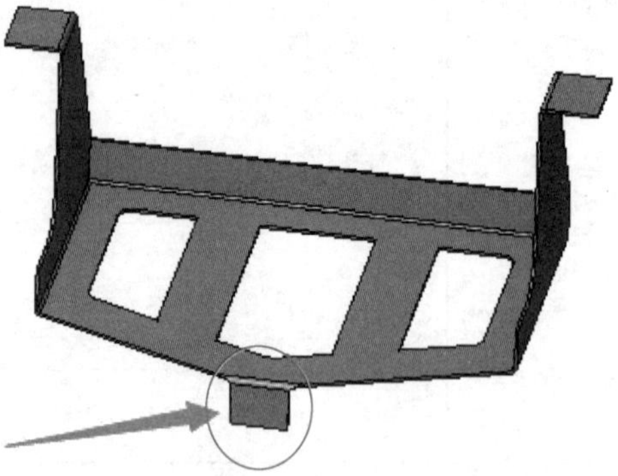	
37	单击【模型】选项卡【工程】组中【倒角】下的【边倒角】命令，选中前面创建的 3 个平整钣金壁的 6 条短边，按右图所示参数完成 6 个 C10 的倒角建模	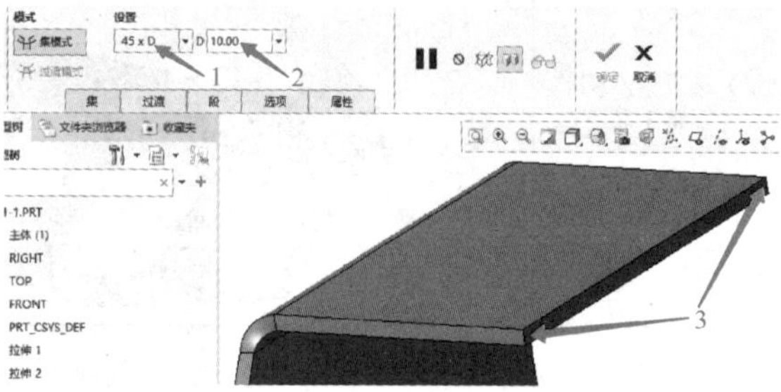	
38	结果如右图所示	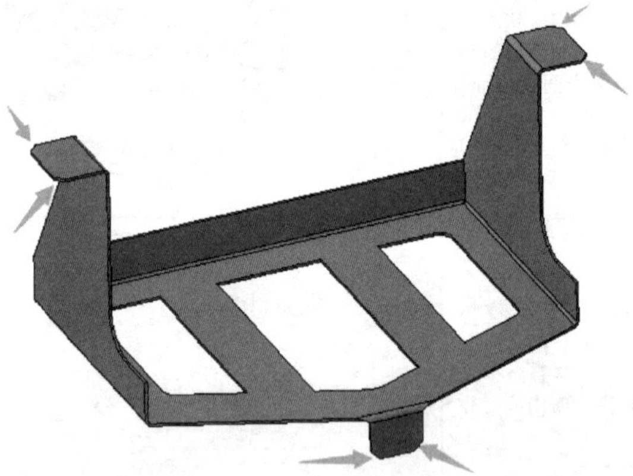	
39	单击【模型】选项卡【形状】组中的【拉伸】命令，按右图所示步骤设置有关参数后，选择箭头 3 所指的平面为草绘平面	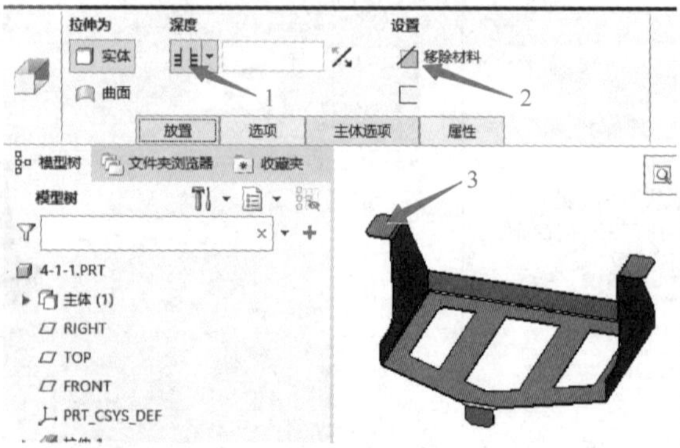	

（续）

步骤	操作要领	图例	说明
40	绘制右图所示的草绘	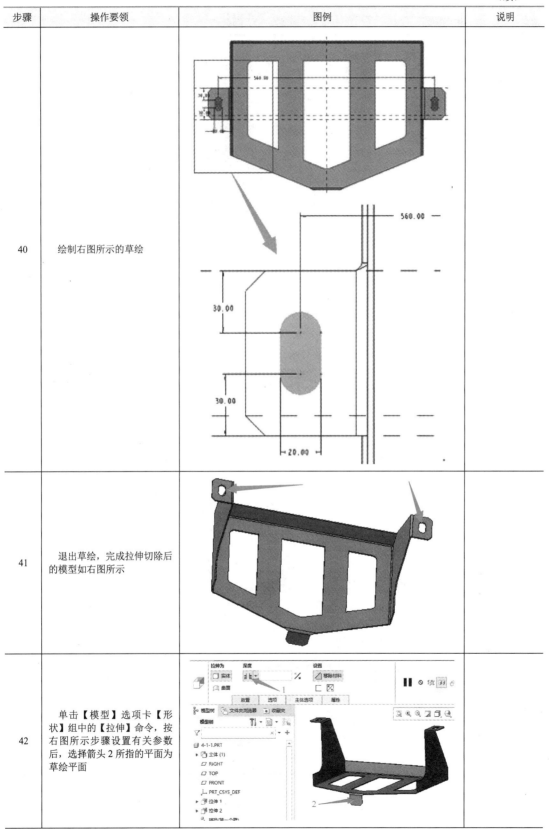	
41	退出草绘，完成拉伸切除后的模型如右图所示		
42	单击【模型】选项卡【形状】组中的【拉伸】命令，按右图所示步骤设置有关参数后，选择箭头2所指的平面为草绘平面		

（续）

步骤	操作要领	图例	说明
43	绘制右图所示的草绘	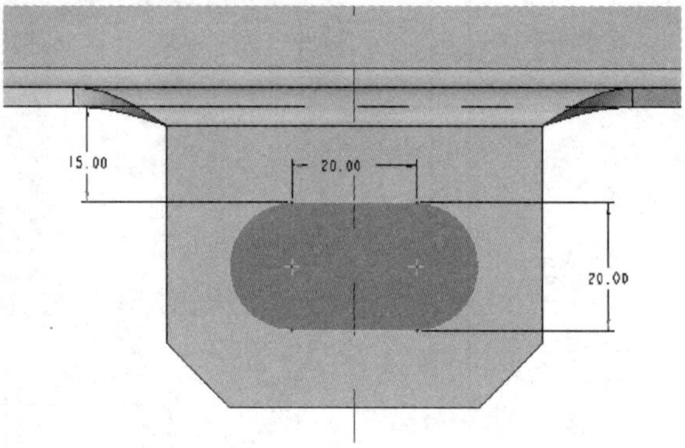	
44	退出草绘，完成拉伸切除后的模型如右图所示	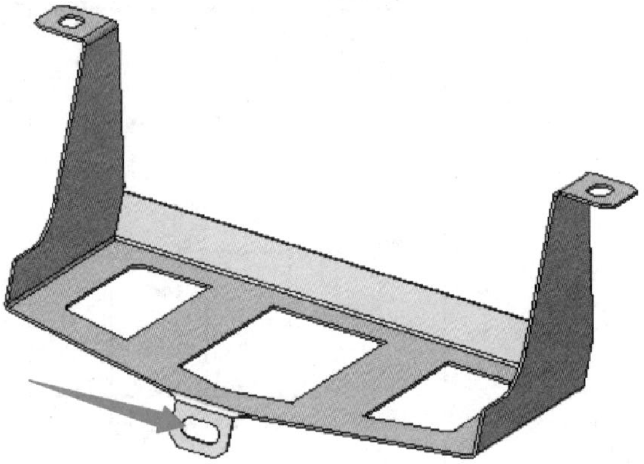	
45	单击【钣金件】选项卡【折弯】组中的【展平】命令，状态栏提示"选择固定几何参考。可以选择曲面或边"的信息，选择中间部分为固定曲面，结果如右图所示	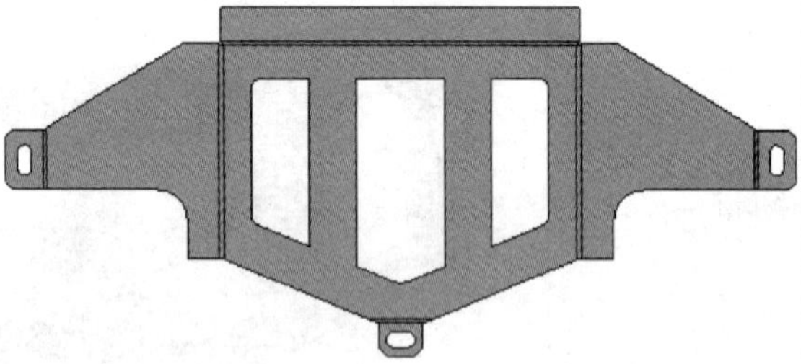	
46	单击【钣金件】选项卡【折弯】组中的【折回】命令，单击鼠标中键结束，即可将展平后的模型折回到此前的模型状态		

（续）

步骤	操作要领	图例	说明
47	接下来按照任务要求，将模型旋转一个轴测图的大致方位，将其保存为名为"轴测图"的视图，选择【重定向】命令，在弹出的【视图】对话框中命名当前视图的名称为"轴测图"，以后可随时调用该方位的轴测图		
48	单击【快速访问工具栏】中的【保存】命令（或按〈Ctrl+S〉组合键），将三维模型保存至工作目录中		

四、任务评价

一般来说，Creo 的钣金建模应在新建文件时直接进入钣金建模环境，以便使用钣金设计专用的特征命令，如图 4-3 所示。

Creo 也提供了从实体设计环境到钣金设计环境转换的功能，所以图 4-1 的钣金支架的建模就是先从实体设计开始的。不管是先设计部分实体然后转成钣金，还是直接进入钣金建模环境设计钣金件，都能从最终成形状态展平为平板状态，这为准确计算原材料大小及设计下料图提供了有力的帮助。

钣金功能一般用于金属件的建模。当然，厚度均一的纸质包装箱等非金属件也可用 Creo 钣金功能进行建模。

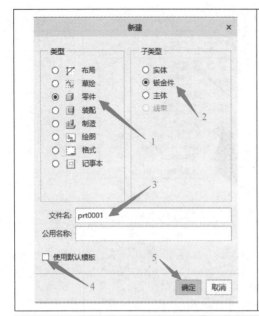

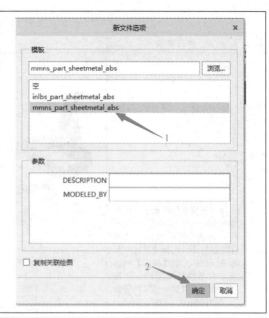

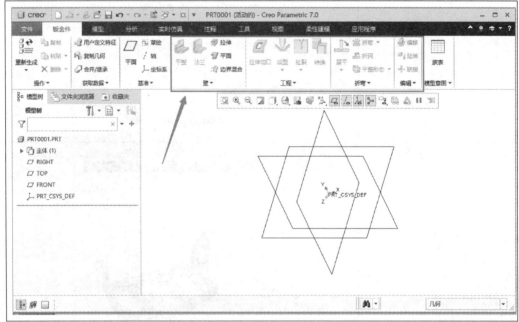

图 4-3　钣金建模环境

任务二　花盆的三维建模

花盆是一种种花用的器皿，大多为口大底小的倒圆台或倒棱台形状，其形式多样，大小不一。大多数花盆外表均有不同类型的花纹，有些花纹是印上去的，但也有不少是和花盆主体一起成形出来的。

一、任务下达

本任务通过二维工程图及轴测图的方式下达（图中未标全尺寸），要求按图 4-4 所示的部分尺寸完成花盆的三维建模，未注尺寸读者可根据轮廓形状自行确定。建模完成后将模型着色为黄色，并以轴测图视图（如图 4-4 所示的大致方位）输出为白色背景的 jpg 格式图片文件。

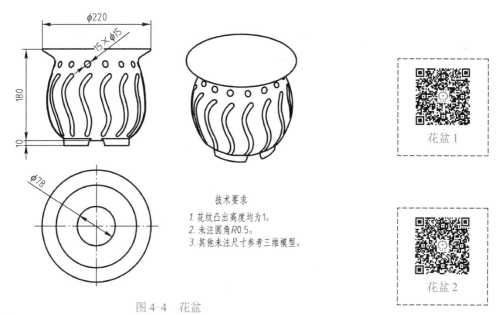

技术要求
1. 花纹凸出高度均为1。
2. 未注圆角R0.5。
3. 其他未注尺寸参考三维模型。

图 4-4　花盆

二、任务分析

如果不考虑花盆外表面凸起的花纹，可直接用旋转特征命令完成花盆主体的建模。但是图 4-4 所示花盆外表面有高度均匀的凸起花纹，所以无法用旋转的方式进行建模。

完成该模型的创建需用到【草绘】、【拉伸】、【倒圆角】、【环形折弯】、【拔模】等特征命令，花盆的主要建模流程如图 4-5 所示。

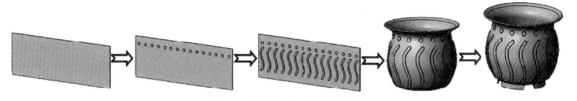

图 4-5　花盆的主要建模流程

三、任务实施

下面结合 Creo 7.0 软件，详细讲解完成图 4-4 所示花盆的建模步骤及注意事项（表 4-2）。

表 4-2　花盆的建模步骤及注意事项

步骤	操作要领	图例	说明
1	按学习情景一中任务一的讲解内容完成 Creo 的安装与配置	（略）	

（续）

步骤	操作要领	图例	说明
2	打开 Creo 软件，在未新建任何文件之前，首先设置工作目录：单击【主页】选项卡【数据】组的【选择工作目录】命令或选择菜单【文件】-【管理会话】-【选择工作目录】命令，选择硬盘中存在的目录（或新建某目录）作为工作目录	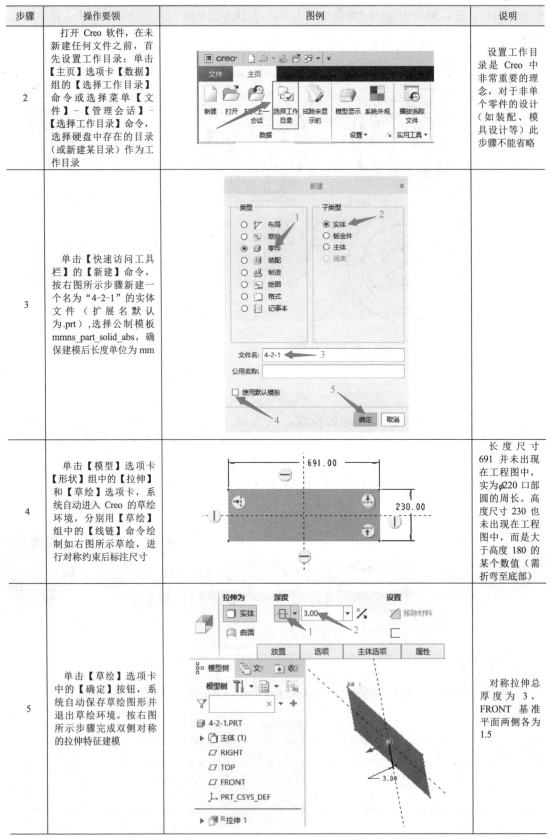	设置工作目录是 Creo 中非常重要的理念，对于非单个零件的设计（如装配、模具设计等）此步骤不能省略
3	单击【快速访问工具栏】的【新建】命令，按右图所示步骤新建一个名为"4-2-1"的实体文件（扩展名默认为 .prt），选择公制模板 mmns_part_solid_abs，确保建模后长度单位为 mm		
4	单击【模型】选项卡【形状】组中的【拉伸】和【草绘】选项卡，系统自动进入 Creo 的草绘环境，分别用【草绘】组中的【线链】命令绘制如右图所示草绘，进行对称约束后标注尺寸		长度尺寸 691 并未出现在工程图中，实为 φ220 口部圆的周长。高度尺寸 230 也未出现在工程图中，而是大于高度 180 的某个数值（需折弯至底部）
5	单击【草绘】选项卡中的【确定】按钮，系统自动保存草绘图形并退出草绘环境。按右图所示步骤完成双侧对称的拉伸特征建模		对称拉伸总厚度为 3，FRONT 基准平面两侧各为 1.5

（续）

步骤	操作要领	图例	说明
6	单击【模型】选项卡【形状】组中的【拉伸】命令，在操控板上单击【放置】集的【定义】按钮进入草绘环境，在刚刚创建的前端表面左上角绘制如右图所示的草绘，并修改尺寸	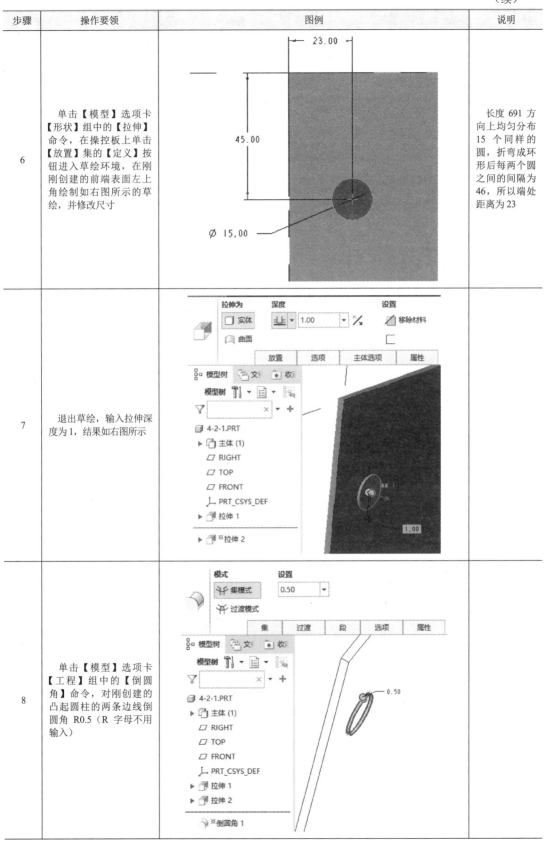	长度 691 方向上均匀分布 15 个同样的圆，折弯成环形后每两个圆之间的间隔为 46，所以端处距离为 23
7	退出草绘，输入拉伸深度为1，结果如右图所示		
8	单击【模型】选项卡【工程】组中的【倒圆角】命令，对刚创建的凸起圆柱的两条边线倒圆角 R0.5（R 字母不用输入）		

（续）

步骤	操作要领	图例	说明
9	按住〈Ctrl〉键的同时，在【模型树】中单击刚刚创建的拉伸和倒圆角特征，单击选择【分组】命令，完成分组。选中该组，单击【编辑】组中的【阵列】命令	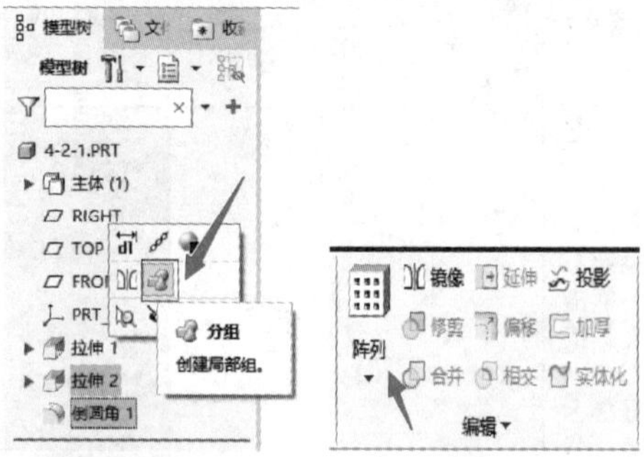	
10	按右图所示步骤完成【阵列】特征，箭头 1 处阵列类型选【尺寸】，状态栏中提示"选择要在第一方向上改变的尺寸"的信息，箭头 2 处选择尺寸 23 为阵列方向 1 的尺寸，箭头 3 处输入总个数 15，箭头 4 和 5 输入尺寸增量 46	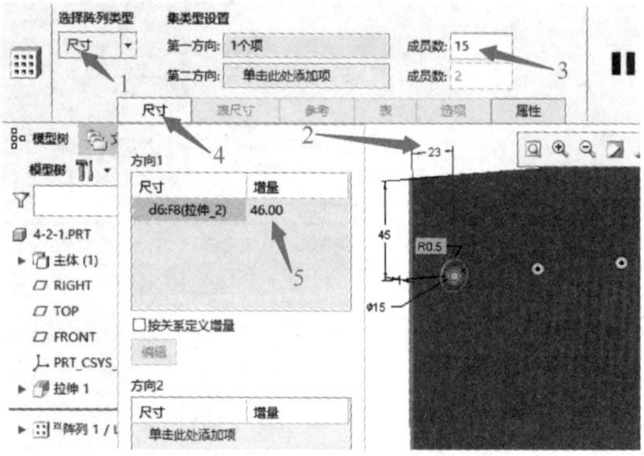	
11	阵列结果如右图所示	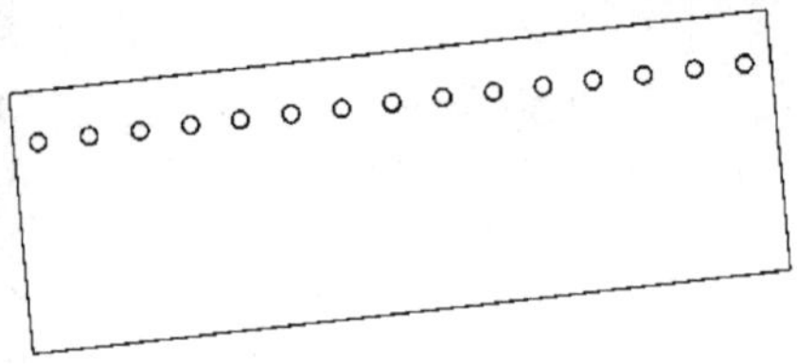	
12	单击【模型】选项卡【形状】组中的【拉伸】命令，在操控板上单击【放置】集的【定义】按钮进入草绘环境，在长方体薄板的前端表面绘制如右图所示的草绘，并适当修改尺寸	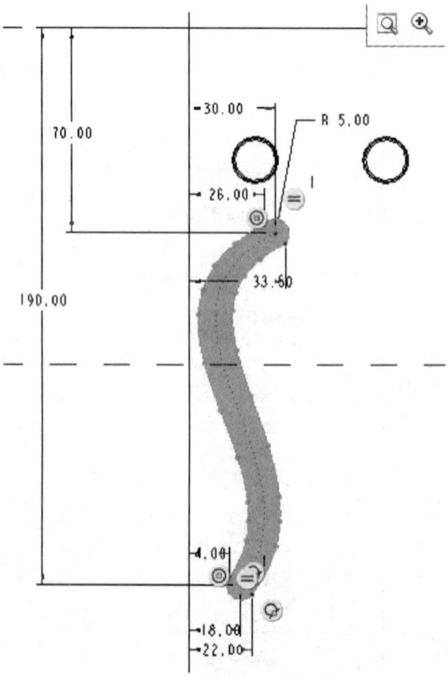	图中 S 形草绘两端为圆弧，其余为两条样条曲线。图中尺寸仅供参考，读者可自行确定样条曲线走向

（续）

步骤	操作要领	图例	说明
13	退出草绘，输入拉伸深度为 1，结果如右图所示	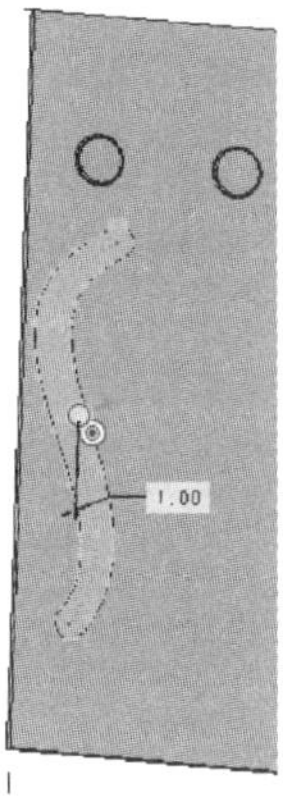	
14	单击【模型】选项卡【工程】组中的【倒圆角】命令，对刚创建的凸起 S 形边线倒圆角 R0.5（R 字母不用输入）	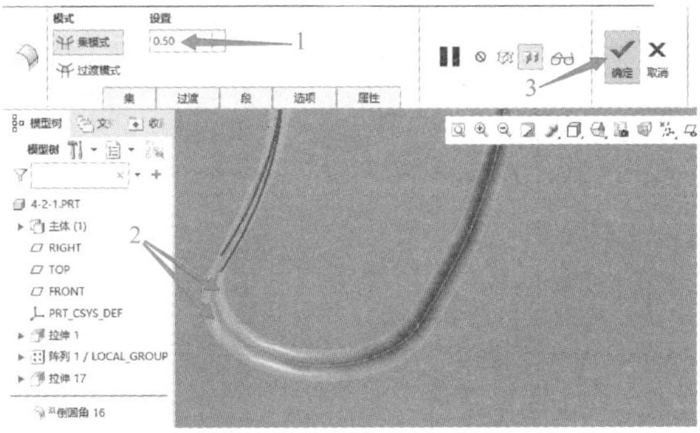	按住〈Ctrl〉键的同时，分别单击左图箭头 2 处的两条边线，系统自动选中其他与之相切的边线
15	按住〈Ctrl〉键的同时，在【模型树】中单击刚刚创建的拉伸和倒圆角特征，单击选择【分组】命令，完成分组。选中该组，单击【编辑】组中的【阵列】命令		
16	按右图所示步骤完成【阵列】特征，箭头 1 处阵列类型选【方向】，单击箭头 2 处后，选择箭头 4 处的边线，箭头 4 处输入总个数 15，箭头 5 处输入间距 46	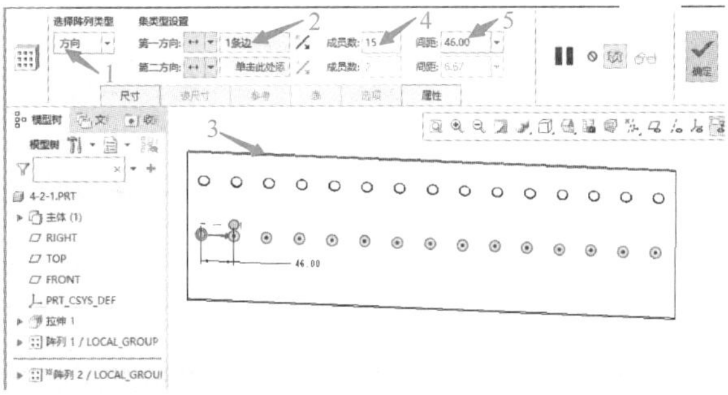	阵列类型有【尺寸】、【方向】、【轴】等 8 种，读者可根据实际情况选择。本例的【方向】与此前的【尺寸】都能达到同样的阵列效果
17	阵列结果如右图所示	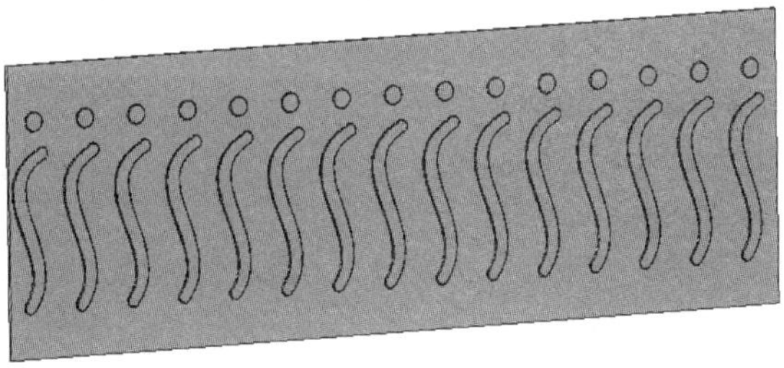	

（续）

步骤	操作要领	图例	说明
18	单击【模型】选项卡【工程】组中的【倒圆角】命令，单击右图所示的【参考】框，箭头 1 处按住〈Ctrl〉键的同时，分别单击长方体的前面和后面；单击箭头 2 处【驱动曲面】框，然后单击箭头 3 处长方体的顶面，完成【完全倒圆角】特征	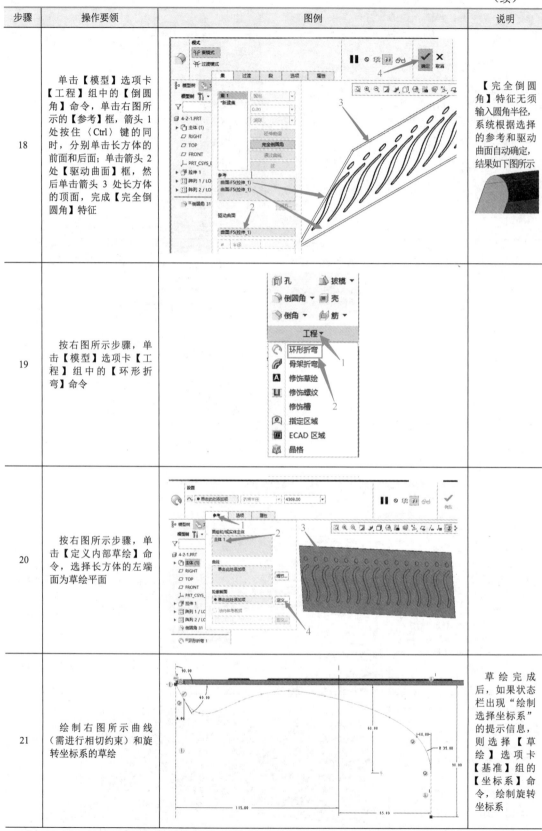	【完全倒圆角】特征无须输入圆角半径，系统根据选择的参考和驱动曲面自动确定，结果如下图所示
19	按右图所示步骤，单击【模型】选项卡【工程】组中的【环形折弯】命令		
20	按右图所示步骤，单击【定义内部草绘】命令，选择长方体的左端面为草绘平面		
21	绘制右图所示曲线（需进行相切约束）和旋转坐标系的草绘		草绘完成后，如果状态栏出现"绘制选择坐标系"的提示信息，则选择【草绘】选项卡【基准】组的【坐标系】命令，绘制旋转坐标系

（续）

步骤	操作要领	图例	说明
22	退出草绘后，按右图所示步骤完成环形折弯特征建模。右图中箭头 1 处选择【360 度折弯】，箭头 2、3 分别选择长方体的左右端面（以拼接成环形）	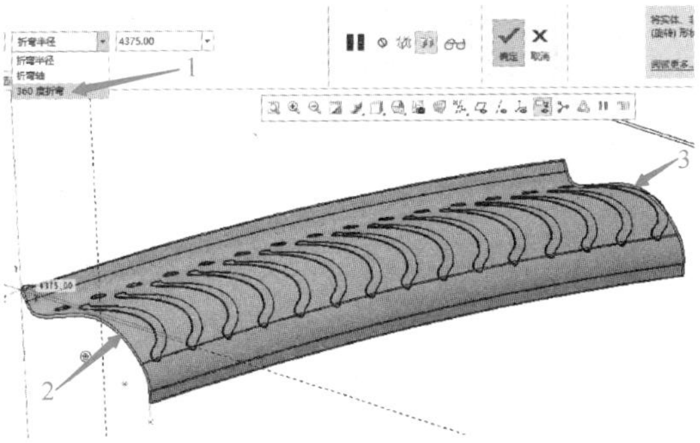	如果状态栏提示"不在中性平面上的对象不能沿非相切轮廓折弯"的信息，则返回草绘平面，将每条线段进行相切约束
23	环形折弯的结果如右图所示	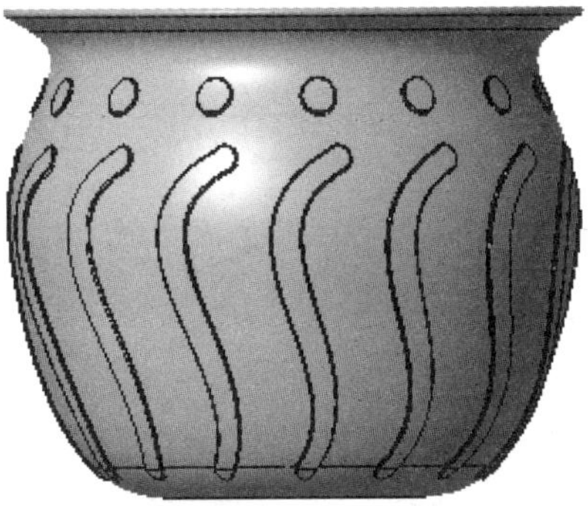	
24	至此，花盆的主体已建模完毕，接下来设计花盆底脚。单击【模型】选项卡【基准】组中的【平面】命令，按右图所示步骤新建一个自底部平面向下偏移 10 的基准平面	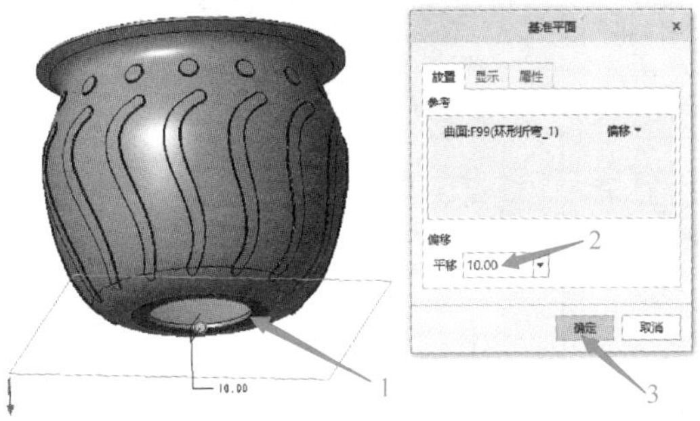	
25	单击【模型】选项卡【形状】组中的【拉伸】命令，在操控板上单击【放置】集的【定义】按钮进入草绘环境。选择刚刚创建的基准平面 DTM1 为草绘平面，其他参数保持默认值，进入草绘环境后绘制如右图所示的草绘。为了利用草绘镜像命令快速完成草绘图形的绘制，在右图绘制水平和竖直两条中心线	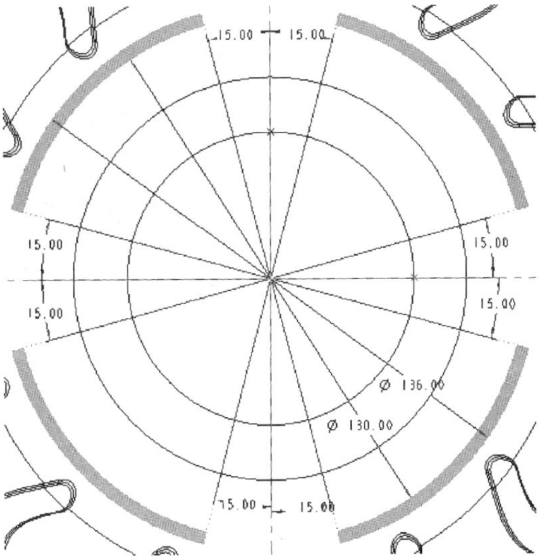	

（续）

步骤	操作要领	图例	说明
26	退出草绘，按右图所示步骤完成拉伸特征。箭头 1 处选择【拉伸至下一曲面】，单击箭头 2 所指的黑色箭头可更改拉伸方向，改为向上拉伸即可	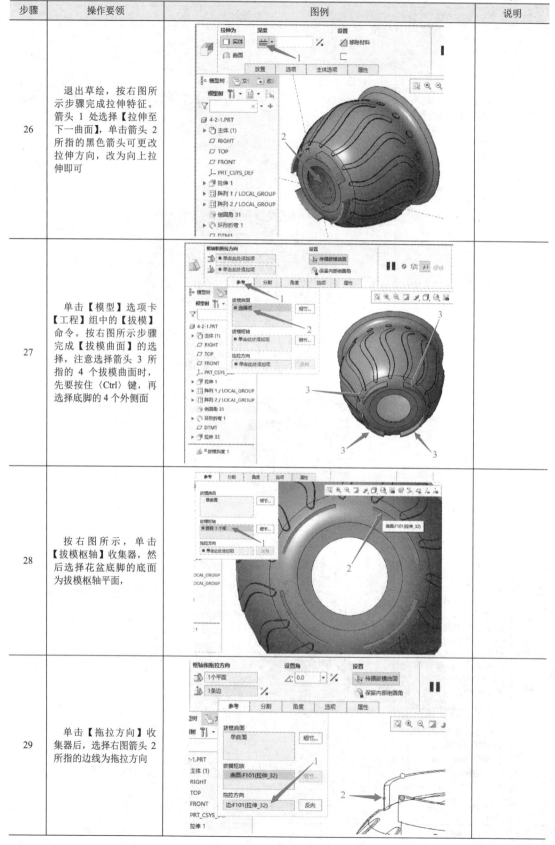	
27	单击【模型】选项卡【工程】组中的【拔模】命令。按右图所示步骤完成【拔模曲面】的选择，注意选择箭头 3 所指的 4 个拔模曲面时，先要按住〈Ctrl〉键，再选择底脚的4个外侧面		
28	按右图所示，单击【拔模枢轴】收集器，然后选择花盆底脚的底面为拔模枢轴平面，		
29	单击【拖拉方向】收集器后，选择右图箭头 2 所指的边线为拖拉方向		

（续）

步骤	操作要领	图例	说明
30	在右图箭头 1 所指角度输入 15，下方自动弹出 15 的拔模角，单击按钮✔完成拔模特征的创建	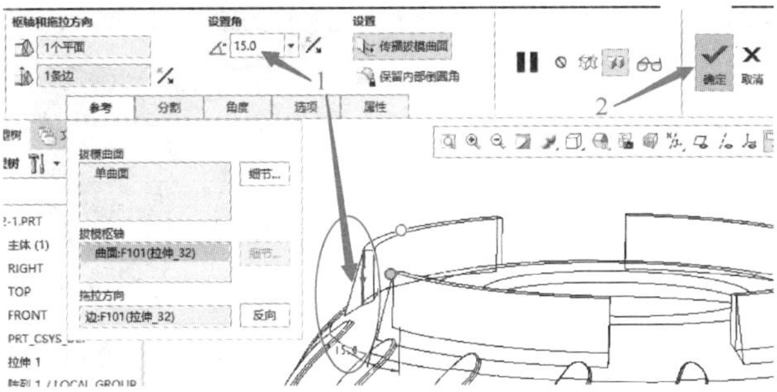	15°的拔模角度可根据实际情况适当调整
31	拔模的结果如右图所示，截面呈梯形状	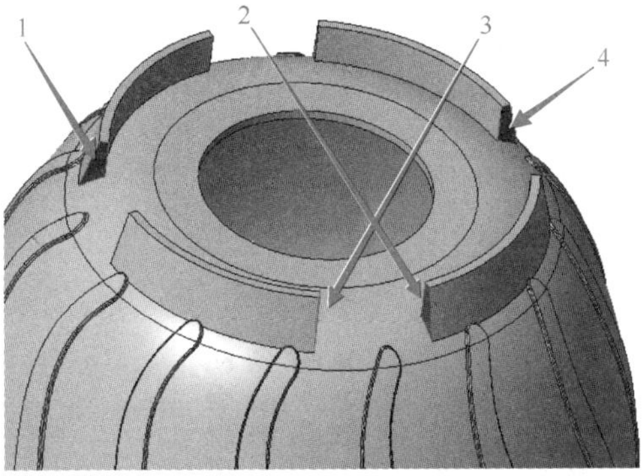	4 个底脚的拉伸和拔模，也可先做一个，然后用轴阵列的方式完成
32	单击【模型】选项卡【工程】组中的【倒圆角】命令，对 4 个底脚侧面与花盆盆身连接处的 8 条边进行倒圆角 R5（R 字母不用输入）	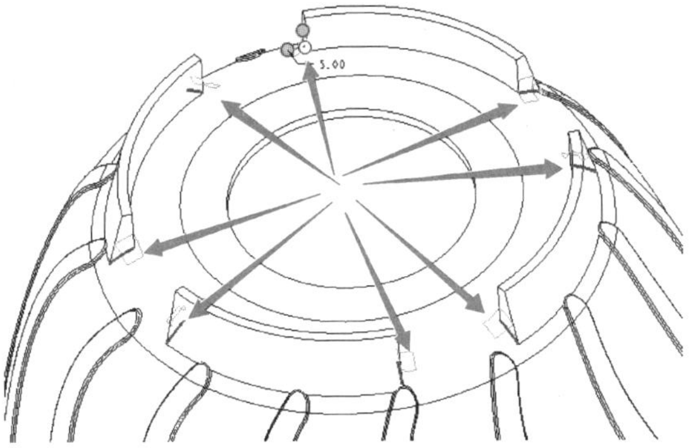	
33	最后完成底脚底部 8 个角倒圆角 R2	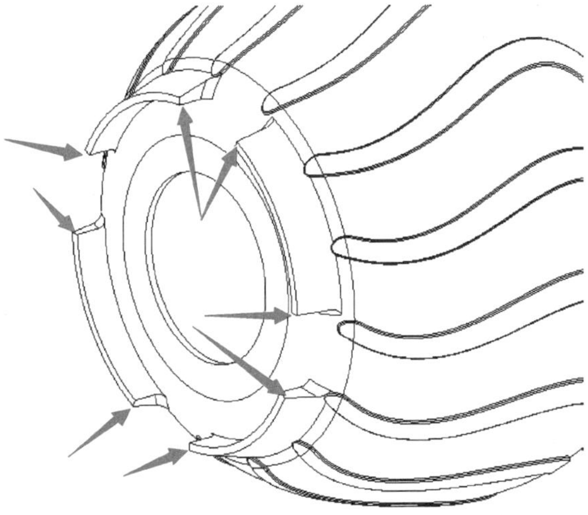	

（续）

步骤	操作要领	图例	说明
34	至此，完成了整个花盆的建模，如右图所示	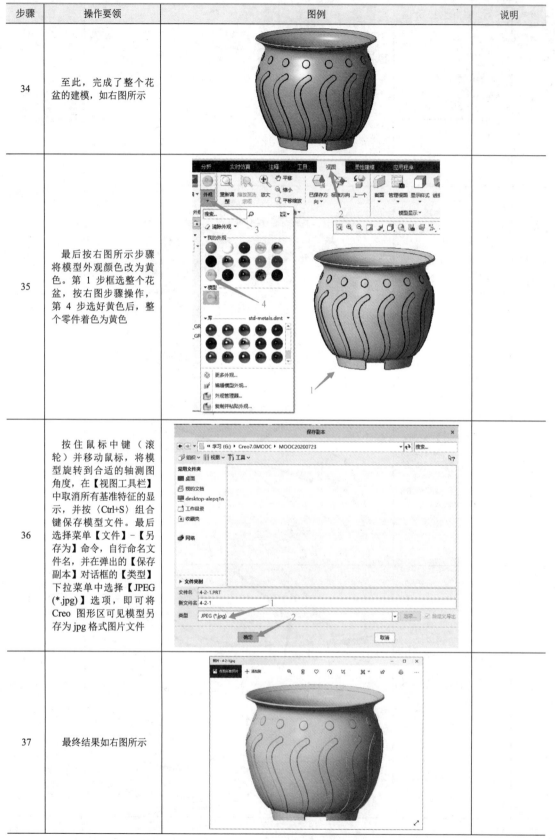	
35	最后按右图所示步骤将模型外观颜色改为黄色。第 1 步框选整个花盆，按右图步骤操作，第 4 步选好黄色后，整个零件着色为黄色		
36	按住鼠标中键（滚轮）并移动鼠标，将模型旋转到合适的轴测图角度，在【视图工具栏】中取消所有基准特征的显示，并按〈Ctrl+S〉组合键保存模型文件。最后选择菜单【文件】-【另存为】命令，自行命名文件名，并在弹出的【保存副本】对话框的【类型】下拉菜单中选择【JPEG (*.jpg)】选项，即可将 Creo 图形区可见模型另存为 jpg 格式图片文件		
37	最终结果如右图所示		

（续）

步骤	操作要领	图例	说明
38	单击【快速访问工具栏】中的【保存】按钮（或按〈Ctrl+S〉组合键），将三维模型保存至工作目录中	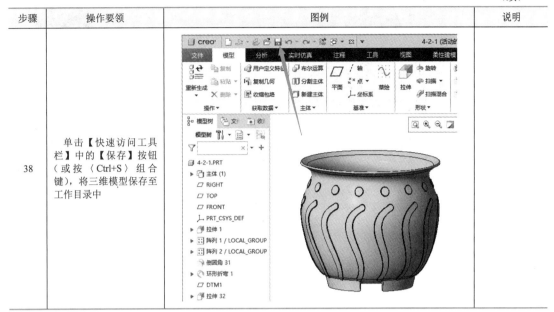	

四、任务评价

图 4-4 所示的花盆模型建模时要用到环形折弯命令，否则无法合理完成盆体外表面凸起花纹的建模。环形折弯命令常用于创建花盆、轮胎等这类圆周有高度（深度）均匀的凸起（凹下）花纹的零件。其操作的关键有两步：首先创建好平整状态的模型（条料），其次要绘制折弯截面（注意截面草绘中要用几何坐标系，不能是构造坐标系）以生成环形折弯。

任务三　异形块的工程图输出

工程图是用来指导工艺规程编制、生产、维修等工作的技术文档，也是技术人员和其他人员进行沟通交流的工程技术语言。在数字化设计与制造一体化的今天，虽然大多数零件和产品都可以做到无图纸生产，但不等于无图生产，而且很多情况下还必须用二维工程图进行存档，用于查询、备案、奖惩等，所以将三维模型转换成二维工程图就成了设计人员必须掌握的技能。

一、任务下达

与之前任何一个建模任务都有所不同，本任务的重点是将三维模型转换输出为二维工程图，所以任务下达时仅提供轴测图（图 4-6），且部分尺寸间需符合一定的数学关系。本任务要求完成零件的三维建模，建模完成后按照国标要求完成其工程图的转换，并在保存 drw 文件后输出为 dwg 或 dxf 格式的工程图，供 AutoCAD、CAXA 电子图板等二维 CAD 软件进行编辑、查看、打印等。图中的孔均为通孔，尺寸参数 $A=60$、$B=35$、$C=60$、$D=2×A+10$。

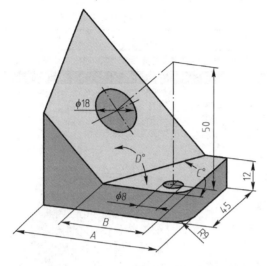

异形块 1

异形块 2

异形块 3

图 4-6　异形块轴测图

二、任务分析

要将图 4-6 所示的轴测图转换成符合国标要求的工程图，方法有二：一是直接用二维 CAD 软件绘图；二是先完成三维建模，然后再转换成二维工程图。考虑到图 4-6 所示轴测图的部分尺寸间有数学关系式的要求，所以采用第二种方法出图。Creo 在工程图国标化方面做得还不够成熟，出图效率低。因此完成本任务需要用到三维 CAD 软件（如 Creo）和二维 CAD 软件（如 CAXA 电子图板），前者用于三维建模及三维模型转二维图样，后者用于二维图样的国标化处理。

但要注意的是，上述两种方法都未充分用上 Creo "单一数据库"的特点，即在 Creo 中，零件、装配、工程图等各功能模块统一使用同一个数据库，彼此间是相关联的。也就是说，如果修改了模型零件的形状和尺寸，其工程图的现状和尺寸会自动变更，不需要人为干预。这种单一数据库技术为后续产品设计变更、产品推陈出新提供了强有力的手段。所以，在转换为 dwg 或 dxf 格式之前，一般先要在 Creo 中最终确定产品的三维模型，否则就要反复转换工程图以及在其他二维 CAD 软件中进行国标化处理。

完成该模型的创建需用到的特征命令不多，建模思路较为简单，仅用到【草绘】、【拉伸】、【基准点】、【基准轴】、【基准平面】、【参数】和【关系】等特征命令。异形块的主要建模流程如图 4-7 所示。

图 4-7　异形块的主要建模流程

三、任务实施

表 4-3 详细描述了图 4-6 所示异形块的建模和工程图输出步骤及说明。

表 4-3　异形块的建模和工程图输出步骤及说明

步骤	操作要领	图例	说明
1	按学习情境一中任务一的讲解内容完成 Creo 的安装与配置	（略）	
2	打开 Creo 软件，在未新建任何文件之前，首先设置工作目录：单击【主页】选项卡【数据】组【选择工作目录】命令，或选择菜单【文件】-【管理会话】-【选择工作目录】命令，选择硬盘中存在的目录（或新建某目录）作为工作目录，如右图所示	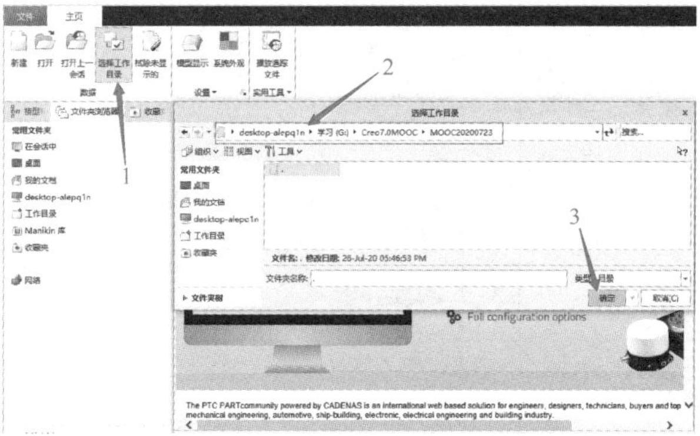	设置工作目录是 Creo 中非常重要的理念。对于工程图设计，此步骤一般不能省略，否则会影响工程图与零件的单一数据库关联
3	单击【快速访问工具栏】的【新建】命令，按右图所示步骤新建一个名为"4-3-1"的实体文件（扩展名默认为.prt），选择公制模板 mmns_part_solid_abs，即确保建模时长度单位为 mm	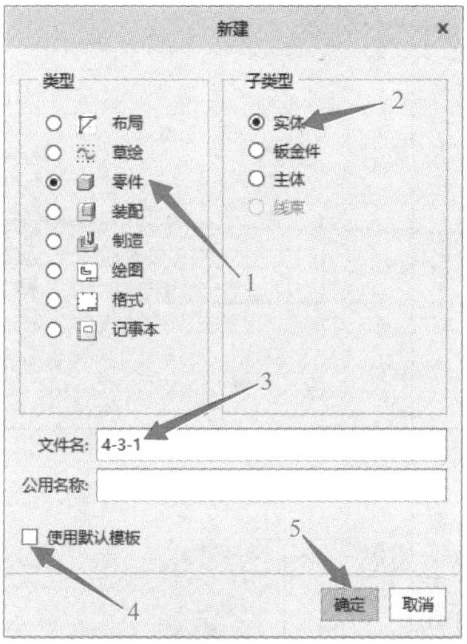	
4	单击【工具】选项卡【模型意图】组中的【参数】命令，在弹出的【参数】对话框按右图所示步骤新建 A、B、C 和 D 4 个参数	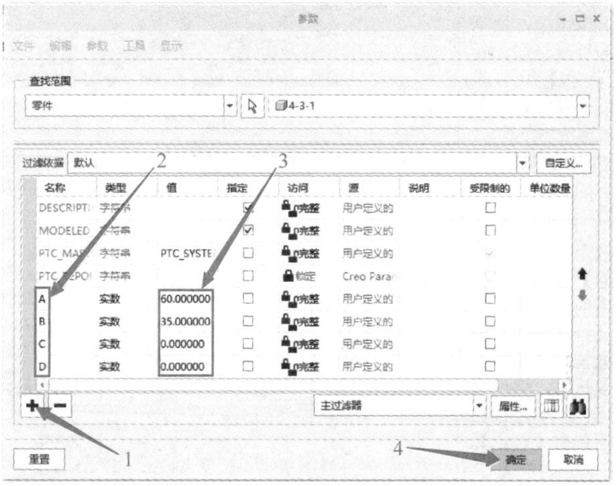	A=60 B=35 C=0 D=0

（续）

步骤	操作要领	图例	说明
5	单击【工具】选项卡【模型意图】组中的【参数】命令，在弹出的【参数】对话框按右图所示步骤新建两个关系式		
6	此时如果再次进入【参数】对话框的话，会发现 C 和 D 两个参数的数值以灰色显示，表明无法在此修改其大小，原因是上一步创建的两个关系式驱动着 C 和 D 的大小，若要修改其值，要么修改关系式，要么删除关系式		
7	单击【模型】选项卡【形状】组中的【拉伸】命令，选择 TOP 基准面为草绘平面，随即打开【拉伸】和【草绘】选项卡，系统自动进入草绘环境。单击【视图工具栏】中的【草绘视图】按钮，使草绘平面与屏幕平行。分别用【草绘】组中的【线链】、【圆角】命令绘制如右图所示草绘		
8	按住左键并移动鼠标，框选全部尺寸，单击【草绘】选项卡【编辑】组中的【修改】命令，在【修改尺寸】对话框中取消勾选【重新生成】复选框，然后修改尺寸至轴测图的要求，最后单击【确定】按钮		

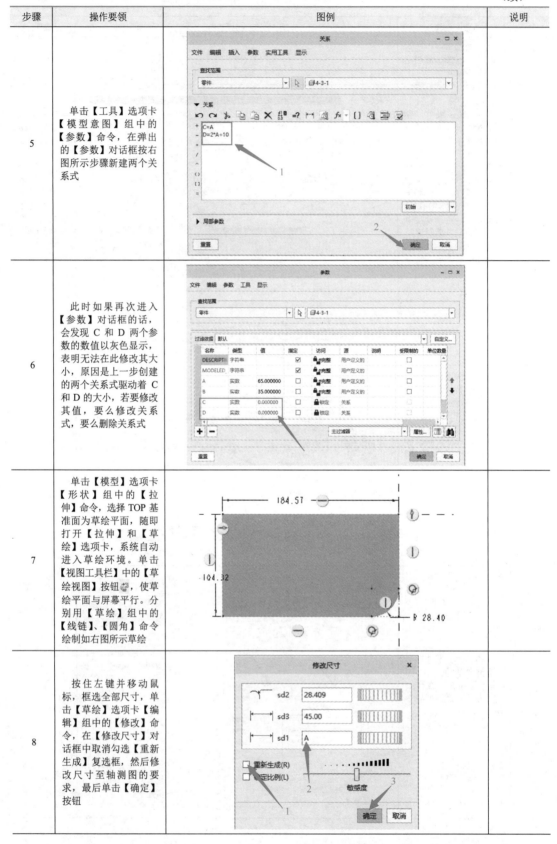

（续）

步骤	操作要领	图例	说明
9	修改后的草绘如右图所示	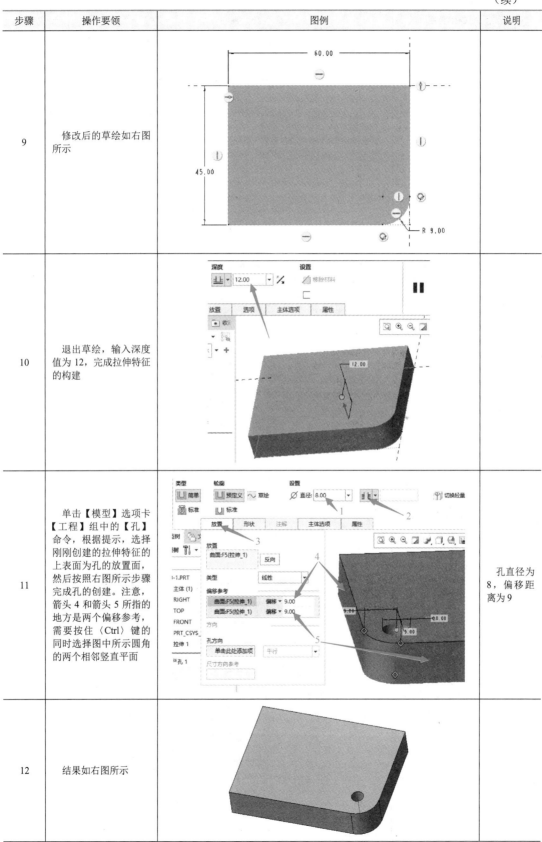	
10	退出草绘，输入深度值为 12，完成拉伸特征的构建		
11	单击【模型】选项卡【工程】组中的【孔】命令，根据提示，选择刚刚创建的拉伸特征的上表面为孔的放置面，然后按照右图所示步骤完成孔的创建。注意，箭头 4 和箭头 5 所指的地方是两个偏移参考，需要按住〈Ctrl〉键的同时选择图中所示圆角的两个相邻竖直平面		孔直径为8，偏移距离为9
12	结果如右图所示		

（续）

步骤	操作要领	图例	说明
13	单击【模型】选项卡【基准】组中的【点】命令，按右图所示步骤创建一个基准点。其中箭头 1 所指的是圆柱孔的轴线 A_1，箭头 2 所指的是拉伸特征的上表面	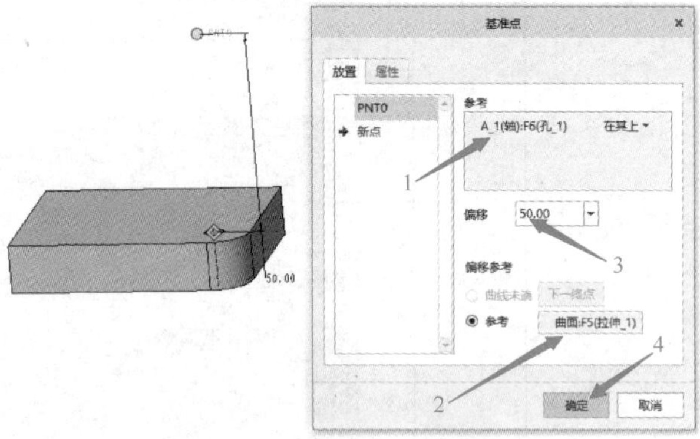	偏移距离为 50
14	单击【模型】选项卡【基准】组中的【草绘】命令，选择拉伸特征的上表面为草绘平面，绘制如右图所示的草绘。草绘中仅有两个尺寸，可挨个双击修改，输入尺寸值时直接输入相应的字母 B 和 C，系统提示是否要添加关系，单击【是】按钮即可	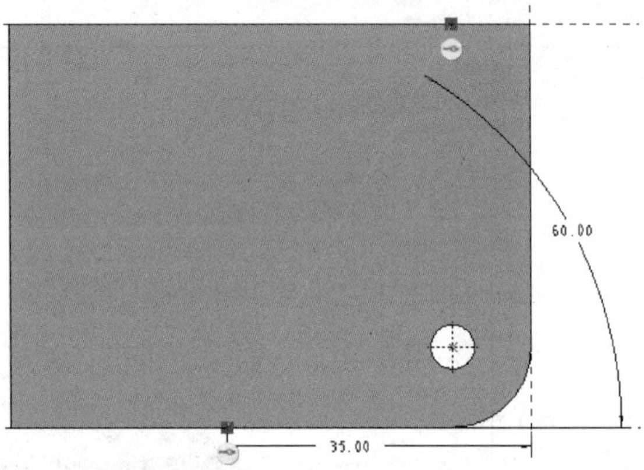	B=35 C=60
15	单击【模型】选项卡【基准】组中的【平面】命令，按右图所示步骤创建一个基准平面。箭头 3 所指的角度为轴测图标注的 D=130 换算而来	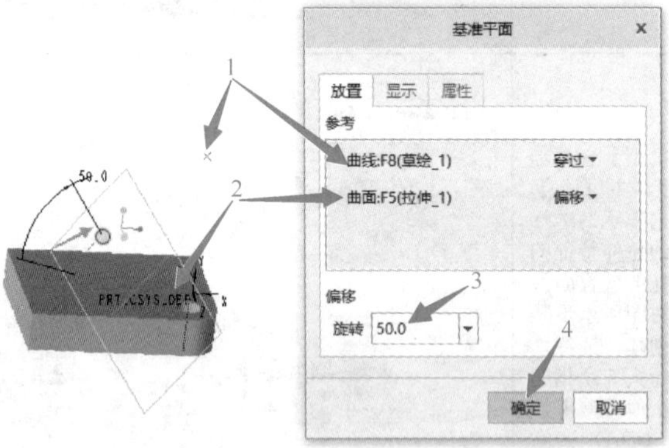	旋转角度为 50
16	单击【模型】选项卡【形状】组中的【拉伸】命令，选择拉伸特征上表面为草绘面，进入草绘环境后用【草绘】组中的【投影】命令配合【删除段】命令完成右图所示草图的创建	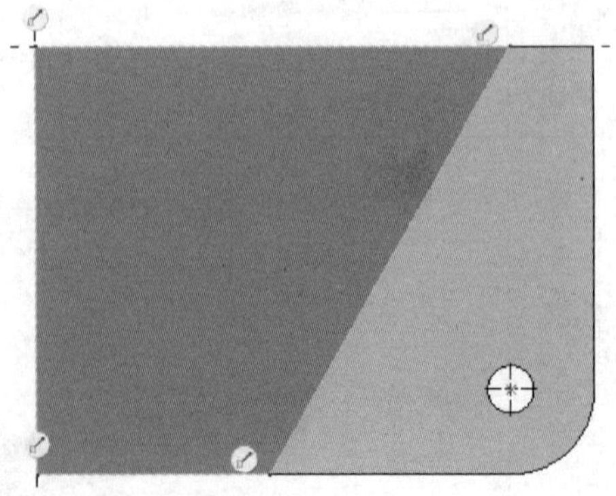	

（续）

步骤	操作要领	图例	说明
17	退出草绘环境，按右图所示步骤完成拉伸 2 的创建。箭头 3 所指的是基准平面（用于拉伸的截止面）	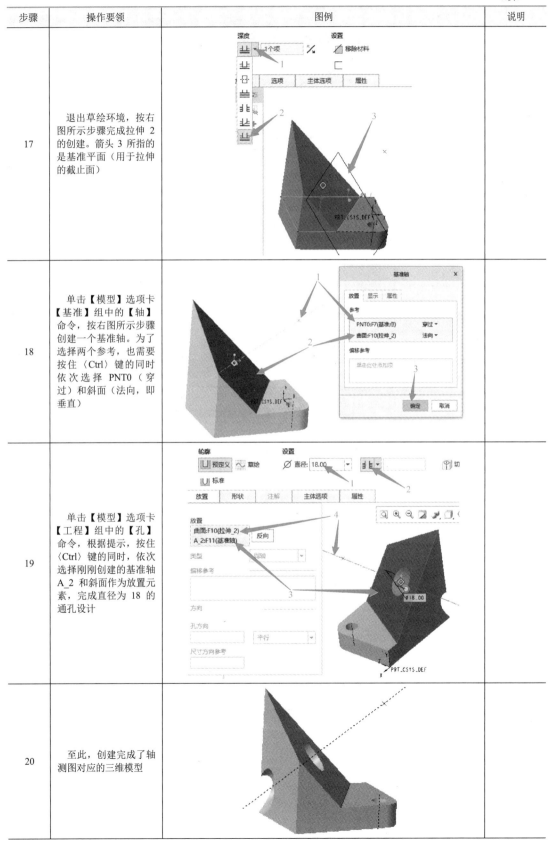	
18	单击【模型】选项卡【基准】组中的【轴】命令，按右图所示步骤创建一个基准轴。为了选择两个参考，也需要按住〈Ctrl〉键的同时依次选择 PNT0（穿过）和斜面（法向，即垂直）		
19	单击【模型】选项卡【工程】组中的【孔】命令，根据提示，按住〈Ctrl〉键的同时，依次选择刚刚创建的基准轴 A_2 和斜面作为放置元素，完成直径为 18 的通孔设计		
20	至此，创建完成了轴测图对应的三维模型		

（续）

步骤	操作要领	图例	说明
21	最后按右图所示步骤将模型外观颜色改为绿色。第 1 步框选整个异形块，按右图步骤操作，第 4 步选好绿色后，整个零件着色为绿色	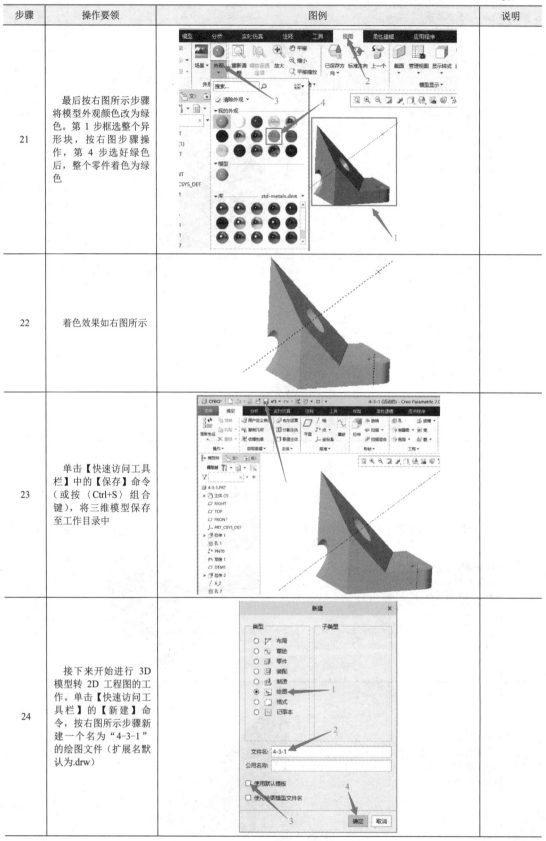	
22	着色效果如右图所示		
23	单击【快速访问工具栏】中的【保存】命令（或按〈Ctrl+S〉组合键），将三维模型保存至工作目录中		
24	接下来开始进行 3D 模型转 2D 工程图的工作。单击【快速访问工具栏】的【新建】命令，按右图所示步骤新建一个名为"4-3-1"的绘图文件（扩展名默认为.drw）		

（续）

步骤	操作要领	图例	说明
25	按右图所示步骤完成新建绘图。箭头 1 所指的是即将要转换工程图的原有三维模型文件，若此前已打开，侧 Creo 将内存中的模型文件自动放入此位置；若此前未打开要转换工程图的对应三维模型文件，则单击【浏览】按钮打开即可	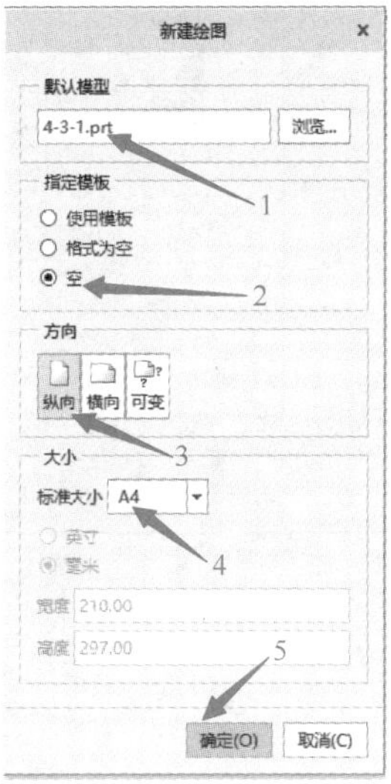	
26	此时系统进入工程图环境。单击【布局】选项卡【模型视图】组【普通视图】命令	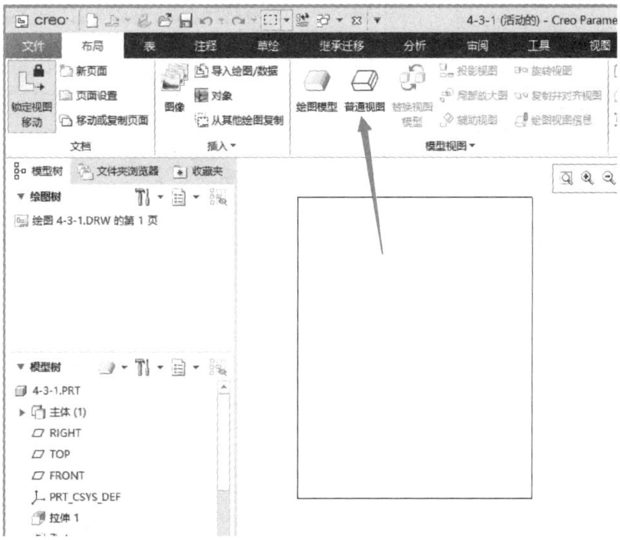	
27	在弹出的【选择组合状态】对话框中单击【确定】按钮，根据状态栏"选择绘图视图的中心点"的提示信息，在绘图区适当的空白位置单击鼠标	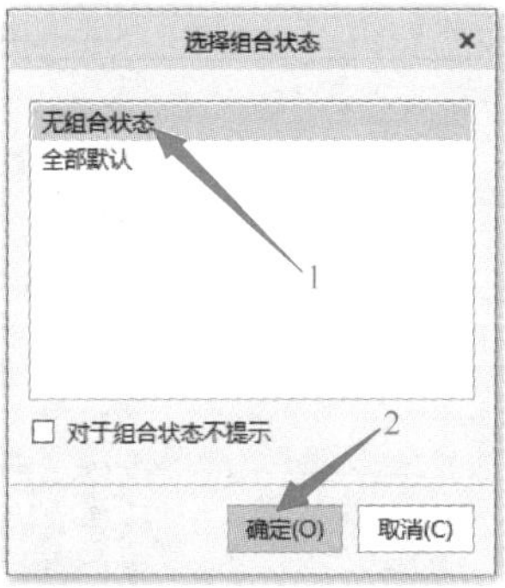	

（续）

步骤	操作要领	图例	说明
28	在弹出的【绘图视图】对话框中双击 FRONT 模型视图名，单击【确定】按钮，完成主视图的生成	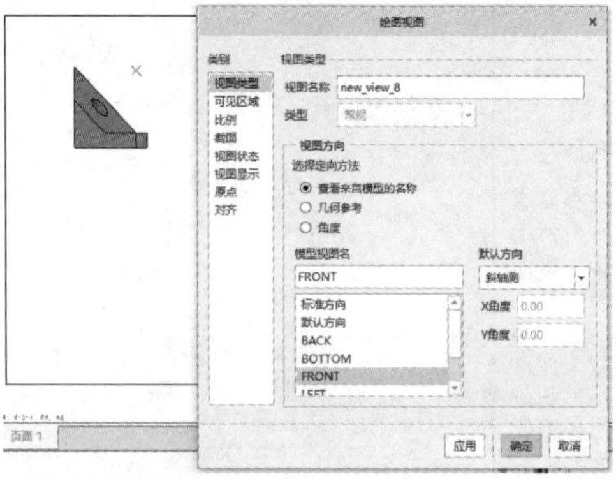	
29	若此时的工程图是着色工程图，则单击【视图控制】工具栏的【显示样式】中的【消隐】命令，可将其显示为消隐工程图		
30	单击选中刚刚创建的主视图，单击【布局】选项卡【模型视图】组【投影视图】命令，根据状态栏"选择绘图视图的中心点"的提示信息，在主视图左方单击鼠标，即可生成右视图；同理在主视图上方单击鼠标，即可生成俯视图，	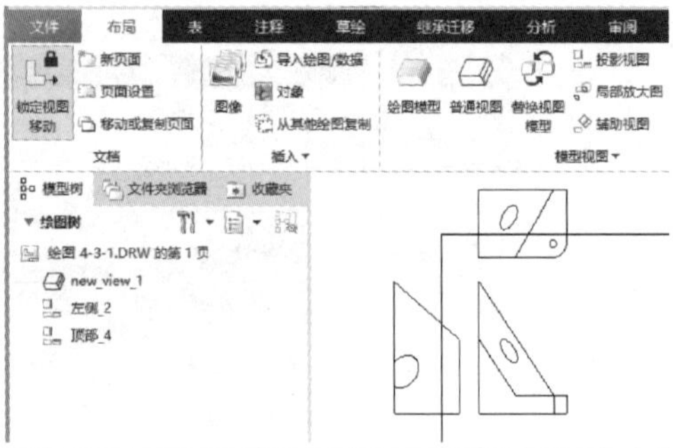	
31	为了符合国际默认的第一角投影法，用鼠标将右视图、俯视图移动至主视图右侧和下方适当位置	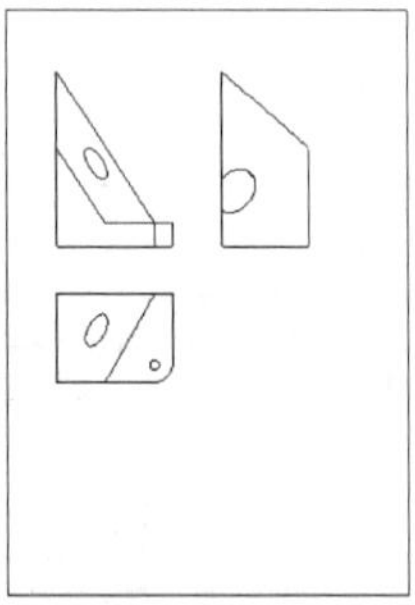	注意：如果单击视图无法移动，需打开如下图所示命令 
32	此时完成了符合国家标准的三视图。但两个通孔的内部结构还没有表达出来，所以接下来要在主视图的基础上完成两个通孔的局部剖视图。为了更好地设计剖切面，右击工程图【模型树】中的零件名，在弹出的快捷菜单中选择【打开】命令，Creo 会单独打开"4-3-1.prt"的三维模型文件	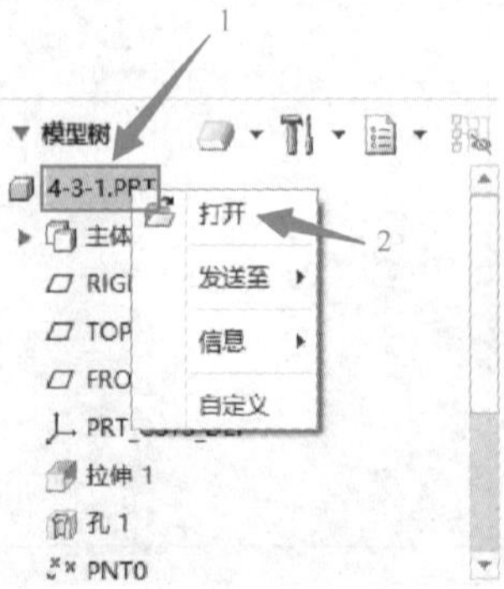	

（续）

步骤	操作要领	图例	说明
33	首先新建两个均通过孔的中心线的基准平面。在零件界面中单击【模型】选项卡【基准】组【平面】命令，按住〈Ctrl〉键的同时依次选择两根基准轴的A_1、A_2，保证均为穿过约束后单击【确定】按钮即可	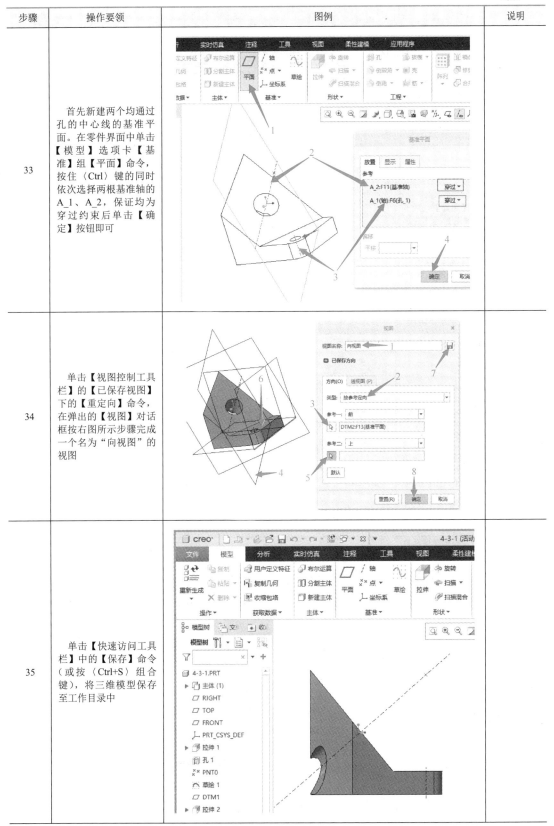	
34	单击【视图控制工具栏】的【已保存视图】下的【重定向】命令，在弹出的【视图】对话框按右图所示步骤完成一个名为"向视图"的视图		
35	单击【快速访问工具栏】中的【保存】命令（或按〈Ctrl+S〉组合键），将三维模型保存至工作目录中		

（续）

步骤	操作要领	图例	说明
36	在 Windows 任务栏中切换至 Creo 工程图界面		
37	单击【布局】选项卡【模型视图】组【普通视图】命令，在俯视图右边空白处单击，在弹出的【绘图视图】对话框中双击之前在 Creo 零件环境中设计的"向视图"，确定后即可自动生成该方位的视图		
38	双击该"向视图"，在弹出的【绘图视图】对话框中完成右图所示步骤，单击该对话框的【确定】按钮后自动弹出【菜单管理器】对话框，单击【完成】按钮		
39	单击【菜单管理器】的【完成】按钮后，根据提示，输入横截面名称"A"，按〈Enter〉键或单击 ✓ 按钮		
40	此时状态栏提示选择剖切平面，在俯视图中单击之前创建的基准平面 DTM_2，在【绘图视图】对话框中选择【箭头显示】后，单击俯视图，再单击【确定】按钮即完成了横跨两个通孔的全剖视图的创建		

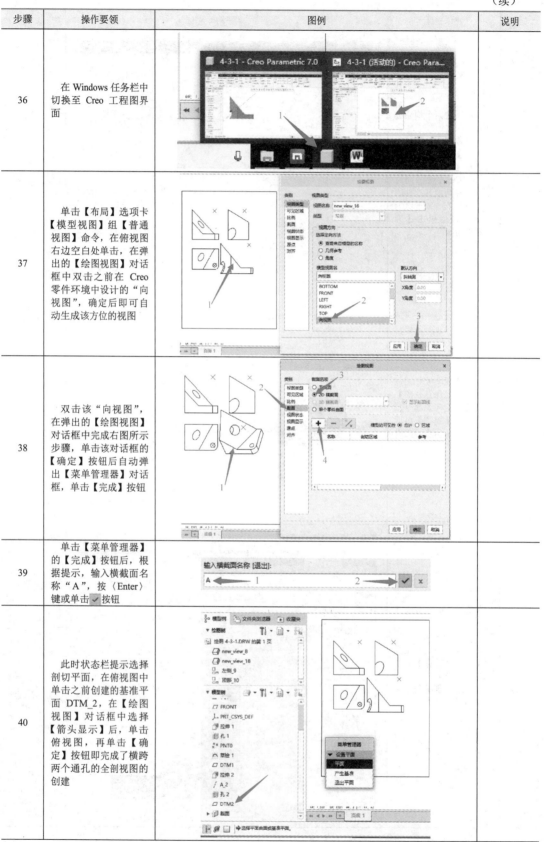

（续）

步骤	操作要领	图例	说明
41	至此，已完成了 3 个基本视图及一个全剖视图的创建。Creo 使用单一的数据库驱动技术，即在零件环境下修改了模型的尺寸和形状，工程图会自动变更，反之亦然。但 Creo 作为一款非国产软件，对国标的支持并不太好。而本任务下达时要求建模完成后按照国标要求完成其工程图的转换，所以工程图后续的国标化工作转到 CAXA 电子图板、AutoCAD 等完全支持国标的 2D 软件中完成	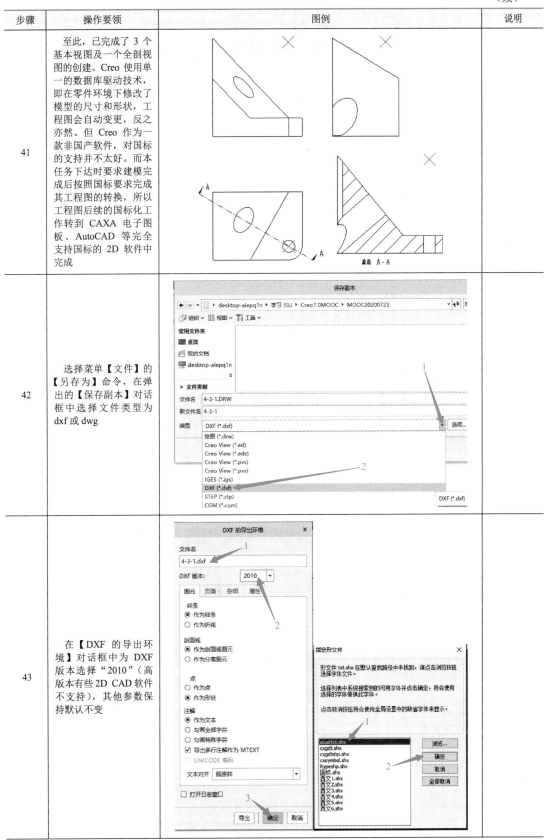	
42	选择菜单【文件】的【另存为】命令，在弹出的【保存副本】对话框中选择文件类型为 dxf 或 dwg		
43	在【DXF 的导出环境】对话框中为 DXF 版本选择"2010"（高版本有些 2D CAD 软件不支持），其他参数保持默认不变		

（续）

步骤	操作要领	图例	说明
44	用 AutoCAD、CAXA 电子图板等 2D CAD 软件打开该 dxf 文件，本书以国产软件"CAXA 电子图板 2018 机械版"为例讲解		
45	用 CAXA 电子图板打开 4-3-1.dxf 文件后，单击【常用】选项卡【标注】组【尺寸标注】命令，标注主视图总长，发现原本总长为 60 的尺寸现在仅有 2.3662，且标准样式也与国家标准不一致		
46	按住鼠标左键并移动鼠标，框选全部图形后，单击【常用】选项卡【修改】组的【缩放】命令，根据状态的提示单击任何一点为基点，输入缩放系数 25.4，即可将因转换文件格式缩小的图形恢复为原有图形大小。按右图所示步骤新建一个 A4 图幅大小的工程图文件		

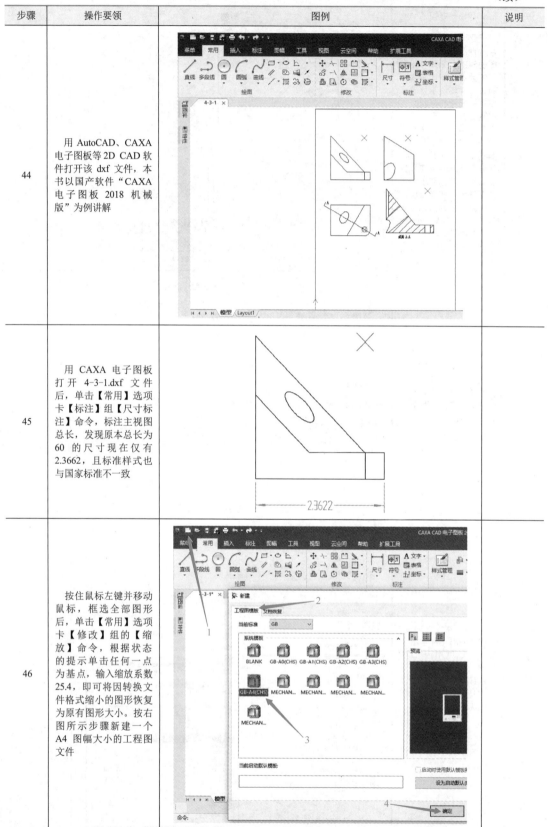

（续）

步骤	操作要领	图例	说明
47	按右图所示步骤完成符合国标的图幅设置	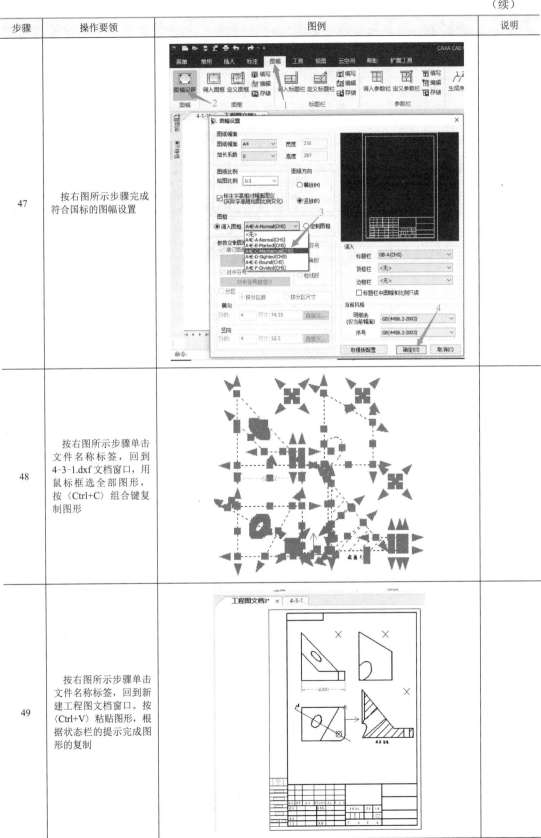	
48	按右图所示步骤单击文件名称标签，回到4-3-1.dxf 文档窗口，用鼠标框选全部图形，按〈Ctrl+C〉组合键复制图形		
49	按右图所示步骤单击文件名称标签，回到新建工程图文档窗口。按〈Ctrl+V〉粘贴图形，根据状态栏的提示完成图形的复制		

（续）

步骤	操作要领	图例	说明
50	接下来设置图层。用鼠标框选全部图形，然后按右图所示步骤将选中的图形放入"粗实线层"	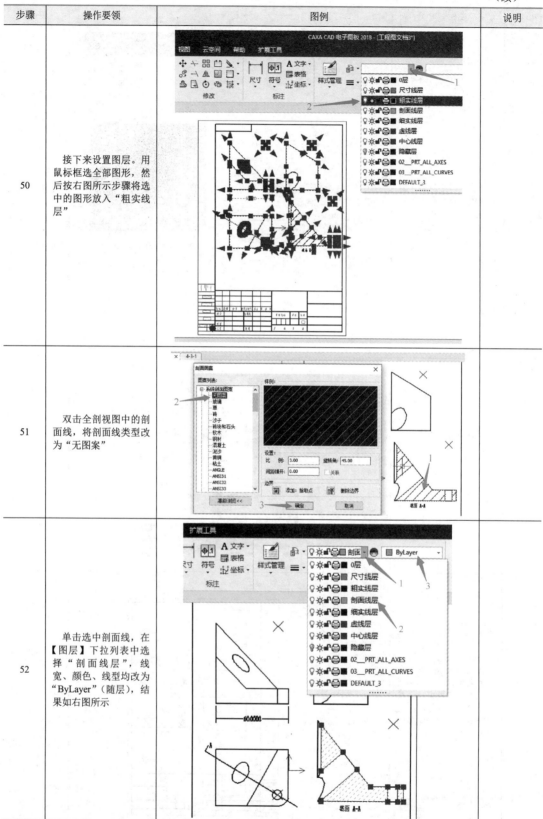	
51	双击全剖视图中的剖面线，将剖面线类型改为"无图案"		
52	单击选中剖面线，在【图层】下拉列表中选择"剖面线层"，线宽、颜色、线型均改为"ByLayer"（随层），结果如右图所示		

（续）

步骤	操作要领	图例	说明
53	接下来标注尺寸。单击【常用】选项卡【标注】组的【尺寸标注】命令进行尺寸标注，并添加中心线等必要的线条，结果如右图所示。CAXA 电子图板标注尺寸的方法与 AutoCAD 基本一致，在此不再赘述	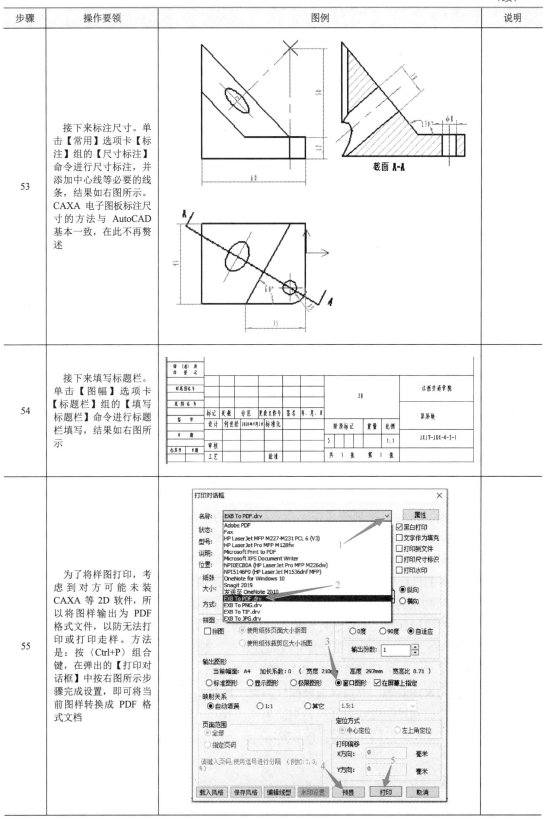	
54	接下来填写标题栏。单击【图幅】选项卡【标题栏】组的【填写标题栏】命令进行标题栏填写，结果如右图所示		
55	为了将样图打印，考虑到对方可能未装 CAXA 等 2D 软件，所以将图样输出为 PDF 格式文件，以防无法打印或打印走样。方法是：按〈Ctrl+P〉组合键，在弹出的【打印对话框】中按右图所示步骤完成设置，即可将当前图样转换成 PDF 格式文档		

（续）

步骤	操作要领	图例	说明
56	转换成 PDF 格式文档后的结果如右图所示。 至此，完成了全部的建模、出图任务，保存好有关文档		

四、任务评价

图 4-6 所示的异形块三维建模主要考验的是基准特征的创建，包括基准点、基准轴、基准平面、基准草绘。同时，也训练了在不用拉伸命令的情况下如何完成孔特征的创建。另外，任务下达时，部分尺寸是用参数的形式标注的，所以本任务还用到了参数、关系等体现设计意图的命令。

在实施本任务的过程中，按照任务要求，先将设计好的 3D 模型转换成 2D 工程图，并在保存 drw 文件后输出为 dwg 或 dxf 格式的工程图，后续在 AutoCAD、CAXA 电子图板等二维 CAD 软件按照国标有关要求进行编辑、打印输出等。这种方法一般是在 3D 模型定稿之后的一种选择。如果 3D 模型需要反复修改完善，则一般都是在 Creo 中完成 2D 工程图的转换（但不标注尺寸、不填标题栏等），3D 模型一旦修改，Creo 中的 2D 工程图会自动变更，这样可以提高设计效率。但建议最终图样的输出还是在 AutoCAD、CAXA 电子图板等对国标有良好支持的软件中完成为好，否则如果在 Creo 中修改工程图去符合国标的要求，不仅工作量太大，还没法做到完全符合国标要求。

强化训练题四

1. 完成图 4-8 所示零件的三维建模，并以紫色带边着色显示三维模型。提示：建模时注意其中的相切、等壁厚、同心等几何关系。建模完成后分析查询模型的体积（参考答案：15734.60）。图中字母对应的尺寸见表 4-4。

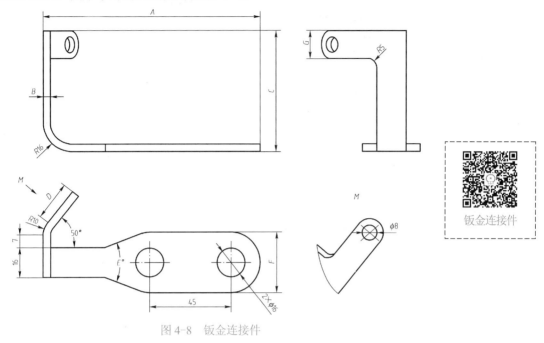

图 4-8　钣金连接件

表 4-4　图中字母对应的尺寸

A	B	C	D	E	F	G
120	4	65	22	40	32	15

2. 完成图 4-9 所示行车吊钩的三维建模（未注尺寸自行补充）。

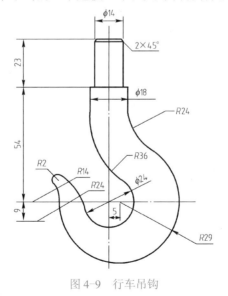

图 4-9　行车吊钩

3. 完成图 4-10 所示转盘的三维建模，建模完成后请查询模型的体积。

4. 完成图 4-11 所示搭板的三维建模（钣金壁厚为 1.5），建模完成后请查询模型的体积。

5. 完成图 4-12 所示转接件的三维建模，并以紫色显示三维模型。建模完成后请查询模型的体积（参考答案：119456.97）。图中 A=137、B=115、C=150、D=24、E=60。

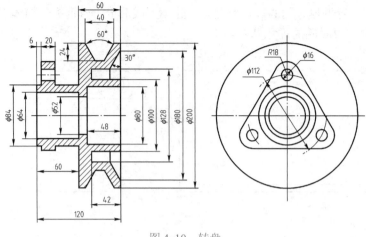

图 4-10　转盘

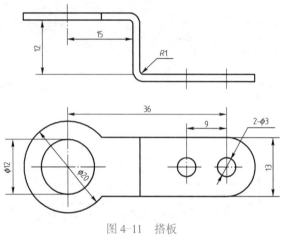

搭板

图 4-11　搭板

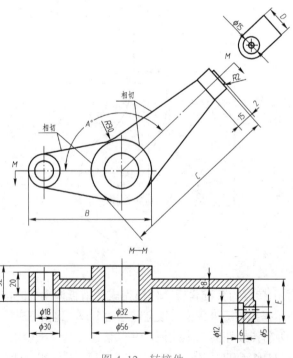

图 4-12　转接件

6. 完成图 4-13 所示支承顶的三维建模，并以黄色显示三维模型。建模完成后请查询模型的体积。

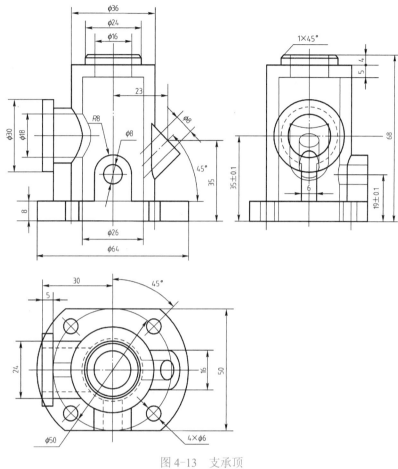

图 4-13　支承顶

7. 完成图 4-14 所示异形铁（圆孔及腰孔均为通孔）的三维建模，建模完成后请查询模型的体积。最终将三维模型转换为符合国家标准的 2D 工程图，将工程图保存为 PDF 格式文件并打印上交。

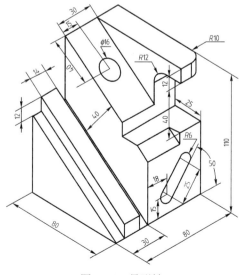

图 4-14　异形铁

8. 完成图 4-15 所示五角星轮胎的三维建模，并以绿色显示三维模型，五角星顶面为红色，建模完成后查询环形折弯模型的周长。提示：建模时注意其中的长方体薄板尺寸为 $200 \times 20 \times 2$，五角星在以边长为 5 的正五边形内。

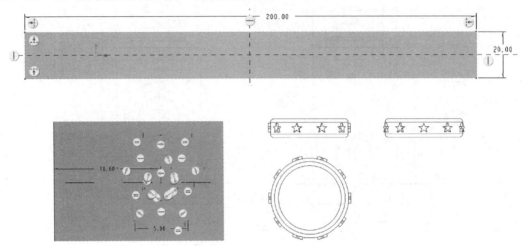

图 4-15　五角星轮胎

9. 完成图 4-16 所示支架的三维建模，并以红色带边着色显示三维模型，建模完成后查询其体积。

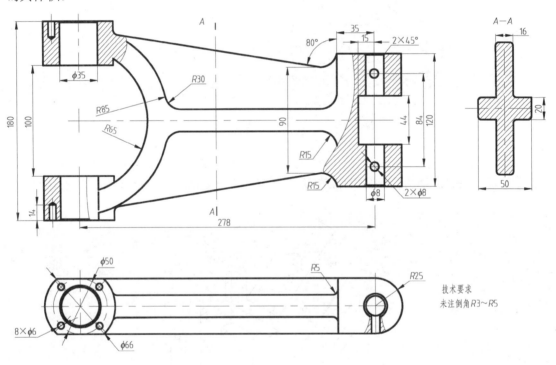

图 4-16　支架

学习情境五　消费品的三维建模与装配

通过前面 4 个学习情境的学习和训练，大家掌握了单个零件的三维建模和工程图输出。但是，在生产和生活中绝大多数产品都是由两个或两个以上的零件有机地装配在一起工作的，所以接下来就要学习在 Creo 中如何完成产品的虚拟装配。

消费品在日常生活中随处可见。相比于工业产品，消费品总体来说，外观和内部结构较为复杂（也更为美观），所以消费品上的很多零件大都是异形件，其装配有一定的技巧和难度。作为 Creo 虚拟装配的首个学习任务，下面先从较为简单的"T 字之谜"拼板玩具开始。

任务一　"T 字之谜"拼板玩具的三维建模与装配

"T 字之谜"是一种智力拼板玩具，类似于七巧板。而"T 字之谜"只有 4 块板，也称四巧板，两者性质相同。"T 字之谜"由 4 块不同形状的单元块组成：1 个长直角梯形、1 个短直角梯形、1 个三角形、1 个不规则五边形。"T 字之谜"是一种少而精的拼板玩具，"少"指用的拼板少，"精"指拼出的图案很精彩，是老少皆宜的休闲智力玩具。

一、任务下达

本任务通过二维工程图（4 个零件图、1 个装配图）的方式下达，要求完成图 5-1 所示工程图对应零件的三维建模（自行命名）。建模完成后完成"T"字的虚拟装配。

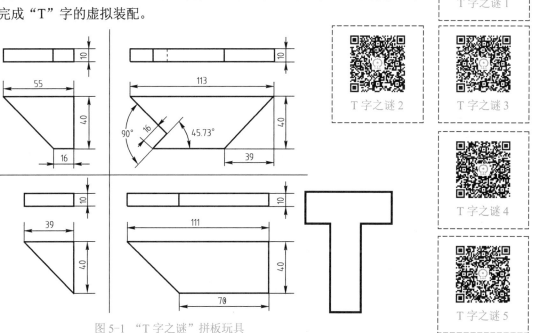

图 5-1　"T 字之谜"拼板玩具

二、任务分析

"T 字之谜"拼板玩具共有 4 个零件，分别命名为 5-1-1-a、5-1-1-b、5-1-1-c 和 5-1-1-d。这 4 个零件的工程图中的俯视图都是反映其形状的特征视图，从形状特征视图中可以知道 5-1-1-a 是小直角梯形，5-1-1-b 是不规则五边形，5-1-1-c 为直角三角形，5-1-1-d 与 5-1-1-a 一样，也是直角梯形，但比 5-1-1-a 要长，称为长直角梯形。利用这 4 个零件可以完成多种不同难易程度的图形的拼装。本任务是利用这 4 个零件拼装成"T"字。

完成该任务需用到 Creo 软件的"零件"模块和"装配"模块。考虑到前面大家已学习了各种难易程度不等的零件建模，本任务的重点是如何在 Creo 中实现产品的虚拟装配。在"零件"模块中需要用到【草绘】、【拉伸】、【外观库】等特征命令；在"装配"模块中需要用到装配约束中的【默认】约束和【重合】约束。"T 字之谜"拼板玩具的主要装配流程如图 5-2 所示。

图 5-2 "T 字之谜"拼板玩具的主要装配流程

三、任务实施

表 5-1 详细描述了图 5-1 所示"T 字之谜"拼板玩具的三维建模与装配的操作要领及说明。

表 5-1 "T 字之谜"拼板玩具的三维建模与装配的操作要领及说明

步骤	操作要领	图例	说明
1	按学习情境一中任务一的讲解内容完成 Creo 的安装与配置	（略）	进行三维建模前完成软件的安装与配置
2	**设计零件 5-1-1-a:** 根据图 5-1 所示拼板的工程图，首先设计零件 5-1-1-a。打开 Creo 软件，单击【快速访问工具栏】的【新建】命令，新建一个文件名为"5-1-1-a"的零件文件（按右图所示步骤），单击【确定】按钮后在【新文件选项】对话框中选择公制模板 mmns_part_solid_abs，可确保建模时长度单位为 mm	新建 类型 ○ 布局 ○ 草绘 ● 零件 ○ 装配 ○ 制造 ○ 绘图 ○ 格式 ○ 记事本 子类型 ● 实体 ○ 钣金件 ○ 主体 ○ 线束 文件名：5-1-1-a 公用名称： □ 使用默认模板 确定 取消	新建公制模板的实体

（续）

步骤	操作要领	图例	说明
3	单击【模型】选项卡【形状】组中的【拉伸】命令，选择 FRONT 基准面为草绘平面，其他保持默认参数，进入草绘环境。单击【草绘视图】命令，使草绘平面与显示器平面平行，绘制如右图所示的草绘图形	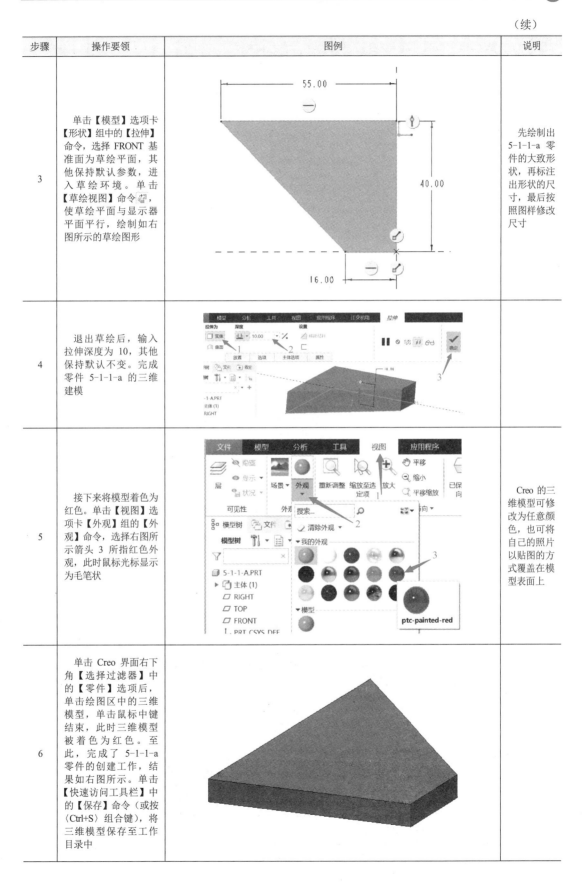	先绘制出 5-1-1-a 零件的大致形状，再标注出形状的尺寸，最后按照图样修改尺寸
4	退出草绘后，输入拉伸深度为 10，其他保持默认不变。完成零件 5-1-1-a 的三维建模		
5	接下来将模型着色为红色。单击【视图】选项卡【外观】组的【外观】命令，选择右图所示箭头 3 所指红色外观，此时鼠标光标显示为毛笔状		Creo 的三维模型可修改为任意颜色，也可将自己的照片以贴图的方式覆盖在模型表面上
6	单击 Creo 界面右下角【选择过滤器】中的【零件】选项后，单击绘图区中的三维模型，单击鼠标中键结束，此时三维模型被着色为红色。至此，完成了 5-1-1-a 零件的创建工作，结果如右图所示。单击【快速访问工具栏】中的【保存】命令（或按〈Ctrl+S〉组合键），将三维模型保存至工作目录中		

（续）

步骤	操作要领	图例	说明
7	**设计零件 5-1-1-b：**单击【快速访问工具栏】的【新建】命令，新建一个文件名为"5-1-1-b"的零件文件（按右图所示步骤），单击【确定】按钮后在【新文件选项】对话框中选择公制模板 mmns_part_solid_abs，可确保建模时长度单位为 mm	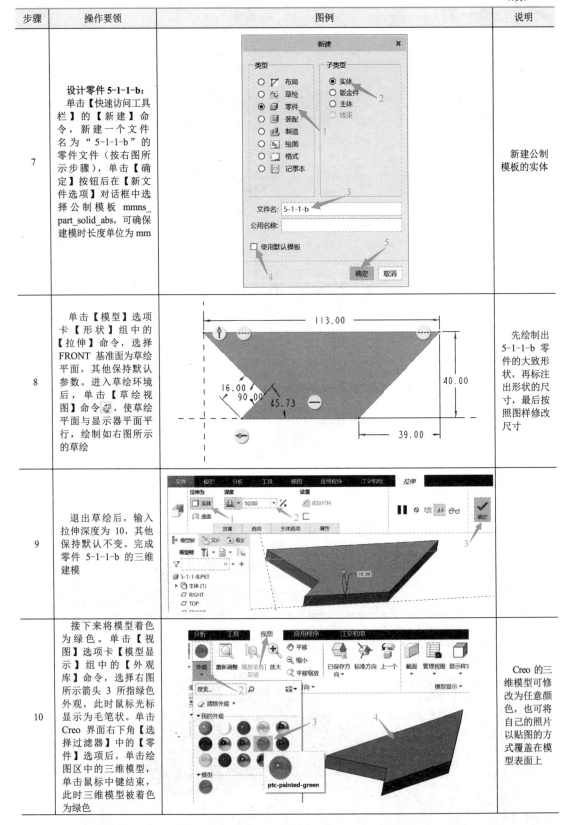	新建公制模板的实体
8	单击【模型】选项卡【形状】组中的【拉伸】命令，选择 FRONT 基准面为草绘平面，其他保持默认参数。进入草绘环境后，单击【草绘视图】命令，使草绘平面与显示器平面平行，绘制如右图所示的草绘		先绘制出 5-1-1-b 零件的大致形状，再标注出形状的尺寸，最后按照图样修改尺寸
9	退出草绘后，输入拉伸深度为 10，其他保持默认不变。完成零件 5-1-1-b 的三维建模		
10	接下来将模型着色为绿色。单击【视图】选项卡【模型显示】组中的【外观库】命令，选择右图所示箭头 3 所指绿色外观，此时鼠标光标显示为毛笔状。单击 Creo 界面右下角【选择过滤器】中的【零件】选项后，单击绘图区中的三维模型，单击鼠标中键结束，此时三维模型被着色为绿色		Creo 的三维模型可修改为任意颜色，也可将自己的照片以贴图的方式覆盖在模型表面上

（续）

步骤	操作要领	图例	说明
11	至此，完成 5-1-1-b 零件的创建工作，结果如右图所示。单击【快速访问工具栏】中的【保存】命令（或按〈Ctrl+S〉组合键），将三维模型保存至工作目录中		
12	设计零件 5-1-1-c：单击【快速访问工具栏】中的【新建】命令，创建一个文件名为"5-1-1-c"的零件文件（按右图所示步骤），单击【确定】按钮后，在【新文件选项】对话框中选择公制模板 mmns_part_solid_abs，可确保建模时长度单位为 mm		新建公制模板的实体
13	单击【模型】选项卡【形状】组中的【拉伸】命令，选择 FRONT 基准面为草绘平面，其他保持默认参数。进入草绘环境后，单击【草绘视图】命令，使草绘平面与显示器平面平行，绘制如右图所示的草绘		先绘制出 5-1-1-c 零件的大致形状，再标注出形状的尺寸，最后按照图样修改尺寸
14	退出草绘后，输入拉伸深度为 10，其他保持默认不变。完成零件 5-1-1-c 的三维建模		

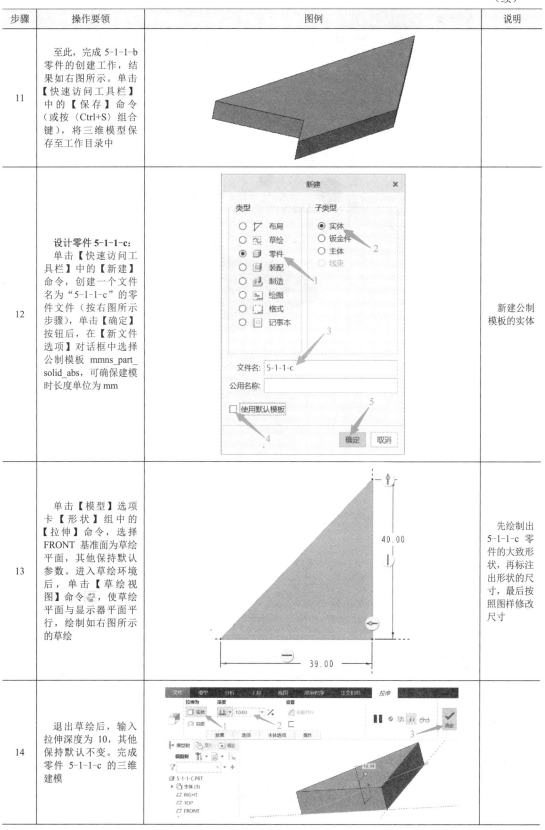

（续）

步骤	操作要领	图例	说明
15	接下来将模型着色为蓝色。单击【视图】选项卡【模型显示】组中的【外观库】命令，选择右图所示箭头 3 所指蓝色外观，此时鼠标光标显示为毛笔状。单击 Creo 界面右下角【选择过滤器】中的【零件】选项后，单击绘图区中的三维模型，单击鼠标中键结束，此时三维模型被着色为蓝色	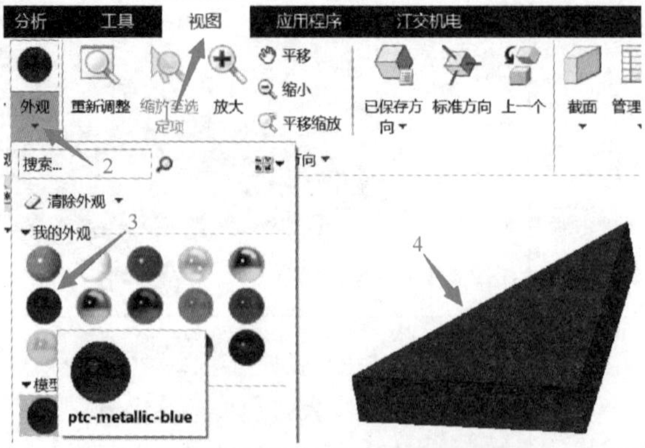	Creo 的三维模型可修改为任意颜色，亦可将自己的照片以贴图的方式覆盖在模型表面上
16	至此，完成 5-1-1-c 零件的创建工作，结果如右图所示。单击【快速访问工具栏】中的【保存】命令（或按〈Ctrl+S〉组合键），将三维模型保存至工作目录中		
17	设计零件 5-1-1-d：单击【快速访问工具栏】中的【新建】命令，创建一个文件名为"5-1-1-d"的零件文件（按右图所示步骤），单击【确定】按钮后，在【新文件选项】对话框中选择公制模板 mmns_part_solid_abs，可确保建模时长度单位为 mm	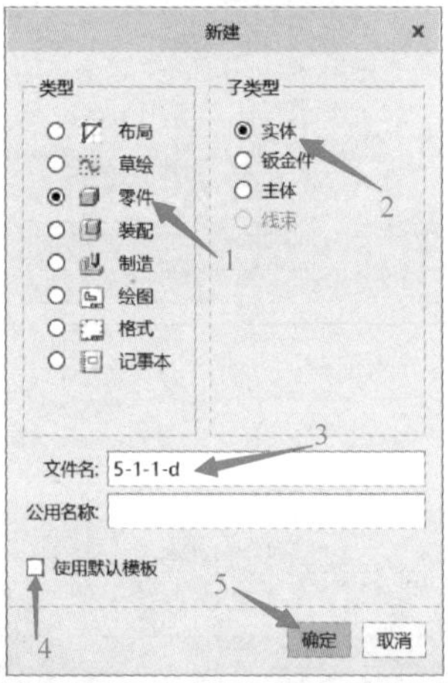	新建公制模板的实体
18	单击【模型】选项卡【形状】组中的【拉伸】命令，选择 FRONT 基准面为草绘平面，其他保持默认参数。进入草绘环境后，单击【草绘视图】命令，使草绘平面与显示器平面平行，绘制如右图所示的草绘	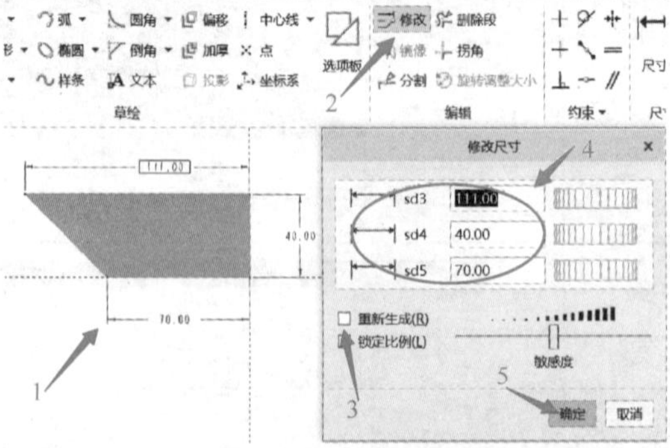	先绘制出 5-1-1-d 零件的大致形状，再标注出形状的尺寸，最后按照图样修改尺寸
19	退出草绘后，输入拉伸深度为 10，其他保持默认不变。完成零件 5-1-1-d 的三维建模		

（续）

步骤	操作要领	图例	说明
20	接下来将模型着色为黄色。单击【视图】选项卡【模型显示】组中的【外观库】命令，选择右图所示箭头 3 所指黄色外观，此时鼠标光标显示为毛笔状。单击 Creo 界面右下角【选择过滤器】中的【零件】选项后，单击绘图区中的三维模型，单击鼠标中键结束，此时三维模型被着色为黄色	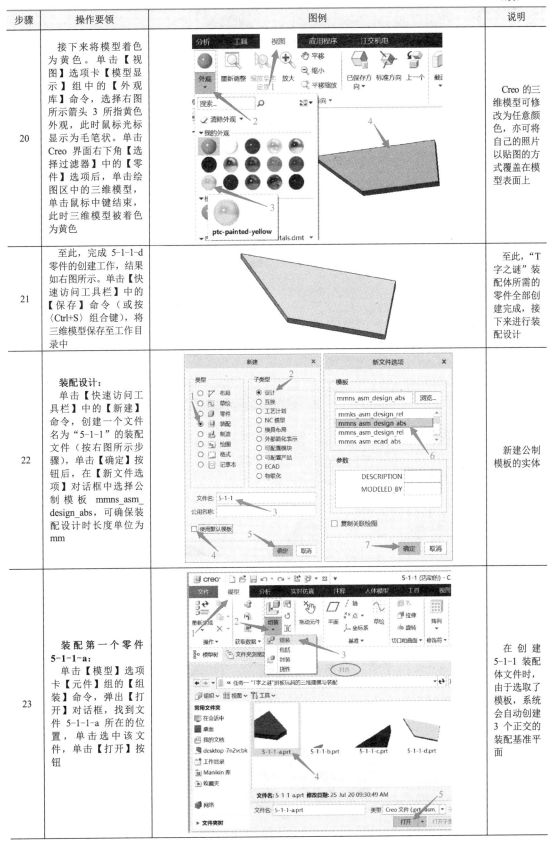	Creo 的三维模型可修改为任意颜色，亦可将自己的照片以贴图的方式覆盖在模型表面上
21	至此，完成 5-1-1-d 零件的创建工作，结果如右图所示。单击【快速访问工具栏】中的【保存】命令（或按〈Ctrl+S〉组合键），将三维模型保存至工作目录中		至此，"T字之谜"装配体所需的零件全部创建完成，接下来进行装配设计
22	**装配设计：** 单击【快速访问工具栏】中的【新建】命令，创建一个文件名为"5-1-1"的装配文件（按右图所示步骤），单击【确定】按钮后，在【新文件选项】对话框中选择公制模板 mmns_asm_design_abs，可确保装配设计时长度单位为 mm		新建公制模板的实体
23	**装配第一个零件 5-1-1-a：** 单击【模型】选项卡【元件】组的【组装】命令，弹出【打开】对话框，找到文件 5-1-1-a 所在的位置，单击选中该文件，单击【打开】按钮		在创建 5-1-1 装配体文件时，由于选取了模板，系统会自动创建 3 个正交的装配基准平面

（续）

步骤	操作要领	图例	说明
24	功能区随即打开【元件放置】选项卡，按照右图所示的步骤完成 5-1-1-a 零件的装配		【默认】约束是将元件上的默认坐标系与装配环境的默认坐标系重合。当向装配环境中引入第一个元件（零件）时，常对该元件实施这种约束形式
25	5-1-1-a 零件装配在5-1-1 装配体中的效果如右图所示		Creo 文件命名时，不区分大小写，比如命名时输入的是字母 "a"，系统会自动变更为 "A"。详见左图底部箭头所指处
26	装配 5-1-1-b 零件：单击【模型】选项卡【元件】组中的【组装】命令。在弹出的【打开】对话框中，选择 5-1-1-b 零件，单击【打开】按钮		
27	随后打开【元件放置】选项卡，选项卡中【状况】提示"无约束"。绘图区域中显示 5-1-1-b 零件和【3D 拖动器】。把鼠标移动到【3D拖动器】的箭头或圆弧上，按住鼠标左键移动鼠标，可以看到零件5-1-1-b 随着鼠标的移动而平移或旋转		装配前的准备：在Creo 装配设计中，从第二个零件开始，都要对元件进行装配放置。即借助【3D拖动器】调整元件的位置和方向

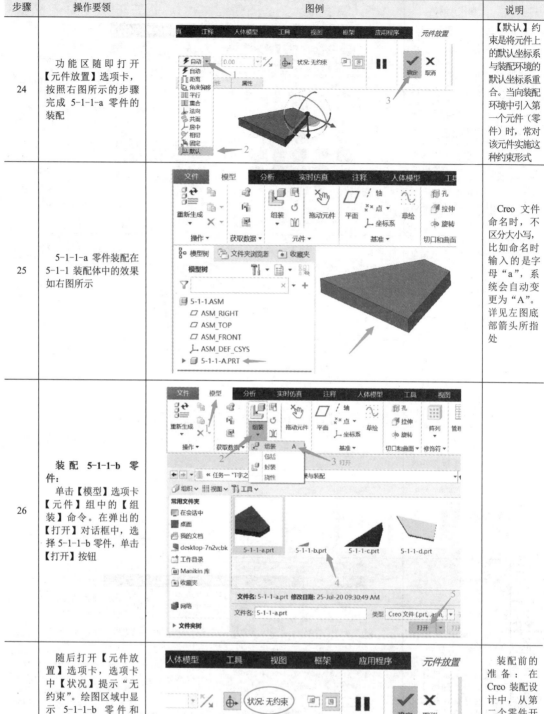

（续）

步骤	操作要领	图例	说明
28	添加第一个约束：单击【元件放置】选项卡的【放置】选项，选择【约束】类型的【重合】约束，如右图所示。分别选取如右图所示零件5-1-1-a（箭头3处）和零件5-1-1-b（箭头4处）上要重合的面。此时，【元件放置】选项卡的【状况】为【部分约束】	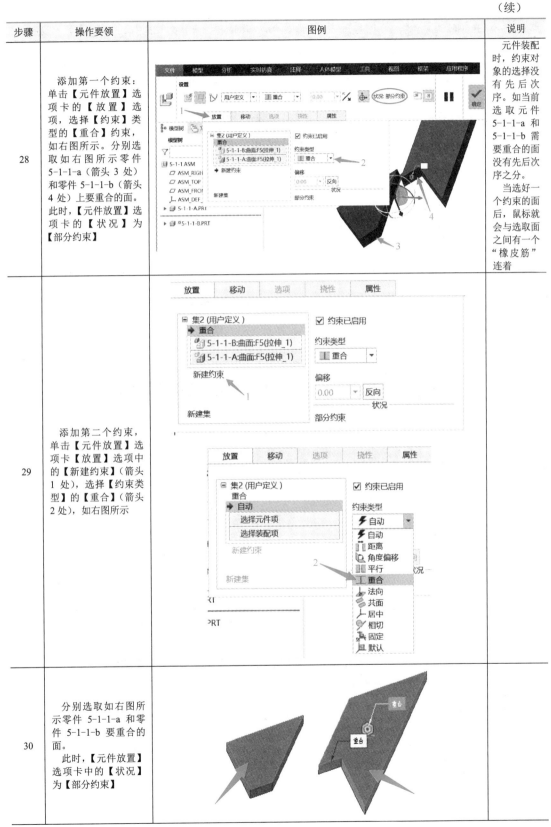	元件装配时，约束对象的选择没有先后次序。如当前选取元件5-1-1-a和5-1-1-b需要重合的面没有先后次序之分。当选好一个约束的面后，鼠标就会与选取面之间有一个"橡皮筋"连着
29	添加第二个约束，单击【元件放置】选项卡【放置】选项中的【新建约束】（箭头1处），选择【约束类型】的【重合】（箭头2处），如右图所示		
30	分别选取如右图所示零件5-1-1-a和零件5-1-1-b要重合的面。此时，【元件放置】选项卡中的【状况】为【部分约束】		

（续）

步骤	操作要领	图例	说明
31	添加第三个约束，单击【元件放置】选项卡【放置】选项中的【新建约束】，选择【约束】类型的【重合】约束，如右图所示（方法同 29 步骤）。 分别选取如右图所示零件 5-1-1-a 和零件 5-1-1-b 要重合的面。此时，【元件放置】选项卡中的【状况】为【完全约束】	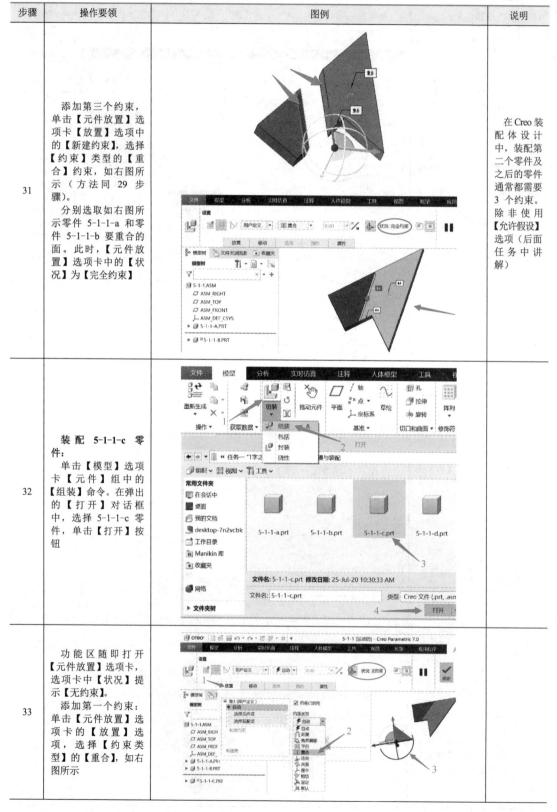	在 Creo 装配体设计中，装配第二个零件及之后的零件通常都需要 3 个约束。除非使用【允许假设】选项（后面任务中讲解）
32	装配 5-1-1-c 零件： 单击【模型】选项卡【元件】组中的【组装】命令。在弹出的【打开】对话框中，选择 5-1-1-c 零件，单击【打开】按钮		
33	功能区随即打开【元件放置】选项卡，选项卡中【状况】提示【无约束】。 添加第一个约束：单击【元件放置】选项卡的【放置】选项，选择【约束类型】的【重合】，如右图所示		

（续）

步骤	操作要领	图例	说明
34	由于零件 5-1-1-c 的两条直角边的长度不同，需要测量。操作步骤如右图所示。当前测得的长度为 40	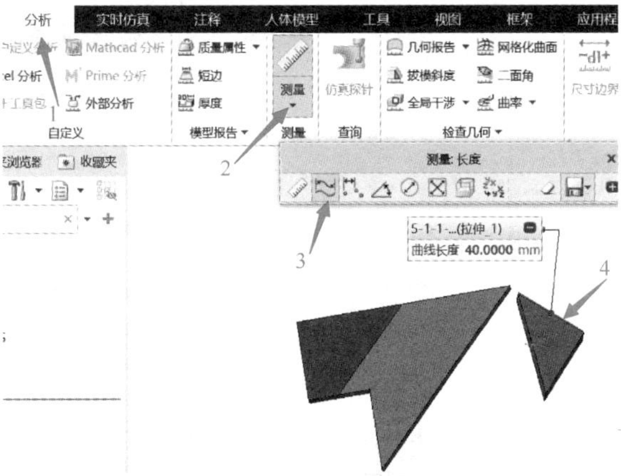	
35	分别选取如右图所示零件 5-1-1-b 和零件 5-1-1-c 要重合的面。当选好一个约束的面后，【元件放置】选项卡中的【状况】为【部分约束】		
36	添加第二个约束，单击【元件放置】选项卡【放置】选项中的【新建约束】，选择【约束】类型的【重合】约束。分别选取如右图所示零件 5-1-1-b 和零件 5-1-1-c 要重合的面。 　此时，【元件放置】选项卡中的【状况】为【部分约束】	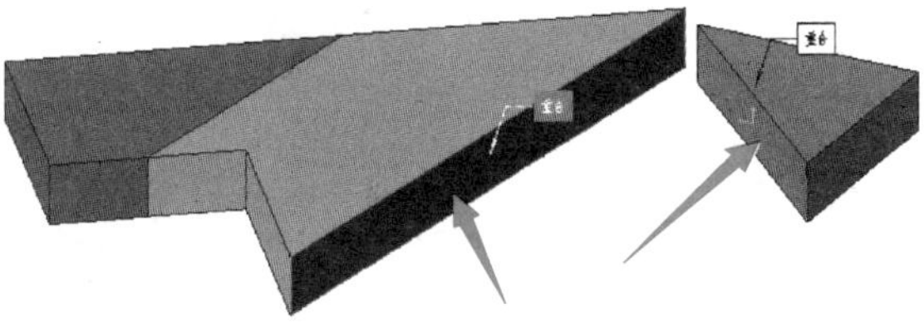	
37	添加第三个约束，单击【元件放置】选项卡【放置】选项中的【新建约束】，选择【约束】类型的【重合】约束。分别选取如右图所示零件 5-1-1-a 和零件 5-1-1-c 要重合的面。 　此时，【元件放置】选项卡中的【状况】为【完全约束】	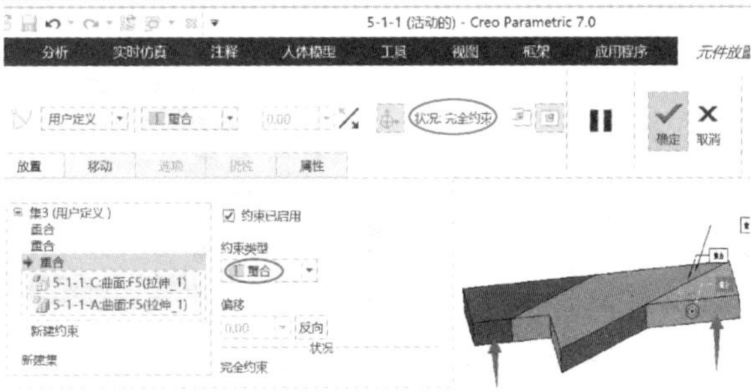	
38	至此，第三个零件 5-1-1-c 装配完成，效果如右图所示	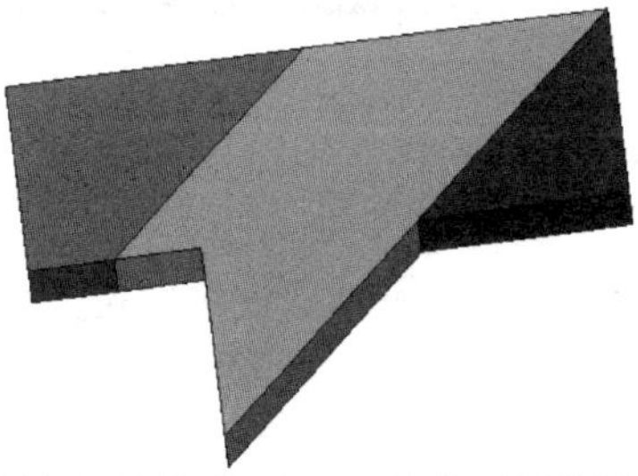	

（续）

步骤	操作要领	图例	说明
39	**装配 5-1-1-d 零件：**单击【模型】选项卡【元件】组中的【组装】命令，在弹出的【打开】对话框中，选择 5-1-1-d 零件，单击【打开】按钮		
40	功能区随即打开【元件放置】选项卡。添加第一个约束：单击【元件放置】选项卡的【放置】选项，选择【约束类型】的【重合】，如右图所示		
41	分别选取如右图所示零件 5-1-1-b 和零件 5-1-1-d 上要重合的面		
42	添加第二个约束，单击【元件放置】选项卡【放置】选项中的【新建约束】，选择【约束类型】的【重合】，如右图所示。分别选取如右图所示零件 5-1-1-b 和零件 5-1-1-d 要重合的面		约束过程中，如果所要选择的曲面不好操作，可以通过"3D拖动器"调整模型的位置
43	添加第三个约束，单击【元件放置】选项卡【放置】选项的【新建约束】，选择【约束类型】的【重合】。选取如图所示零件 5-1-1-b（箭头 2 处）和零件 5-1-1-d（箭头 3 处）两个的面，【元件放置】选项卡中的【状况】为【完全约束】		

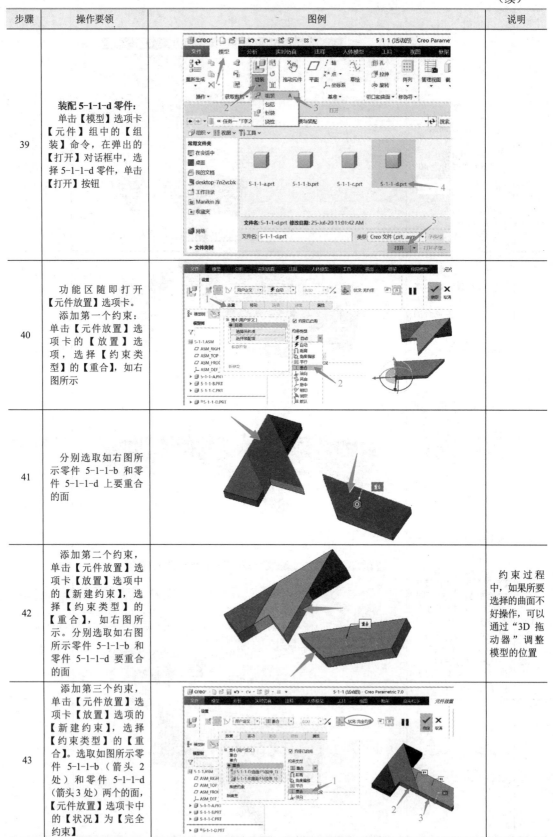

（续）

步骤	操作要领	图例	说明
44	至此，第四个零件 5-1-1-d 装配完成，效果如右图所示	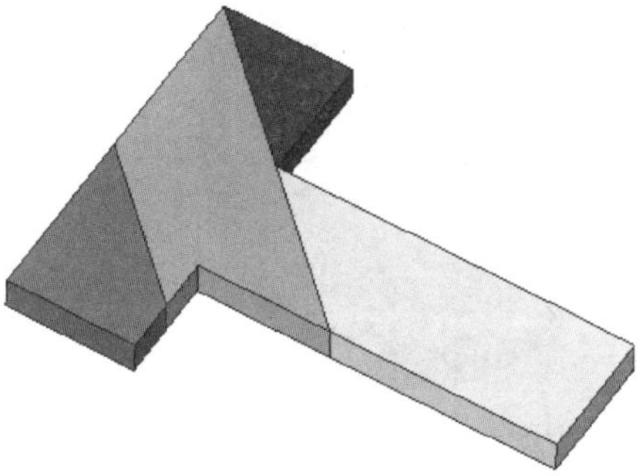	
45	最终装配结果如右图所示。单击【快速访问工具栏】中的【保存】命令（或按〈Ctrl+S〉组合键），将三维装配模型保存至工作目录中	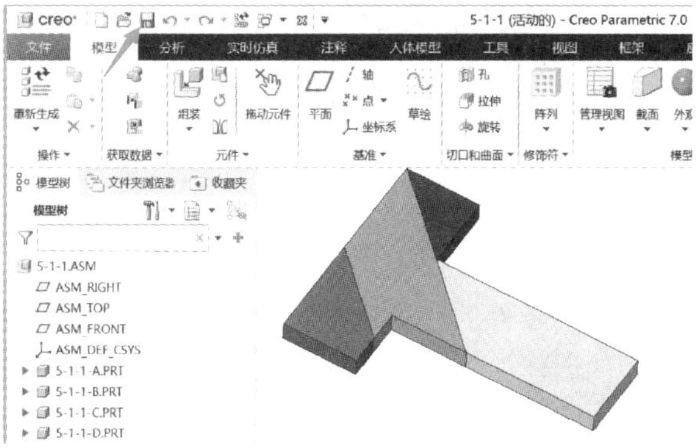	

四、任务评价

本任务要求建模和装配的"T 字之谜"拼板玩具是一个典型的"平面"立体模型，所以建模和装配难度都不大。作为首个装配案例，先从简单的三维模型开始，可以较快地掌握 Creo 虚拟装配的技巧，有利于后续复杂产品特别是复杂消费品的装配。

任务二 风扇的虚拟装配

风扇是一种利用电动机驱动扇叶旋转，来达到使空气加速流通的家用电器，主要用于清凉解暑和流通空气。

电风扇的主要部件是交流电动机，其工作原理是通电线圈在磁场中受力而转动。能量的转化形式主要是电能转化为机械能，同时由于线圈有电阻，所以不可避免地有一部分电能要转化为热能。

一、任务下达

本任务通过提供所有零件的数字化三维模型（在本书配套资源中）的方式下达，要求按图 5-3 所示的装配结构完成虚拟装配，最后生成风扇的爆炸图，并将爆炸图以 jpg 格式存为图片文件。

风扇

图 5-3　风扇

二、任务分析

　　本任务不需要做任何零件的三维建模，只需利用 Creo 的虚拟装配功能完成三维模型装配即可。完成该模型的创建、爆炸图的输出需用到【组装】、【分解】、【保存副本】等命令。风扇的主要装配流程如图 5-4 所示。

图 5-4　风扇的主要装配流程

三、任务实施

　　下面详细讲解完成图 5-3 所示风扇的虚拟装配步骤及注意事项（表 5-2）。

表 5-2　风扇的虚拟装配步骤及注意事项

步骤	操作要领	图例	说明
1	按学习情境一中任务一的讲解内容完成 Creo 的安装与配置	（略）	

（续）

步骤	操作要领	图例	说明
2	打开 Creo 软件，在未新建任何文件之前，首先设置工作目录：单击【主页】选项卡【数据】组中的【选择工作目录】命令，或选择菜单【文件】-【管理会话】-【选择工作目录】命令，选择硬盘中已存在的目录（或新建某目录）作为工作目录	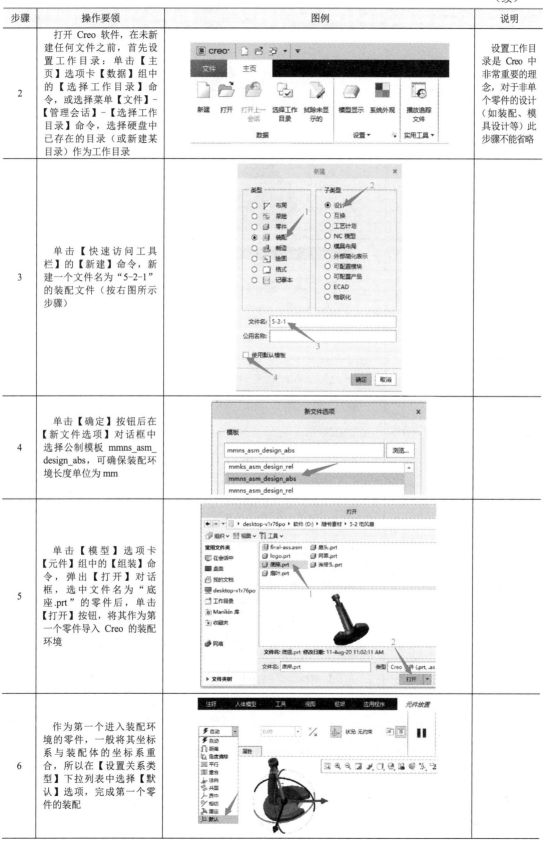	设置工作目录是 Creo 中非常重要的理念，对于非单个零件的设计（如装配、模具设计等）此步骤不能省略
3	单击【快速访问工具栏】的【新建】命令，新建一个文件名为"5-2-1"的装配文件（按右图所示步骤）		
4	单击【确定】按钮后在【新文件选项】对话框中选择公制模板 mmns_asm_design_abs，可确保装配环境长度单位为 mm		
5	单击【模型】选项卡【元件】组中的【组装】命令，弹出【打开】对话框，选中文件名为"底座.prt"的零件后，单击【打开】按钮，将其作为第一个零件导入 Creo 的装配环境		
6	作为第一个进入装配环境的零件，一般将其坐标系与装配体的坐标系重合，所以在【设置关系类型】下拉列表中选择【默认】选项，完成第一个零件的装配		

（续）

步骤	操作要领	图例	说明
7	单击【模型】选项卡【元件】组中的【组装】命令，弹出【打开】对话框，选中文件名为"连接头.prt"的零件后，单击【打开】按钮，将其导入 Creo 的装配环境。默认情况下，该零件与底座之间应有的装配关系相差甚远时，这时候要充分利用系统提供的【3D 拖动器】，将其调整到合适的方位	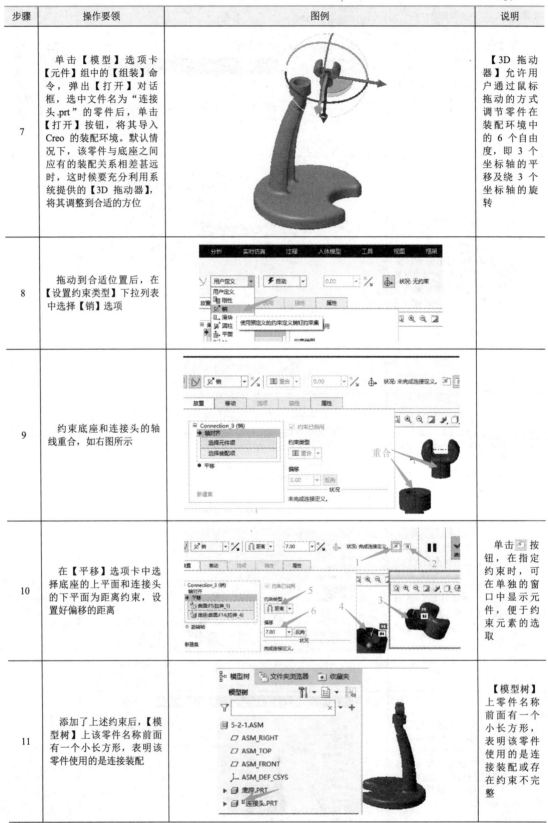	【3D 拖动器】允许用户通过鼠标拖动的方式调节零件在装配环境中的 6 个自由度，即 3 个坐标轴的平移及绕 3 个坐标轴的旋转
8	拖动到合适位置后，在【设置约束类型】下拉列表中选择【销】选项		
9	约束底座和连接头的轴线重合，如右图所示		
10	在【平移】选项卡中选择底座的上平面和连接头的下平面为距离约束，设置好偏移的距离		单击⊡按钮，在指定约束时，可在单独的窗口中显示元件，便于约束元素的选取
11	添加了上述约束后，【模型树】上该零件名称前面有一个小长方形，表明该零件使用的是连接装配		【模型树】上零件名称前面有一个小长方形，表明该零件使用的是连接装配或存在约束不完整

（续）

步骤	操作要领	图例	说明
12	单击【模型】选项卡【元件】组中的【组装】命令，将文件名为"扇头.prt"的零件导入装配环境，添加孔的轴线重合约束	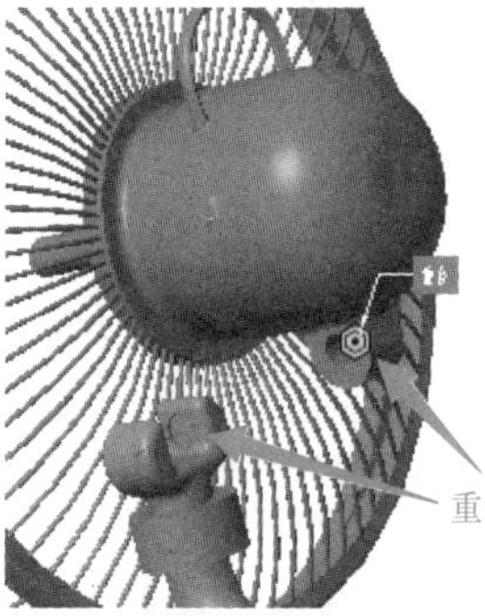	
13	添加右图所示两面重合约束	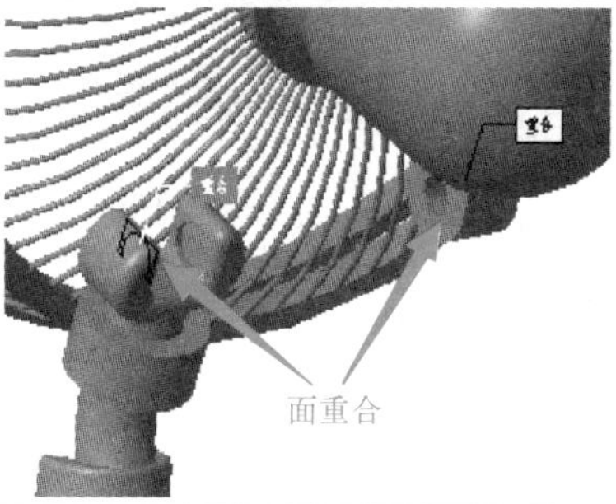	
14	接下来将"扇叶.prt"导入装配环境，添加轴线重合和两面距离两个约束，距离设置为8	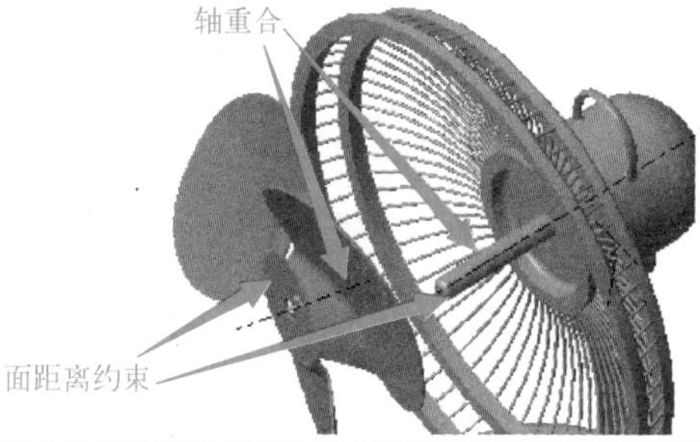	
15	将"网罩.prt"导入装配环境，添加轴线重合和两面重合两个约束	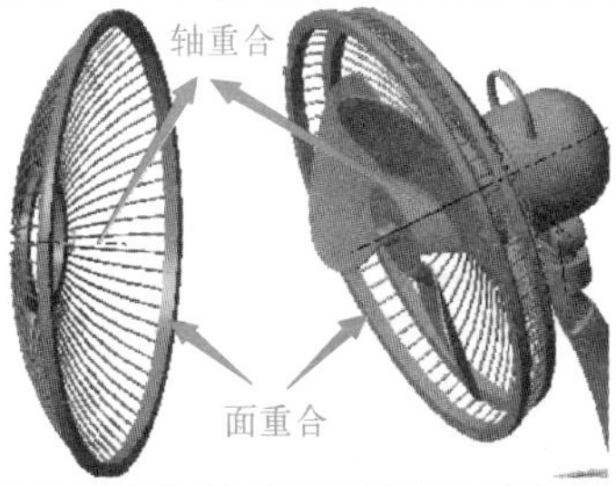	
16	将"logo.prt"导入装配环境，单击右图所示的两个面，约束其重合，再添加轴线重合约束	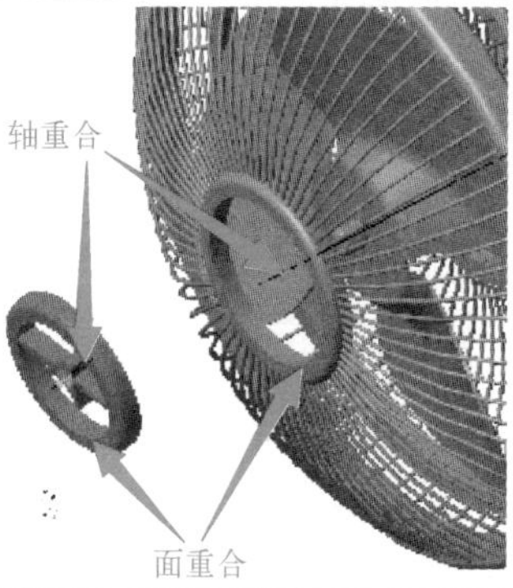	

（续）

步骤	操作要领	图例	说明
17	至此，完成了风扇的虚拟装配，结果如右图所示		此前部分零件并未完全约束，可根据产品实际工作情况决定是否完全约束
18	根据任务要求，接下来生成风扇的爆炸图。单击【视图】选项卡的【管理视图】命令，单击弹出的【视图管理器】中的【分解】选项卡中的【新建】按钮，新建一个名称为"爆炸1"的爆炸视图	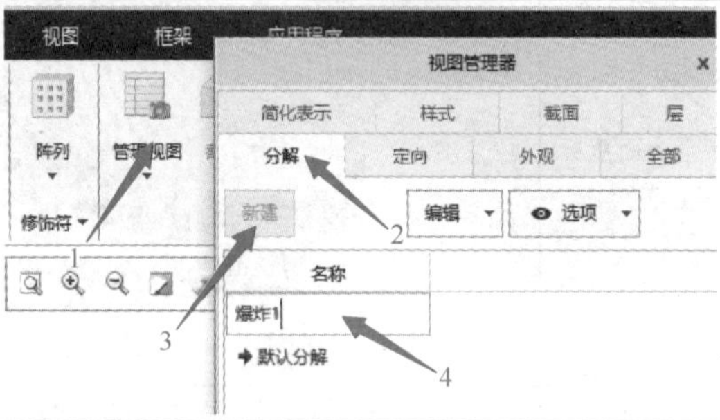	【视图】选项卡【模型显示】组中的【分解试图】命令可以用来自动分解（即爆炸），但效果并不理想，所以可以自己新建符合要求的分解视图
19	在【视图管理器】中单击【分解】选项卡【编辑】集的【编辑位置】命令，如右图所示的操作	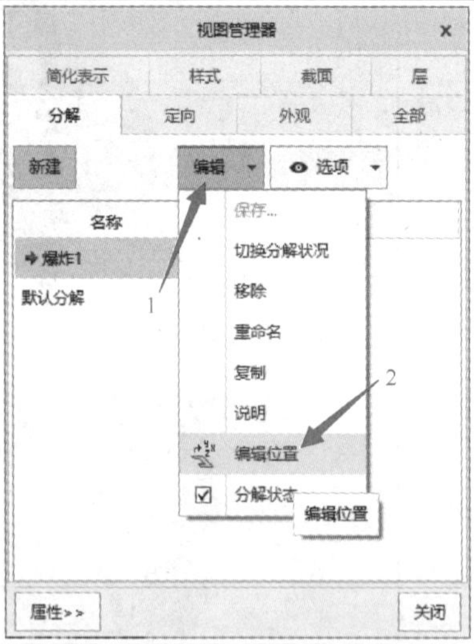	
20	单击需要分解的零件，并手动拖动其位置，分解之后的效果如右图所示		

（续）

步骤	操作要领	图例	说明
21	最后将爆炸图以 jpg 格式存为图片文件。按住鼠标中键（滚轮）并移动鼠标，将模型旋转到合适的轴测图角度，在【视图工具栏】中取消所有基准特征的显示。选择菜单【文件】-【另存为】命令，自行命名文件名，并在弹出的【保存副本】对话框中的【类型】下拉菜单中选择【JPEG(*.jpg）】选项，即可将 Creo 图形区可见模型另存为 jpg 图片文件	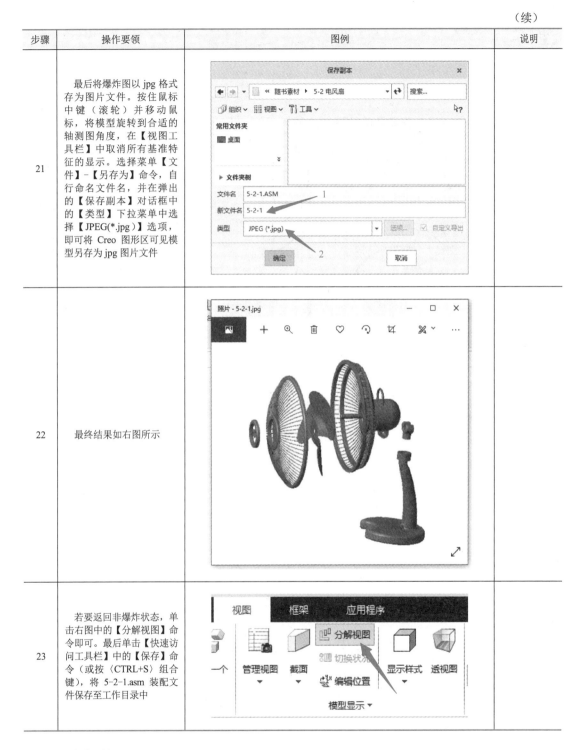	
22	最终结果如右图所示		
23	若要返回非爆炸状态，单击右图中的【分解视图】命令即可。最后单击【快速访问工具栏】中的【保存】命令（或按〈CTRL+S〉组合键），将 5-2-1.asm 装配文件保存至工作目录中		

四、任务评价

图 5-3 所示的风扇在装配设计中用到了 Creo 的【默认】、【距离】、【重合】等装配约束类型，相比现在的多功能风扇来说更简单，后者虚拟装配时难度也更高一些。另外，作为一个完整的风扇，本例缺少了一些销钉、卡扣等固定连接零件，缺少了电源

线、电动机等电力控制零件，并未按照工业生产的方式设计，这一点大家学习时要注意。

强化训练题五

1. 完成图 5-5 所示工程图及轴测图对应的风扇的三维建模（未注尺寸自行补充）。

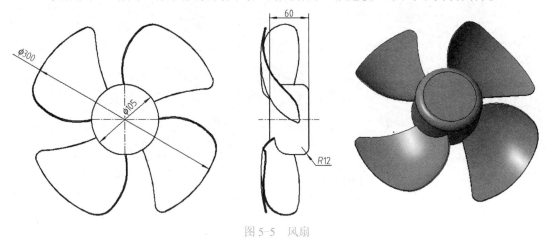

图 5-5　风扇

2. 完成图 5-6 所示七巧板对应零件的三维建模（零件自行命名），图中"合"式外轮廓边长为 100。建模完成后完成七巧板图案的虚拟装配（4 个装配体分别为"合"式、"猫"式、"摇扇"式、"剑"式）。

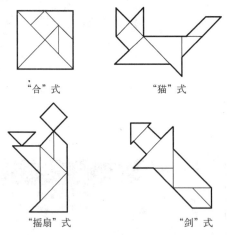

图 5-6　七巧板

3. 完成图 5-7 所示洗发水瓶盖的三维建模，注意其中的等壁厚、等距（尺寸 B 处）等几何关系。建模完成后查询模型的体积（参考答案：602630.07）。图中字母对应的尺寸见表 5-3。

表 5-3　图 5-7 中字母对应的尺寸

A	B	C	D	E	F	T
108	10	132	32	232	180	5

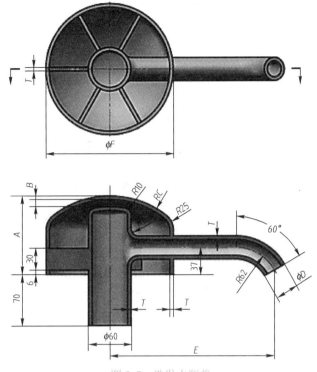

图 5-7　洗发水瓶盖

4. 完成图 5-8 所示工程图对应的水壶的三维建模，并以浅蓝色半透明渲染。

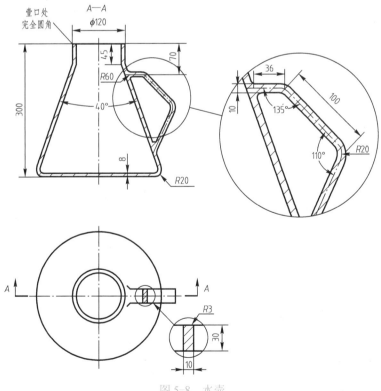

图 5-8　水壶

学习情境六　机械产品的三维建模与装配

相对于消费品来说，机械产品形状更简单一些。机械制造、交通运输、冶金、电子信息等各行业大量使用了机械产品，如机床、汽车、自行车、工程机械、冶炼设备等。大多数机械产品中的零件建模难度不大，但零件间一般有较高的装配关系要求，甚至有些机械产品的零件间还有运动关系。因此，作为本书最后一个学习情境，本情境将安排学习几类典型机械产品的三维建模与虚拟装配。

任务一　千斤顶的三维建模与装配

千斤顶是一种用刚性顶举件作为工作装置，通过顶部托座或底部托爪在行程内顶升重物的轻小型起重设备。一般起重高度小于 1m，其结构轻巧坚固、灵活可靠，一人即可携带和操作，主要用于厂矿、交通运输等部门作为车辆修理及其他起重、支撑等工作。

一、任务下达

本任务通过零件图和装配轴测图的方式下达，要求完成图 6-1 所示工程图对应零件的三维建模（零件按序号命名，如 6-1-1-a.prt、6-1-1-b.prt 等），最后完成千斤顶的装配及装配图的输出。

千斤顶 1

千斤顶 2

千斤顶 3

千斤顶 4

千斤顶 5

千斤顶 6

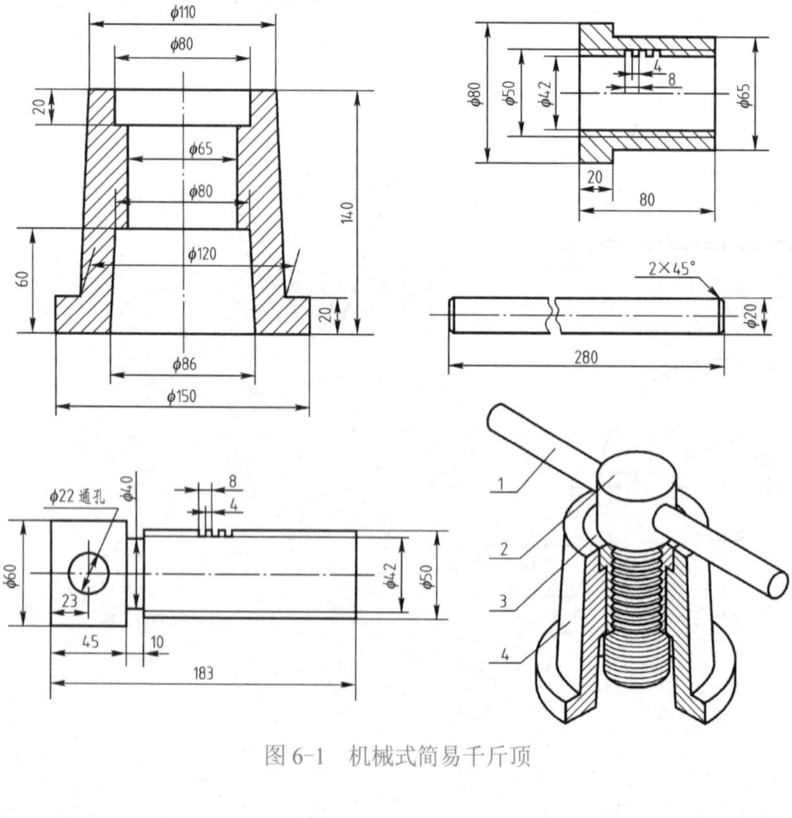

图 6-1　机械式简易千斤顶

二、任务分析

图中的千斤顶是一个典型的机械产品，由 4 个零件装配而成。单个零件的三维建模都较简单，本任务的重点在于学习如何将 4 个零件装配成千斤顶产品，最后完成符合国标的装配图输出，并提交一张打印的 A4 图幅装配图。

完成该 4 个零件的建模仅需用到【草绘】、【拉伸】、【旋转】、【倒角】等常见特征命令。有了前面装配的学习，千斤顶也较容易完成虚拟装配。因此，如何完成符合国标的装配图是本次任务要重点聚焦的地方。与此前的工程图输出方法相同，首先在 Creo 中将装配体三维模型转换为二维工程图，然后输出为 dxf 或 dwg 格式的文件，用 CAXA 电子图板或 AutoCAD 软件进行后期的国标化工作。千斤顶的主要装配流程如图 6-2 所示。

图 6-2　千斤顶的主要装配流程

三、任务实施

下面详细讲解完成图 6-1 所示机械式简易千斤顶 4 个零件的建模、千斤顶产品的虚拟装配、装配图的输出等步骤（表 6-1）。

表 6-1　千斤顶的三维建模与装配

步骤	操作要领	图例	说明
1	按学习情境一中任务一的讲解内容完成 Creo 的安装与配置	（略）	进行三维建模前完成软件的安装与配置
2	**第 1 个零件的建模：** 打开 Creo 软件，选择工作目录（随书素材\6-1-1 千斤顶），若本机无此目录，可在选择工作目录的过程中自行创建该目录。单击【快速访问工具栏】的【新建】命令，弹出【新建】对话框，创建一个文件名为"6-1-1-a"的零件文件（按右图所示步骤），单击【确定】按钮后，在弹出的【新文件选项】对话框中选择公制模板 mmns_part_solid_abs，可确保建模时长度单位为 mm	新建 类型 ○ 布局　○ 草绘　● 零件　○ 装配　○ 制造　○ 绘图　○ 格式　○ 记事本 子类型 ● 实体　○ 钣金件　○ 主体　○ 线束 文件名：6-1-1-a 公用名称： □ 使用默认模板　确定　取消	对于装配设计来说，选择工作目录是必不可少的步骤
3	单击【模型】选项卡【形状】组中的【旋转】命令，选择 FRONT 基准面为草绘平面，其他保持默认参数。进入草绘环境后，绘制如右图所示的草绘图形，并按照图 6-1 所示的尺寸修改	296.00　24.00　16.00　2.00　20.00　R 10.00　2.00	利用【草绘】组【线链】命令线和【弧】命令弧绘制图线（尺寸和角度值随意）。利用【尺寸】组的【尺寸】命令标注图中的尺寸

（续）

步骤	操作要领	图例	说明
4	退出草绘后，按照如右图所示的设置，即可完成旋转手柄的创建	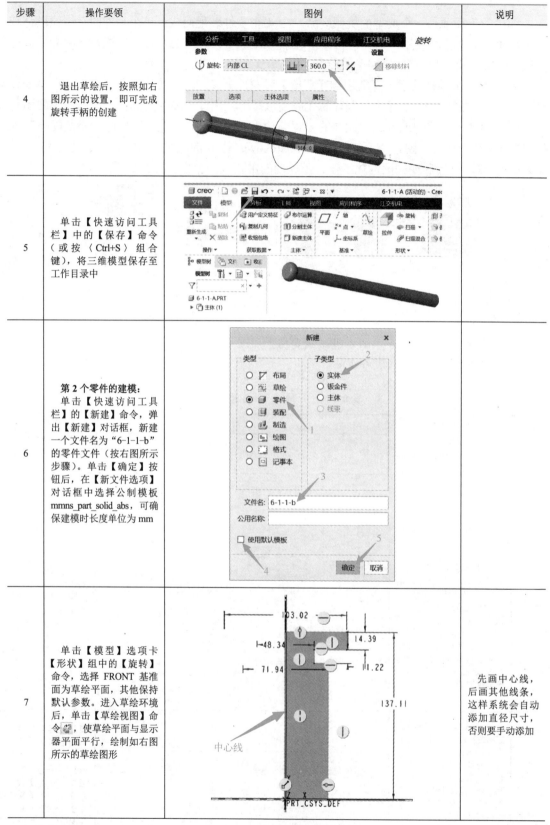	
5	单击【快速访问工具栏】中的【保存】命令（或按〈Ctrl+S〉组合键），将三维模型保存至工作目录中		
6	**第 2 个零件的建模：** 单击【快速访问工具栏】的【新建】命令，弹出【新建】对话框，新建一个文件名为"6-1-1-b"的零件文件（按右图所示步骤）。单击【确定】按钮后，在【新文件选项】对话框中选择公制模板 mmns_part_solid_abs，可确保建模时长度单位为 mm		
7	单击【模型】选项卡【形状】组中的【旋转】命令，选择 FRONT 基准面为草绘平面，其他保持默认参数。进入草绘环境后，单击【草绘视图】命令，使草绘平面与显示器平面平行，绘制如右图所示的草绘图形		先画中心线，后画其他线条，这样系统会自动添加直径尺寸，否则要手动添加

（续）

步骤	操作要领	图例	说明
8	用鼠标框选全部尺寸，单击【草绘】选项卡【编辑】组中的【修改】命令，取消勾选【重新生成】复选框，按工程图对应的尺寸进行修改	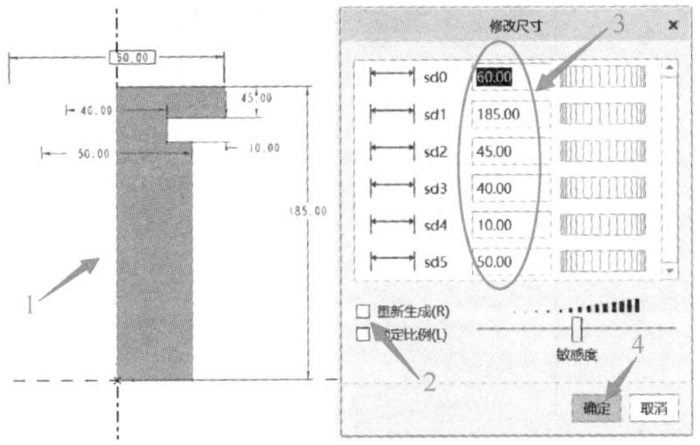	
9	退出草绘，保持默认的旋转角度为360°	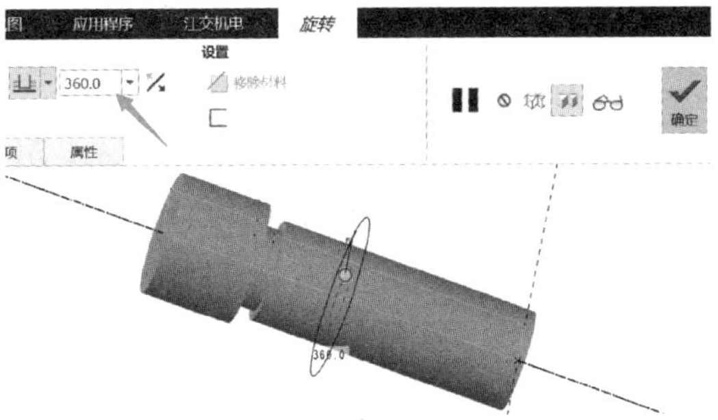	
10	单击【模型】选项卡【形状】组中的【螺旋扫描】命令，单击【参考】集下【螺旋轮廓】旁的【定义】按钮，选择FRONT基准面为草绘平面，进入草绘环境。添加上一步骤旋转体的中心线为草绘参考，绘制一条中心线与之重合（箭头1处），用【线链】命令绘制一条直线，如右图所示	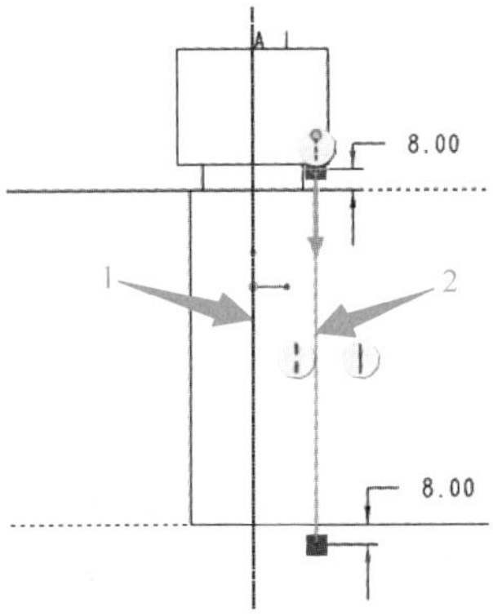	上下两侧均比螺杆长8，是因为考虑到螺旋切除有引入距离和引出距离
11	退出草绘后按右图所示步骤进入扫描截面的草绘环境	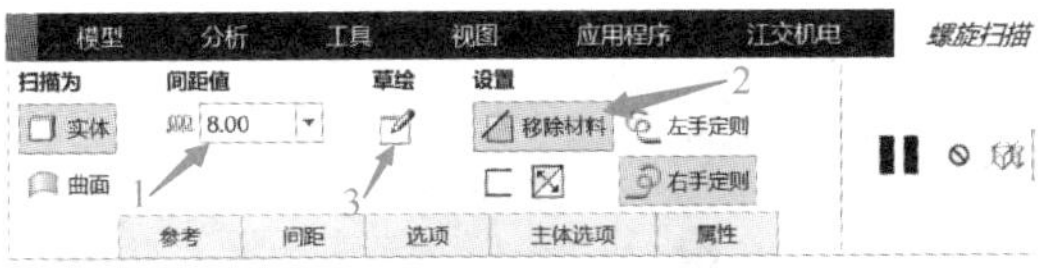	
12	绘制右图所示扫描截面草绘	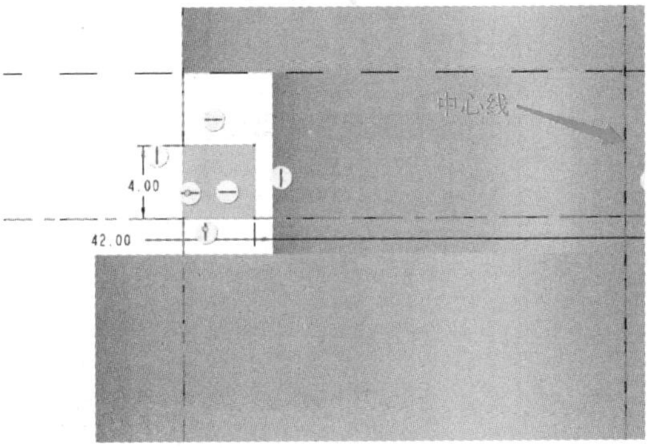	绘制中心线是为了标注直径尺寸42

（续）

步骤	操作要领	图例	说明
13	效果如右图所示，完成螺杆的扫描	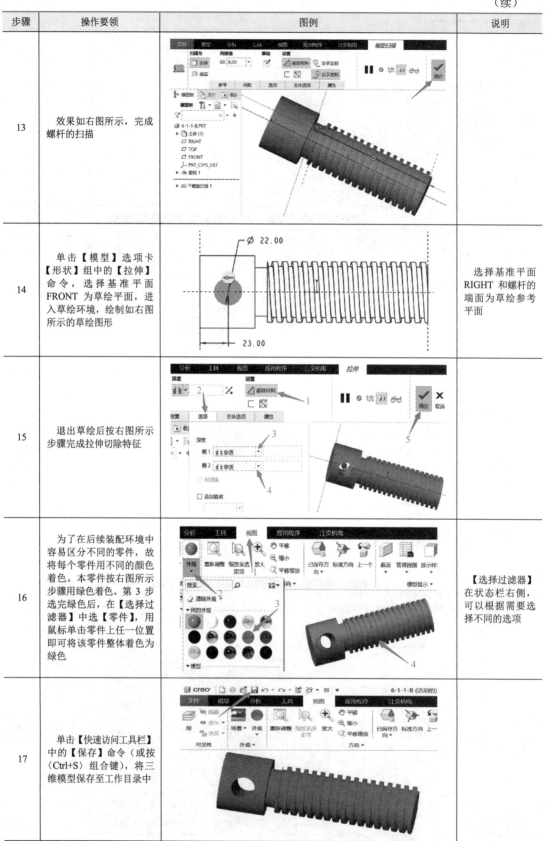	
14	单击【模型】选项卡【形状】组中的【拉伸】命令，选择基准平面 FRONT 为草绘平面，进入草绘环境，绘制如右图所示的草绘图形		选择基准平面 RIGHT 和螺杆的端面为草绘参考平面
15	退出草绘后按右图所示步骤完成拉伸切除特征		
16	为了在后续装配环境中容易区分不同的零件，故将每个零件用不同的颜色着色。本零件按右图所示步骤用绿色着色。第 3 步选完绿色后，在【选择过滤器】中选【零件】，用鼠标单击零件上任一位置即可将该零件整体着色为绿色		【选择过滤器】在状态栏右侧，可以根据需要选择不同的选项
17	单击【快速访问工具栏】中的【保存】命令（或按〈Ctrl+S〉组合键），将三维模型保存至工作目录中		

（续）

步骤	操作要领	图例	说明
18	**第 3 个零件的建模:** 单击【快速访问工具栏】的【新建】命令,弹出【新建】对话框,新建一个文件名为"6-1-1-c"的零件文件(按右图所示步骤),单击【确定】按钮后,在【新文件选项】对话框中选择公制模板 mmns_part_solid_abs,可确保建模时长度单位为 mm	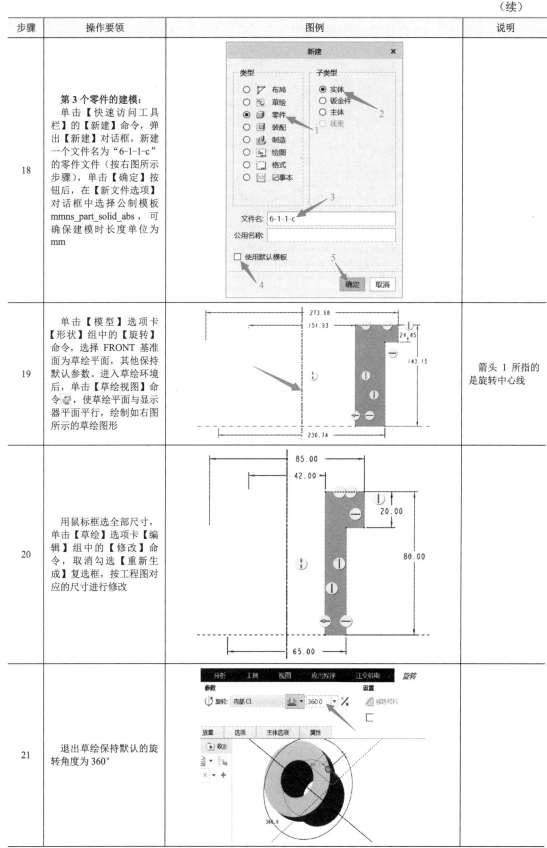	
19	单击【模型】选项卡【形状】组中的【旋转】命令,选择 FRONT 基准面为草绘平面,其他保持默认参数。进入草绘环境后,单击【草绘视图】命令 ,使草绘平面与显示器平面平行,绘制如右图所示的草绘图形		箭头 1 所指的是旋转中心线
20	用鼠标框选全部尺寸,单击【草绘】选项卡【编辑】组中的【修改】命令,取消勾选【重新生成】复选框,按工程图对应的尺寸进行修改		
21	退出草绘保持默认的旋转角度为360°		

（续）

步骤	操作要领	图例	说明
22	单击【模型】选项卡【形状】组中的【螺旋扫描】命令，单击【参考】集下【螺旋轮廓】旁的【定义】按钮，选择 FRONT 基准面为草绘平面，其他保持默认参数。进入草绘环境后，单击【草绘视图】命令，使草绘平面与显示器平面平行，绘制如右图所示的草绘图形	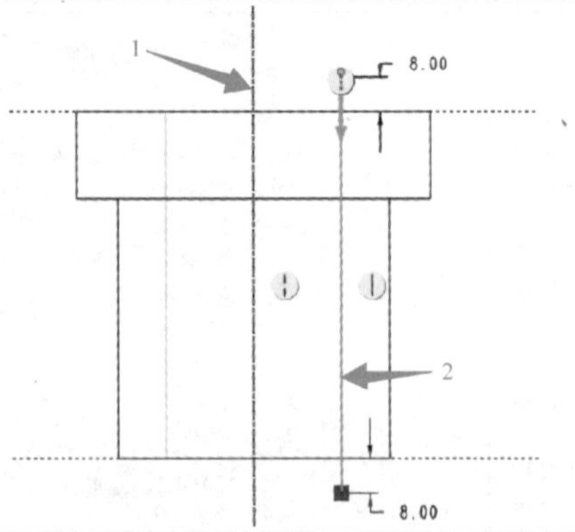	箭头 1 处是一条中心线（如果不绘制，则截面草绘命令会呈灰色），箭头 2 处是一条与内孔投影重合的线。左右两侧均比螺母长 8，是因为考虑到螺旋切除有引入距离和引出距离
23	退出草绘，单击操控板上的【草绘】命令，绘制如右图所示的草绘图形	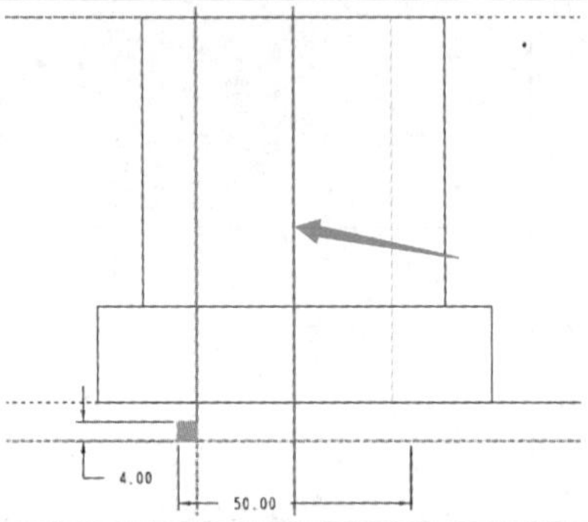	箭头所指处需要绘制一条中心线，帮助标注尺寸 50
24	退出截面草绘，按右图所示步骤完成螺旋扫描切除特征的创建	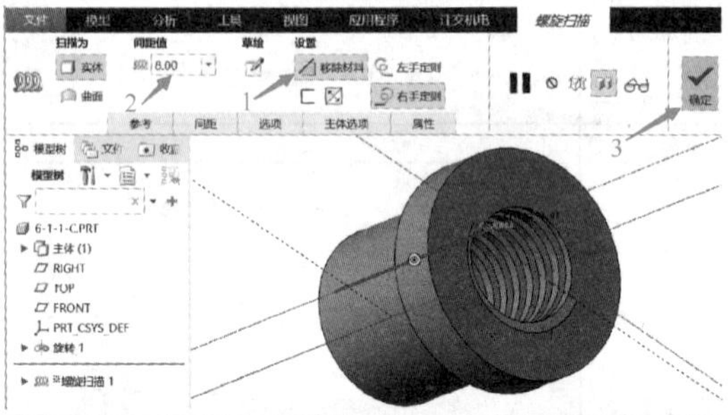	
25	将零件颜色改为红色。为了看清螺纹内部结构，下面将其剖开。单击【视图】选项卡【模型显示】组【截面】命令组中的【平面】命令，弹出【截面】选项卡，选择 FRONT 基准平面作为剖切平面，如右图所示	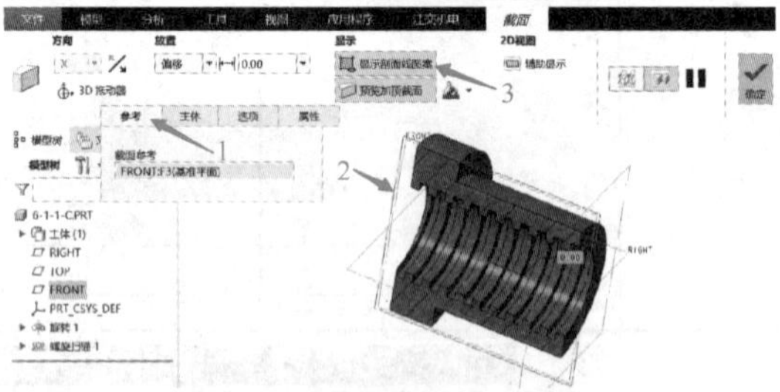	
26	单击【快速访问工具栏】中的【保存】命令（或按〈Ctrl+S〉组合键），将三维模型保存至工作目录中	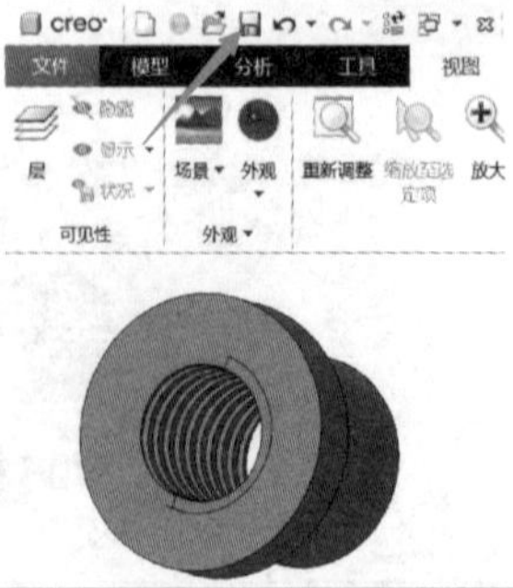	

（续）

步骤	操作要领	图例	说明
27	**第4个零件的建模：** 单击【快速访问工具栏】的【新建】命令，弹出【新建】对话框，新建一个文件名为"6-1-1-d"的零件文件（按右图所示步骤），单击【确定】按钮后，在【新文件选项】对话框中选择公制模板mmns_part_solid_abs，可确保建模时长度单位为mm		
28	单击【模型】选项卡【形状】组的【旋转】命令，选择FRONT基准面为草绘平面。进入草绘环境后，单击【草绘视图】命令 ，使草绘平面与显示器平面平行，绘制如右图所示的草绘图形（先画竖直中心线，再画其他线条）。图中的中心线既是旋转特征的中心轴，也是草绘中用来标注直径尺寸的中心线		左图中蓝色尺寸为系统自动生成的弱尺寸，黑色尺寸为人工添加的强尺寸
29	用鼠标框选全部尺寸，单击【草绘】选项卡【编辑】组中的【修改】命令，取消勾选【重新生成】复选框，按工程图对应的尺寸进行修改		
30	退出草绘，完成旋转特征建模		

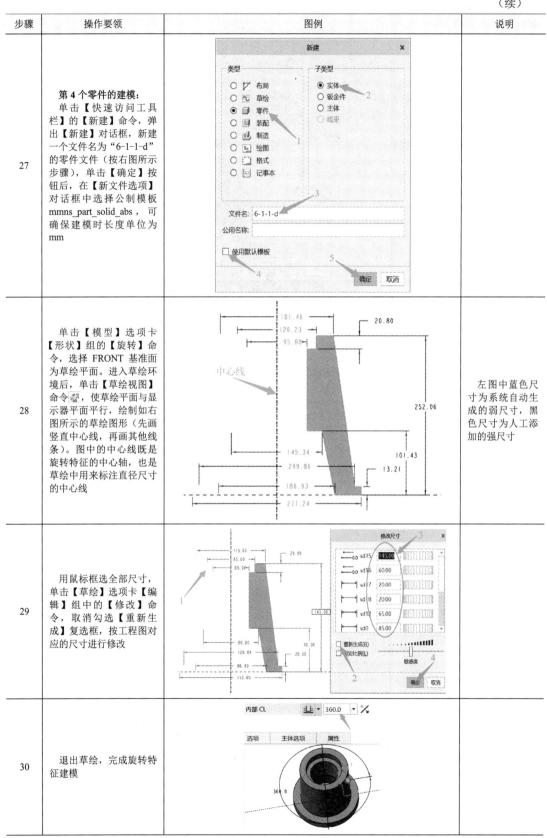

（续）

步骤	操作要领	图例	说明
31	按右图所示步骤将零件颜色改为黄色，其中第 1 步为在【模型树】中单击零件名称	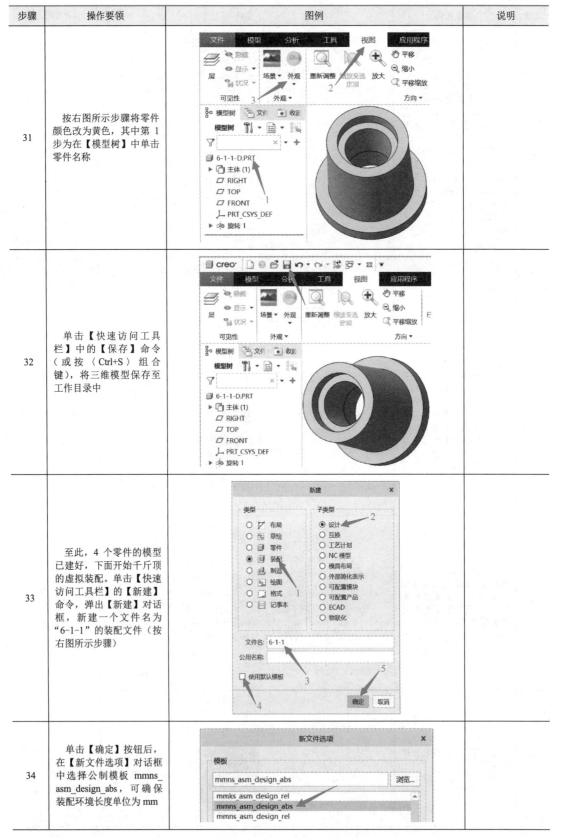	
32	单击【快速访问工具栏】中的【保存】命令（或按〈Ctrl+S〉组合键），将三维模型保存至工作目录中		
33	至此，4 个零件的模型已建好，下面开始千斤顶的虚拟装配。单击【快速访问工具栏】的【新建】命令，弹出【新建】对话框，新建一个文件名为"6-1-1"的装配文件（按右图所示步骤）		
34	单击【确定】按钮后，在【新文件选项】对话框中选择公制模板 mmns_asm_design_abs，可确保装配环境长度单位为 mm		

（续）

步骤	操作要领	图例	说明
35	在【新文件选项】对话框中单击【确定】按钮后进入 Creo 的装配环境	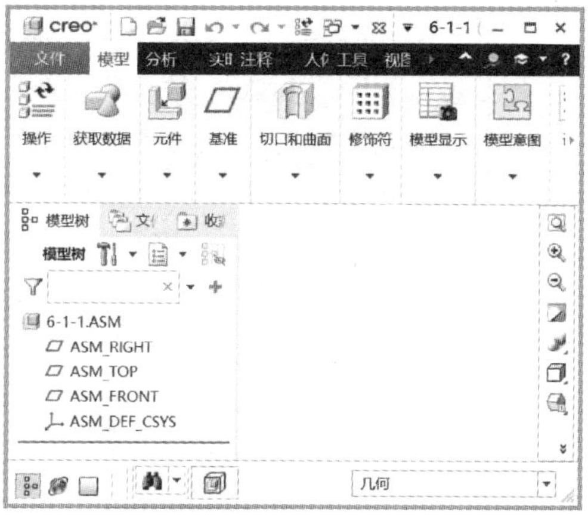	
36	单击【模型】选项卡【元件】组中的【组装】命令，弹出【打开】对话框，选中文件名为"6-1-1-d.prt"的零件后单击【打开】按钮，将其作为第一个零件导入 Creo 的装配环境	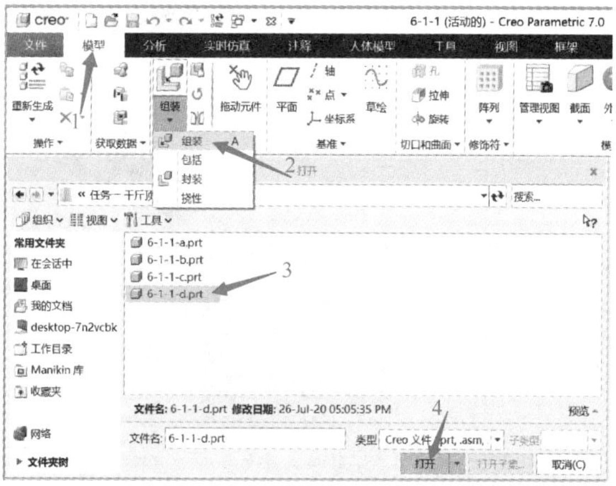	
37	作为第一个进入装配环境的零件，一般将其坐标系与装配体的坐标系重合，所以在【设置关系类型】下拉列表中选择【默认】选项，完成第一个零件的装配	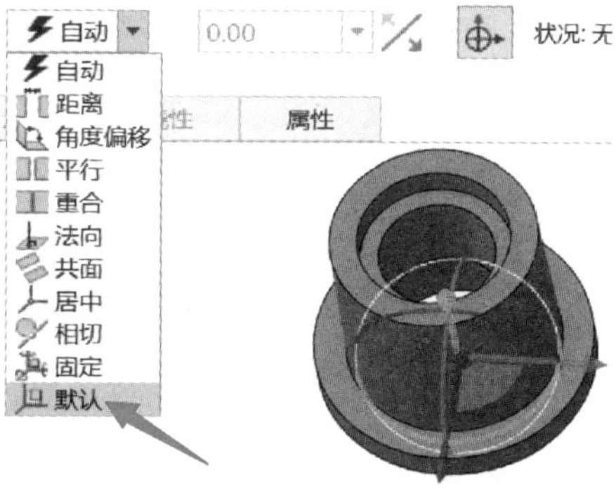	
38	结果如右图所示	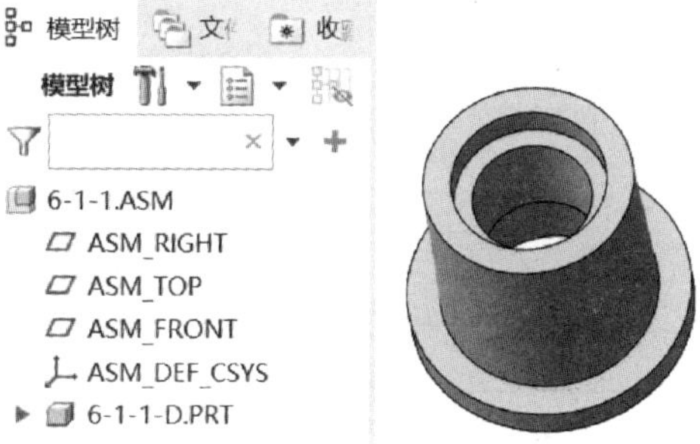	

（续）

步骤	操作要领	图例	说明
39	单击【模型】选项卡【元件】组的【组装】命令，弹出【打开】对话框，选中文件名为"6-1-1-c.prt"的零件后，单击【打开】按钮，将其导入装配环境。根据下达的任务要求，该零件与刚导入的零件同轴，所以用鼠标分别单击箭头2、3所指的两个零件的轴线，使其重合，结果如右下图所示	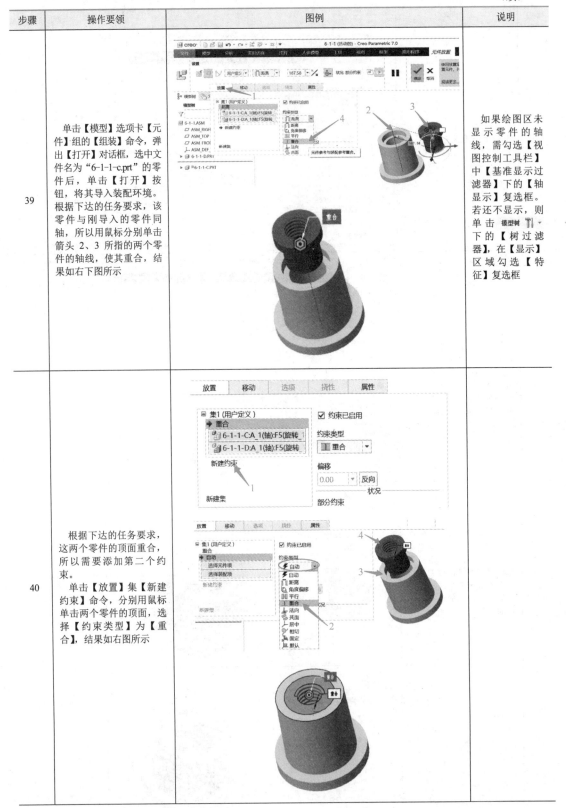	如果绘图区未显示零件的轴线，需勾选【视图控制工具栏】中【基准显示过滤器】下的【轴显示】复选框。若还不显示，则单击 模型树 下的【树过滤器】，在【显示】区域勾选【特征】复选框
40	根据下达的任务要求，这两个零件的顶面重合，所以需要添加第二个约束。单击【放置】集【新建约束】命令，分别用鼠标单击两个零件的顶面，选择【约束类型】为【重合】，结果如右图所示		

（续）

步骤	操作要领	图例	说明
41	使用【视图管理器】剖开，结果如右图所示	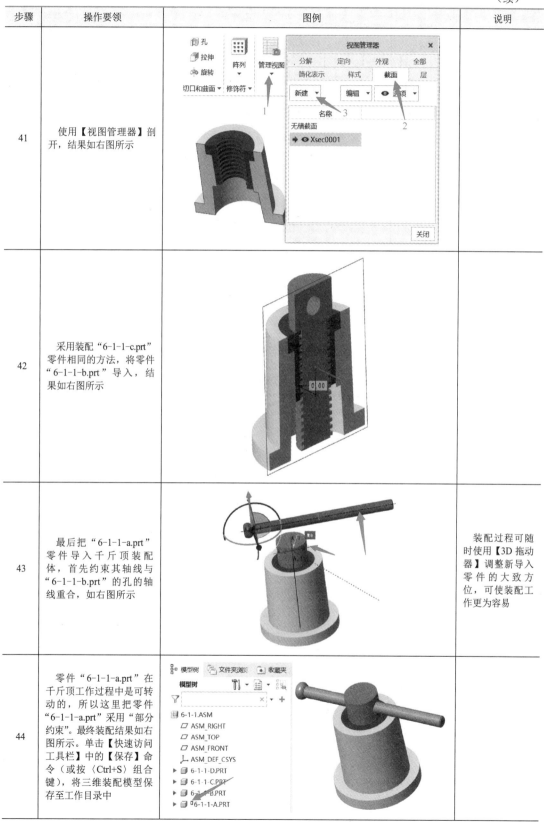	
42	采用装配"6-1-1-c.prt"零件相同的方法，将零件"6-1-1-b.prt"导入，结果如右图所示		
43	最后把"6-1-1-a.prt"零件导入千斤顶装配体，首先约束其轴线与"6-1-1-b.prt"的孔的轴线重合，如右图所示		装配过程可随时使用【3D 拖动器】调整新导入零件的大致方位，可使装配工作更为容易
44	零件"6-1-1-a.prt"在千斤顶工作过程中是可转动的，所以这里把零件"6-1-1-a.prt"采用"部分约束"。最终装配结果如右图所示。单击【快速访问工具栏】中的【保存】命令（或按〈Ctrl+S〉组合键），将三维装配模型保存至工作目录中		

（续）

步骤	操作要领	图例	说明
45	**装配体输出二维工程图：** 下面将装配体三维模型转换为二维工程图。单击【快速访问工具栏】的【新建】命令，弹出【新建】对话框，按右图所示步骤新建一个文件名为"6-1-1"的绘图（即工程图）文件	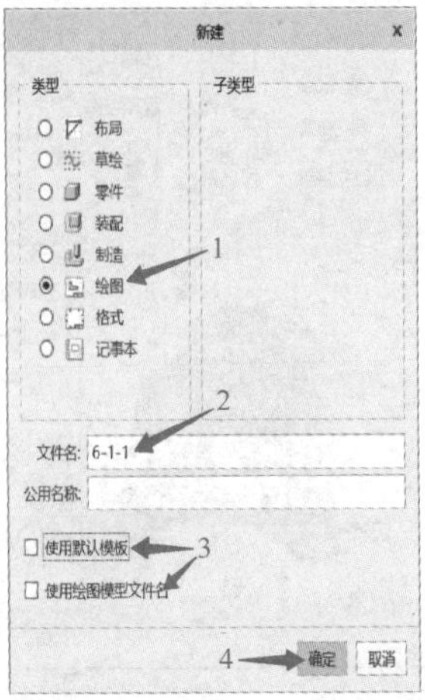	
46	按右图所示步骤完成新建绘图（工程图）的参数设置	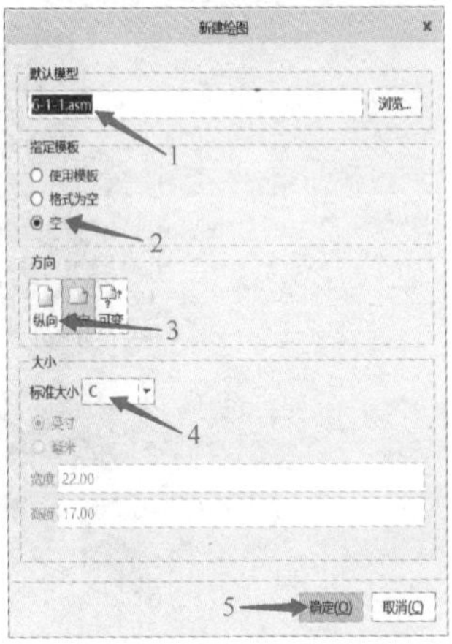	不指定任何模板的原因是后续图样国标化的工作将转到 CAXA 电子图板或 AutoCAD 等 2D CAD 软件中去操作
47	单击【布局】选项卡【模型视图】组的【常规视图】命令，在弹出的【选择组合状态】对话框中选择【无组合状态】	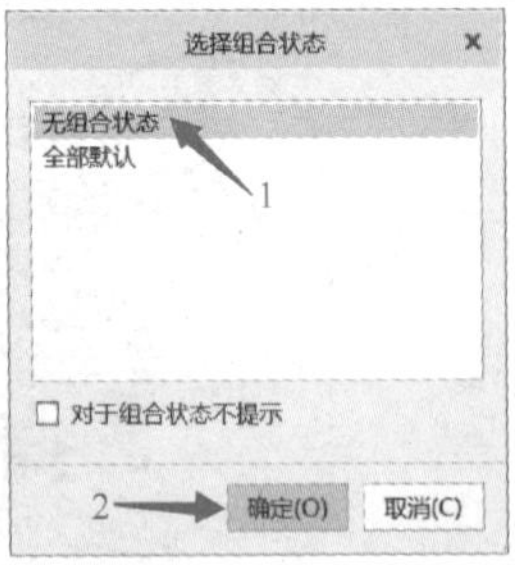	【无组合状态】是指装配好的状态，而【全部默认】是指可在装配工程图环境下拆分零件，变成爆炸工程图
48	根据状态栏"选择绘图视图的中心点"的提示信息，在空白图纸的左上角单击，在【模型视图名】中双击 RIGHT 视图作为装配图的主视图后单击"确定"按钮，完成装配图主视图的配置	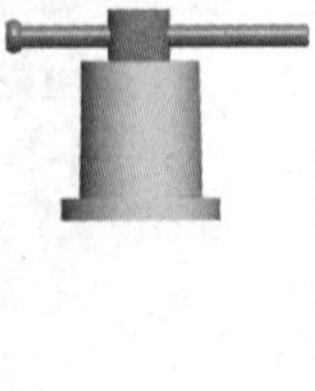 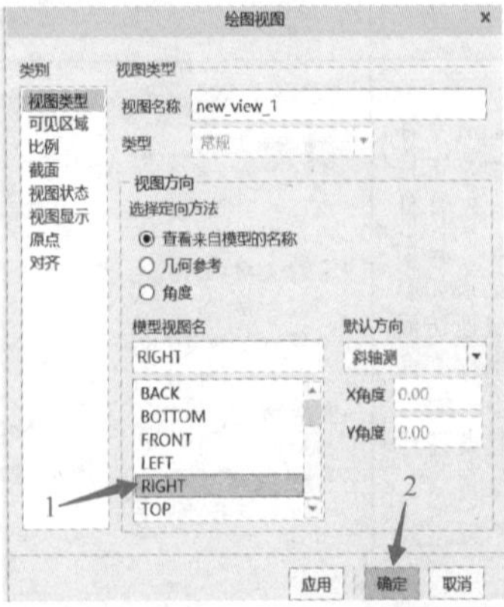	

（续）

步骤	操作要领	图例	说明
49	单击刚刚创建的视图，并单击【布局】选项卡【文档】组的【锁定视图移动】命令，移动该视图至合适位置。选中该视图，单击【布局】选项卡【模型视图】组的【投影视图】命令，在主视图的上方单击，生成其俯视图，将其拖动，放置在主视图下方	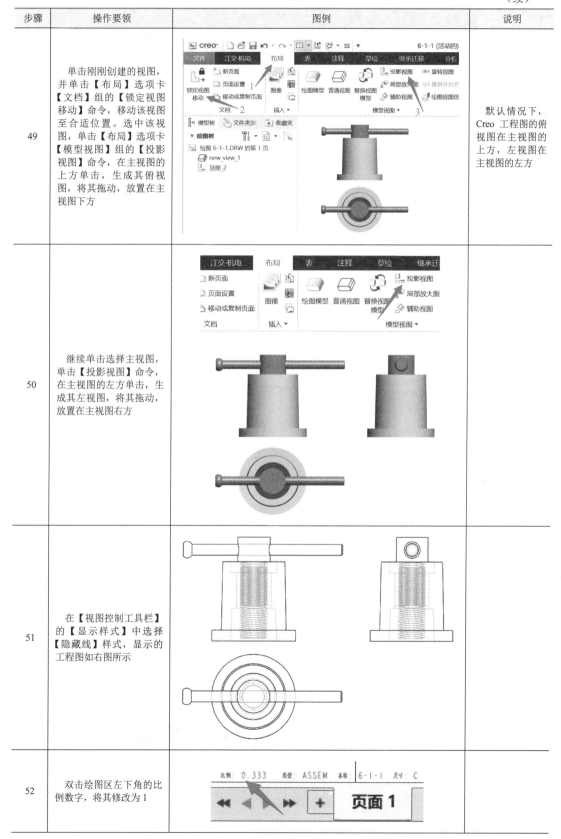	默认情况下，Creo 工程图的俯视图在主视图的上方，左视图在主视图的左方
50	继续单击选择主视图，单击【投影视图】命令，在主视图的左方单击，生成其左视图，将其拖动，放置在主视图右方		
51	在【视图控制工具栏】的【显示样式】中选择【隐藏线】样式，显示的工程图如右图所示		
52	双击绘图区左下角的比例数字，将其修改为1		

（续）

步骤	操作要领	图例	说明
53	用鼠标拖动 3 个视图，将其放置在合适的位置。单击【快速访问工具栏】中的【保存】命令（箭头 1 处）（或按〈Ctrl+S〉组合键），将工程图 "6-1-1.drw" 保存至工作目录中	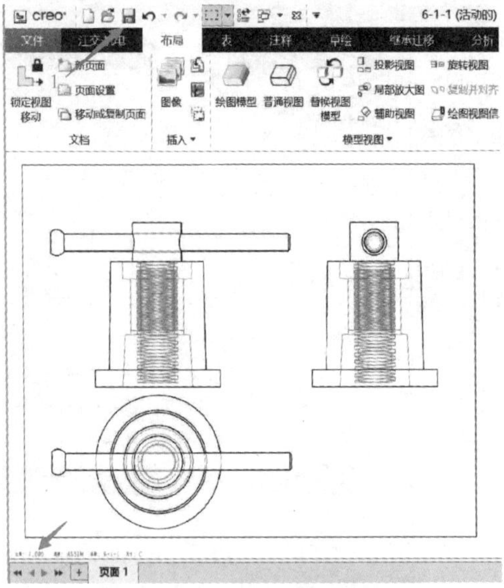	
54	按右图所示步骤将 Creo 的工程图文件 "6-1-1.drw" 另存为 "6-1-1.dwg" 文件。dwg 版本选 2010，避免后续用低版本的 AutoCAD 或 CAXA 电子图板无法将其打开	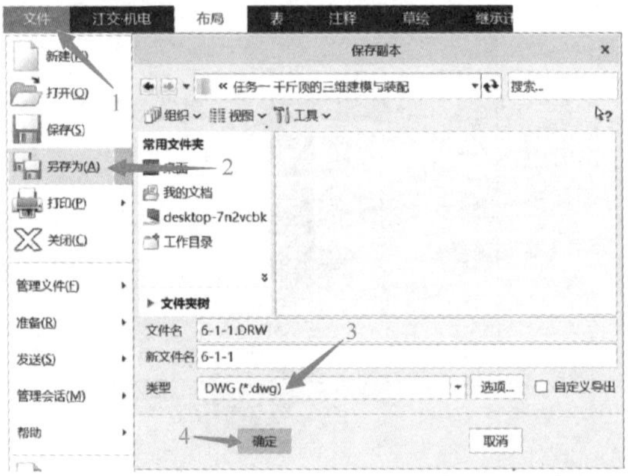	
55	接下来用 CAXA 电子图板将其编辑修改为符合国家标准的工程图。首先打开 CAXA 电子图板，新建一个 A4 图幅的新文档	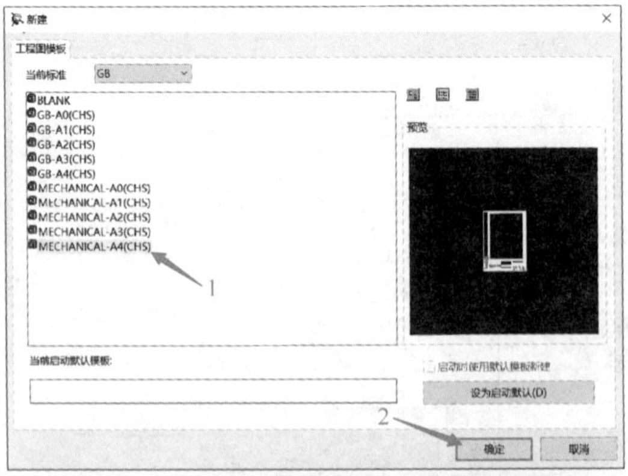	
56	进入 CAXA 电子图板界面后，用〈Ctrl+O〉打开 "6-1-1.dwg" 文件。框选全部视图，单击【常用】选项卡【修改】组的【缩放】命令，将整个图形放大 25.4 倍	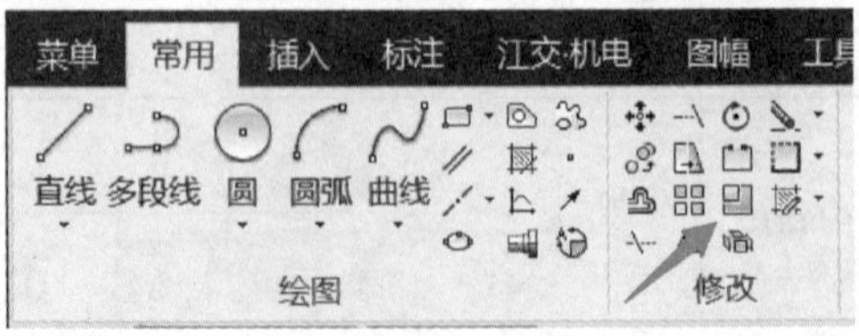	1in=25.4mm

（续）

步骤	操作要领	图例	说明
57	框选放大后的全部图形，按〈Ctrl+C〉复制图形。打开此前新建的CAXA工程图文档1，按〈Ctrl+V〉将图形粘贴到该文档中	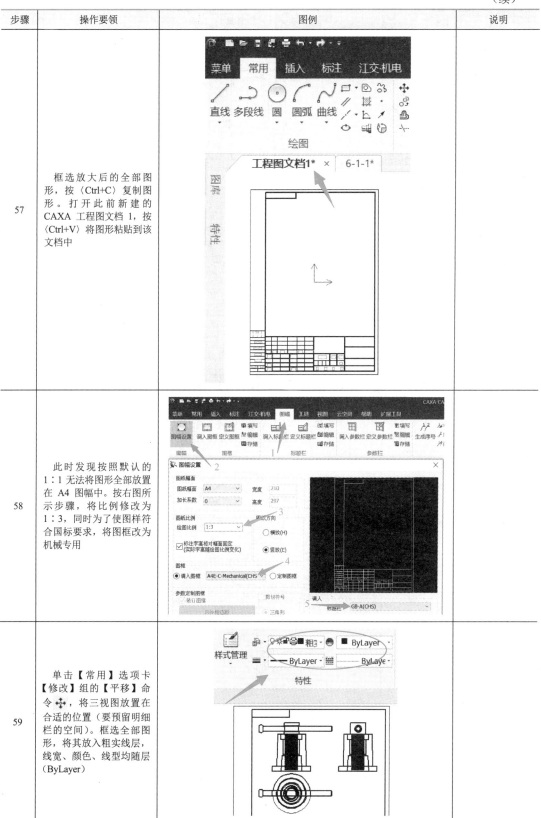	
58	此时发现按照默认的1:1无法将图形全部放置在A4图幅中。按右图所示步骤，将比例修改为1:3，同时为了使图样符合国标要求，将图框改为机械专用		
59	单击【常用】选项卡【修改】组的【平移】命令✛，将三视图放置在合适的位置（要预留明细栏的空间）。框选全部图形，将其放入粗实线层，线宽、颜色、线型均随层（ByLayer）		

（续）

步骤	操作要领	图例	说明
60	根据国标中有关装配图的要求，删除多余的线条，并添加剖面线。单击【常用】选项卡【基本绘图】组的【中心线】命令，为对称结构添加必要的中心线。左视图无存在的必要，需删除，结果如右图所示	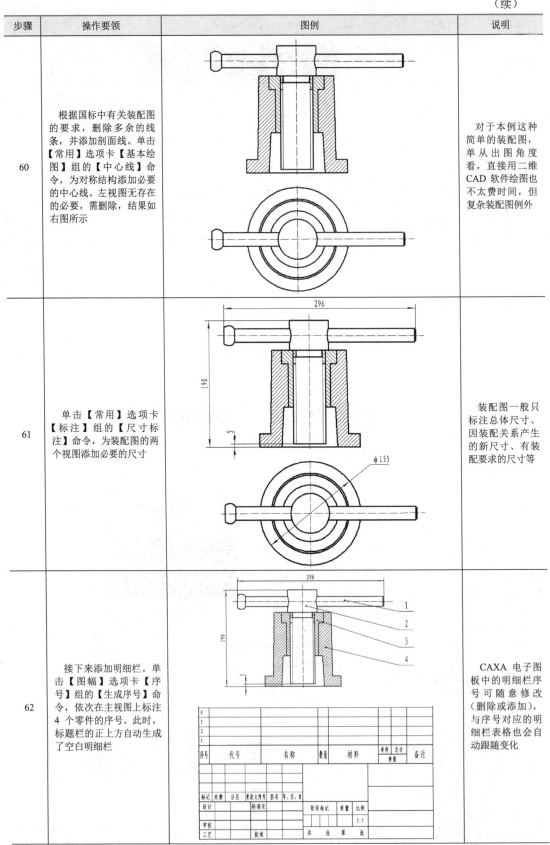	对于本例这种简单的装配图，单从出图角度看，直接用二维 CAD 软件绘图也不太费时间，但复杂装配图例外
61	单击【常用】选项卡【标注】组的【尺寸标注】命令，为装配图的两个视图添加必要的尺寸		装配图一般只标注总体尺寸、因装配关系产生的新尺寸、有装配要求的尺寸等
62	接下来添加明细栏。单击【图幅】选项卡【序号】组的【生成序号】命令，依次在主视图上标注 4 个零件的序号。此时，标题栏的正上方自动生成了空白明细栏		CAXA 电子图板中的明细栏序号可随意修改（删除或添加），与序号对应的明细栏表格也会自动跟随变化

（续）

步骤	操作要领	图例	说明
63	按右图所示步骤填写明细表		
64	填好的明细栏如右图所示		
65	单击【标注】选项卡【文字】组的【技术要求】命令，填写装配图的有关技术要求		
66	单击【图幅】选项卡【标题栏】组的【填写标题栏】命令，完成标题栏的填写。整张图样完成的效果如右图所示		

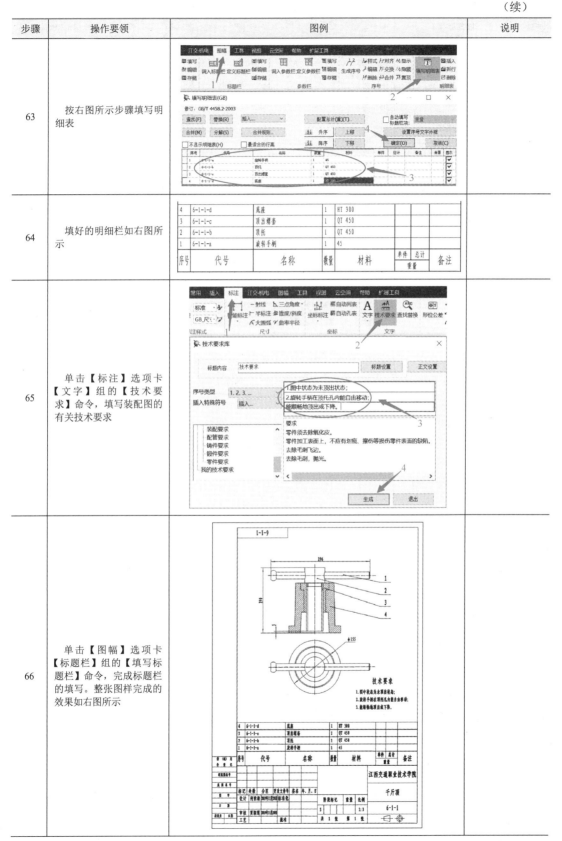

（续）

步骤	操作要领	图例	说明
67	为了提交一张打印的 A4 图幅的装配图，将本图样输出为 PDF 格式的文档，然后打印。按〈Ctrl+P〉组合键打开【打印】对话框，选择 EXB To PDF.drv 打印机，进行必要的设置后，单击【打印】按钮，生成 PDF 文档	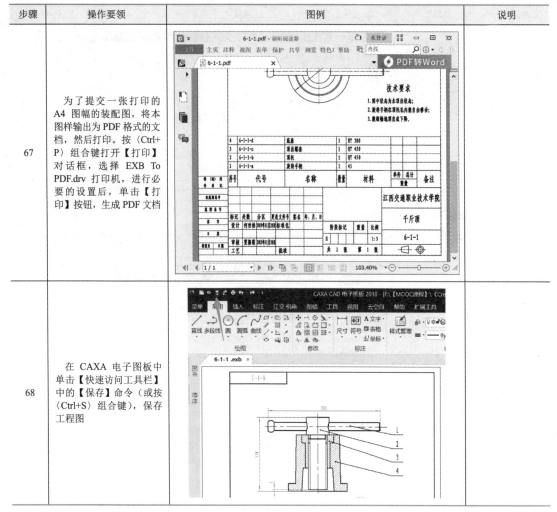	
68	在 CAXA 电子图板中单击【快速访问工具栏】中的【保存】命令（或按〈Ctrl+S〉组合键），保存工程图		

四、任务评价

　　本任务给出的千斤顶是一个外形及内部结构较为简单的机械产品，所以其零件建模可快速完成。同时给出的装配轴测图说明了零件间的装配关系，所以只需利用 Creo 的虚拟装配功能即可完成三维装配模型的设计。最后利用 Creo 自身的工程图转换功能，能直接将三维模型转换成二维工程图所需的各种视图。为了使工程图符合国家标准的要求，本任务依然采用将 drw 文档另存为 dwg 文档，然后在 CAXA 电子图板中进行国标化处理。

　　最后要注意的是，如果本机没有连接打印机，要将图样文档复制到其他计算机上（如打印店的计算机）打印的话，为了兼容起见，需将二维图样文档 exb 或 dwg 等格式先转换为 pdf 格式，再去打印则不会发生无法打印或图样混乱等问题。

任务二　机用虎钳的虚拟装配

　　机用虎钳又叫机用平口钳，是一种用于机床加工时夹紧工件的通用夹具，常用于钻床、铣床和磨床等机床，其结构紧凑简单、夹紧力大，易于操作使用。工作时用扳手转动丝杠，通过丝杠螺母带动活动钳身移动，从而实现对工件的夹紧与松开。

一、任务下达

本任务通过提供所有零件的数字化三维模型（在本书配套资源中）的方式下达，要求按图 6-3 所示的装配结构完成虚拟装配，最后生成机用虎钳的爆炸图，并将爆炸图以 jpg 格式存为图片文件。

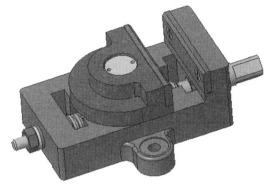

图 6-3 机用虎钳

机用虎钳

二、任务分析

本任务不需要做任何零件的三维建模，只需利用虚拟装配功能完成三维模型装配即可。完成该模型的装配、爆炸图的输出需用到【组装】、【分解】、【保存副本】等命令。机用虎钳的主要装配流程如图 6-4 所示。

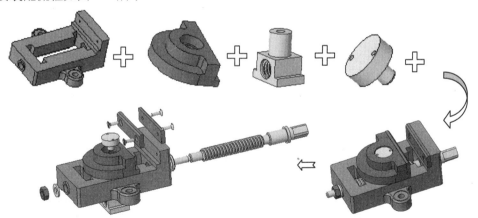

图 6-4 机用虎钳的主要装配流程

三、任务实施

下面详细讲解完成图 6-3 所示机用虎钳的虚拟装配步骤及注意事项（表 6-2）。

表 6-2 机用虎钳的虚拟装配步骤及注意事项

步骤	操作要领	图例	说明
1	按学习情境一中任务一的讲解内容完成 Creo 的安装与配置	（略）	

（续）

步骤	操作要领	图例	说明
2	打开 Creo 软件，在未新建任何文件之前，首先设置工作目录：单击【主页】选项卡【数据】组中的【选择工作目录】命令，或选择菜单【文件】-【管理会话】-【选择工作目录】命令，选择硬盘中已存在的目录（或新建某目录）作为工作目录	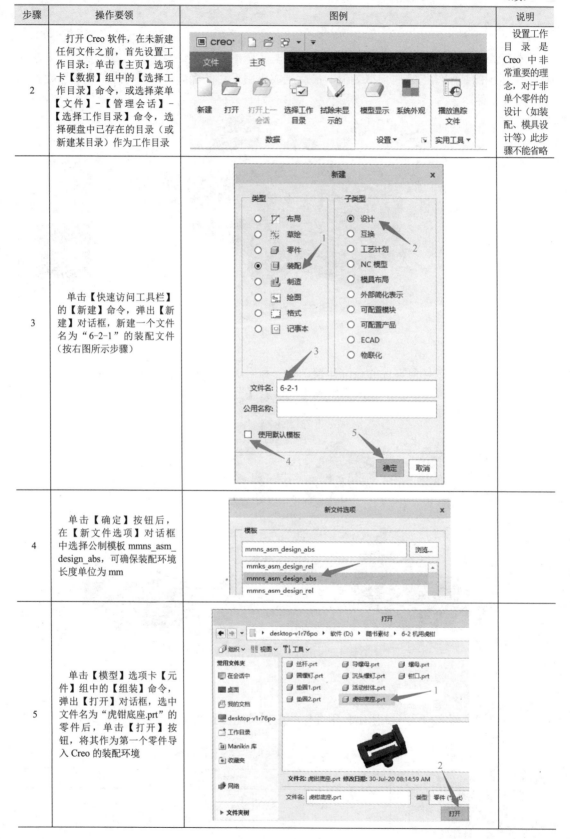	设置工作目录是 Creo 中非常重要的理念，对于非单个零件的设计（如装配、模具设计等）此步骤不能省略
3	单击【快速访问工具栏】的【新建】命令，弹出【新建】对话框，新建一个文件名为"6-2-1"的装配文件（按右图所示步骤）		
4	单击【确定】按钮后，在【新文件选项】对话框中选择公制模板 mmns_asm_design_abs，可确保装配环境长度单位为 mm		
5	单击【模型】选项卡【元件】组中的【组装】命令，弹出【打开】对话框，选中文件名为"虎钳底座.prt"的零件后，单击【打开】按钮，将其作为第一个零件导入 Creo 的装配环境		

（续）

步骤	操作要领	图例	说明
6	作为第一个进入装配环境的零件，一般将其坐标系与装配体的坐标系重合，所以在【设置关系类型】下拉列表中选择【默认】选项，完成第一个零件的装配	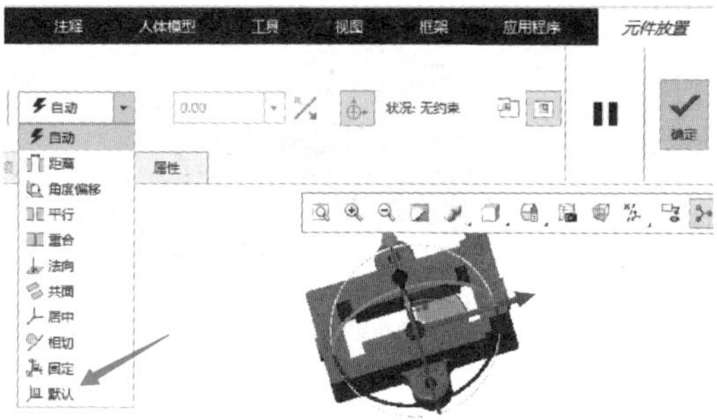	
7	单击【模型】选项卡【元件】组中的【组装】命令，弹出【打开】对话框，选中文件名为"活动钳体.prt"的零件后单击【打开】按钮，将其导入 Creo 的装配环境。默认情况下，该零件与虎钳底座之间应有的装配关系相差甚远，这时候要充分利用系统提供的【3D 拖动器】，将其调整到合适的方位	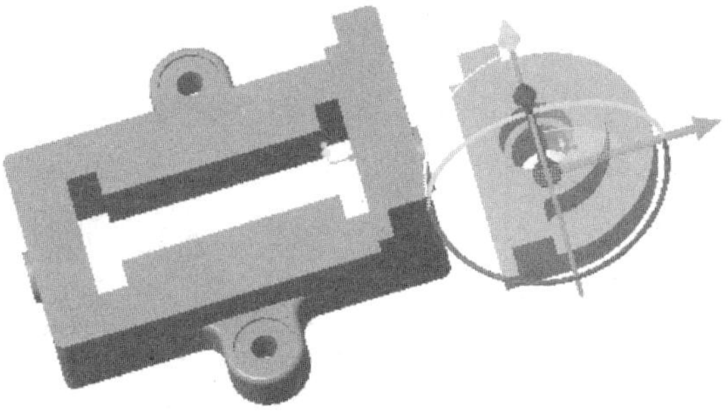	【3D 拖动器】允许用户通过鼠标拖动的方式调节零件在装配环境中的 6 个自由度，即 3 个坐标轴的平移及绕 3 个坐标轴的旋转
8	拖动到合适位置后，首先约束活动钳体的 TOP 基准平面与装配环境的 ASM_TOP 基准平面重合	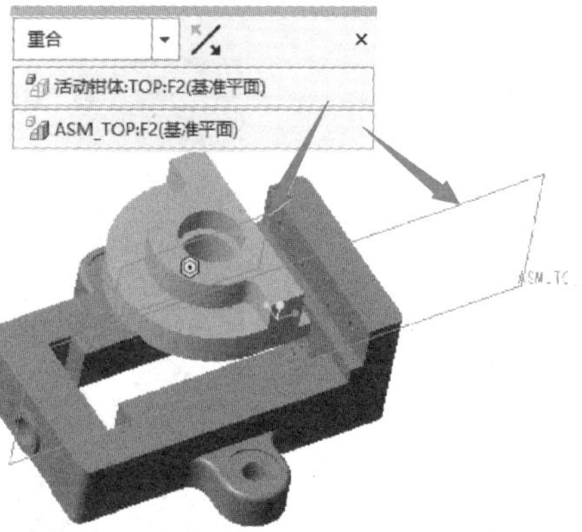	
9	约束活动钳体的底面与固定底座的顶面重合，手动调节活动钳体的左右位置	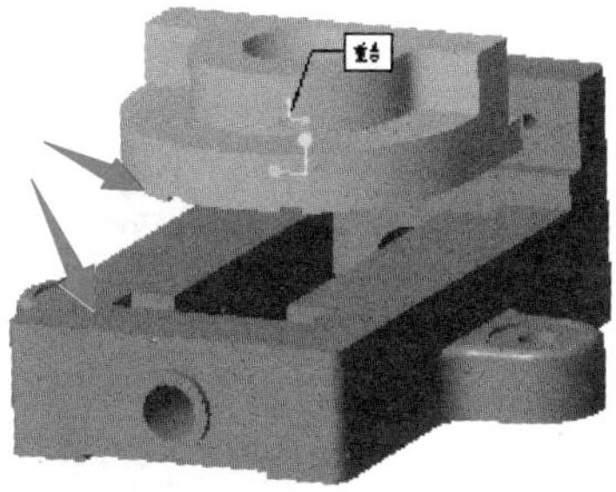	左图所示活动钳体的底面不好选择，这时候可按住滚轮并移动鼠标将底面翻转向上再选择
10	仅添加上述两个约束还不能完全固定活动钳体，所以【模型树】上该零件名称前面有一个小长方形，表明该零件并未完全约束，事实上也不需要	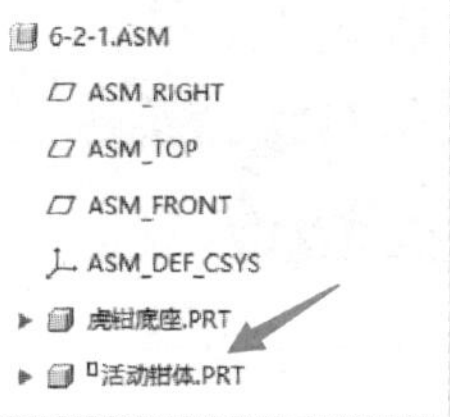 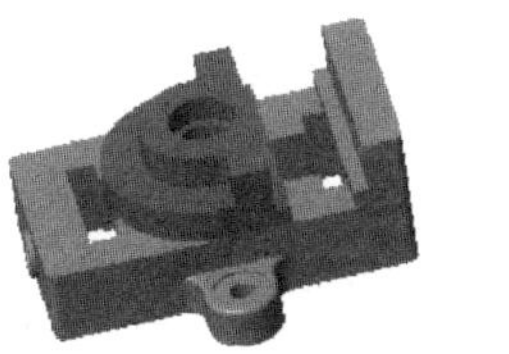	

（续）

步骤	操作要领	图例	说明
11	单击【模型】选项卡【元件】组中的【组装】命令，将"导螺母.prt"的零件导入装配环境，添加孔的轴线重合、面重合、面平行 3 个约束		
12	将"圆螺钉.prt"导入装配环境，添加孔和轴的轴线重合和两面重合两个约束		注意，螺母的孔与螺钉的轴线均有装饰螺纹。单击【视图控制工具栏】的【注释显示】命令即可看到
13	分别将"垫圈 1.prt"、"垫圈 2.prt"导入装配环境，添加孔与孔的轴线重合和两面重合两个约束		
14	将"丝杆.prt"导入装配环境，添加孔和螺杆的轴线重合和两面重合两个约束		

（续）

步骤	操作要领	图例	说明
15	将"螺母.prt"导入装配环境，添加孔和螺杆的轴线重合和两面重合两个约束	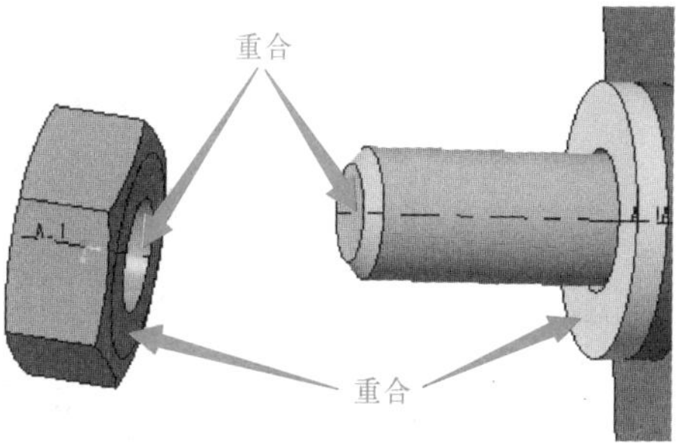 重合 重合	
16	将"钳口.prt"导入装配环境，单击右图所示的两个相对面，约束其重合。再添加虎钳底座孔轴线与钳口孔轴线重合约束（分别单击两组轴线即可）	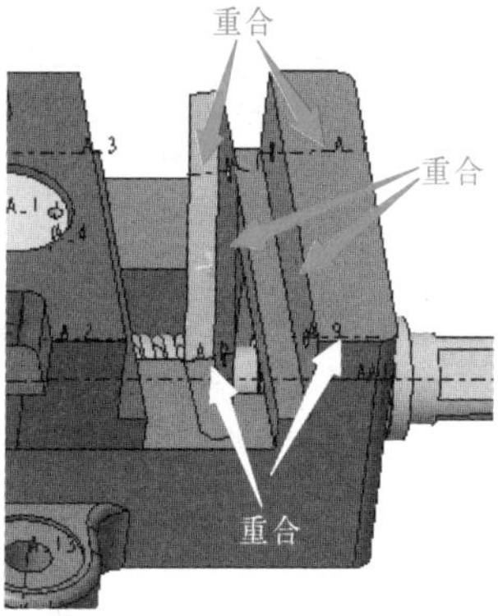 重合 重合 重合	
17	将"沉头螺钉.prt"的零件导入装配环境，单击右图所示的两个锥面，约束其居中	 ☑ 约束已启用 约束类型 居中 偏移 0.00 反向 —— 状况 ——	
18	同理，把"沉头螺钉.prt"的零件再次导入 Creo 的装配环境，添加上述相同的装配约束，结果如右图所示	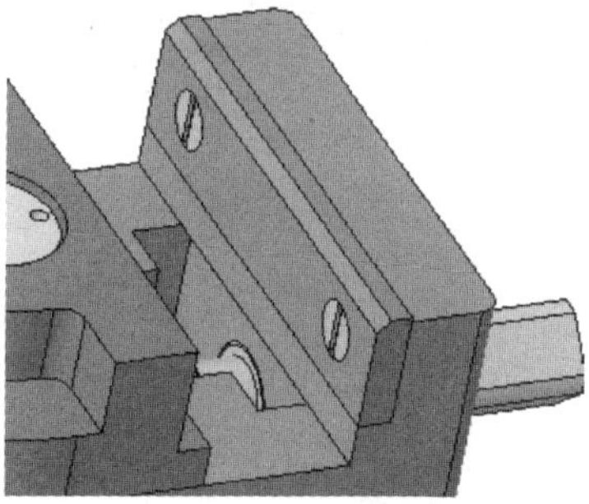	
19	接下来将一个"钳口.prt"零件和两个"沉头螺钉.prt"零件再次导入装配环境，并添加与前述相同的约束，结果如右图所示	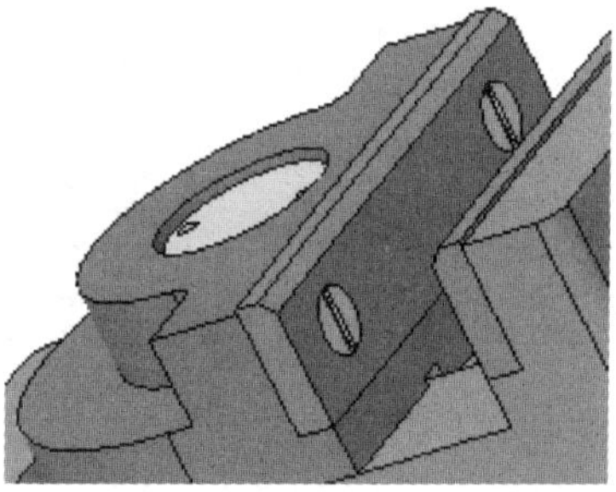	

（续）

步骤	操作要领	图例	说明
20	至此，完成了机用虎钳的虚拟装配，结果如右图所示		此前部分零件并未完全约束，可根据产品实际工作情况决定是否完全约束
21	根据任务要求，接下来生成机用虎钳的爆炸图。单击【视图】选项卡【模型显示】组中的【编辑位置】命令，Creo 自动分解各零件的相对位置		自动分解（即爆炸图）的效果并不理想，所以需要进一步手动调整
22	单击需要分解的零件，并手动拖动其位置，调整之后的效果如右图所示		
23	最后将爆炸图以 jpg 格式存为图片文件。按住鼠标中键（滚轮）并移动鼠标，将模型旋转到合适的轴测图角度，在【视图工具栏】中取消所有基准特征的显示。选择【文件】菜单的【另存为】命令，自行命名文件名，并在弹出的【保存副本】对话框中的【类型】下拉菜单中选择【JPEG(*.jpg)】，即可将 Creo 图形区可见模型另存为 jpg 图片文件		

（续）

步骤	操作要领	图例	说明
24	最终结果如右图所示		
25	若要返回非爆炸状态，单击右图所示的【分解视图】按钮即可。最后单击【快速访问工具栏】中的【保存】命令（或按〈Ctrl+S〉组合键），将"6-2-1.asm"装配文件保存至工作目录中		

四、任务评价

图 6-3 所示的机用虎钳作为一个典型的机械产品，单个零件的建模难度都不高。本任务主要完成三维虚拟装配，并生成机用虎钳的爆炸图，最后将爆炸图以 jpg 格式存为图片文件，可用作说明书附图或者技术交流时展示装配关系。

有了零件模型再进行装配，这种自底向上的设计方式考验的是单个零件的设计是否合理，只要知道了零件间的装配关系，可以在 Creo 之类的三维 CAD 软件中快速完成装配工作。当然，如果在装配过程中发现零件设计结构不合理或尺寸不准确，Creo 也允许直接在装配环境中修改零件模型，这对真正从事产品创新设计的技术人员来说，无疑有了设计技术上的保障。

任务三　减速器的虚拟装配

减速器是安装在原动机和工作机或执行机构之间的装置，起调整转速和传递扭矩的作用。对于大多数机器来说，减速器这种典型的部件（总成）是必不可少的组成部分之一，常见于机床、车辆和工程机械等设备上。

一、任务下达

本任务通过提供所有零件的数字化三维模型（在本书配套资源中）的方式下达，要求完成虚拟装配图（图 6-5a），最后生成减速器的爆炸图（图 6-5b），并将爆炸图以 jpg 格式存为图片文件。

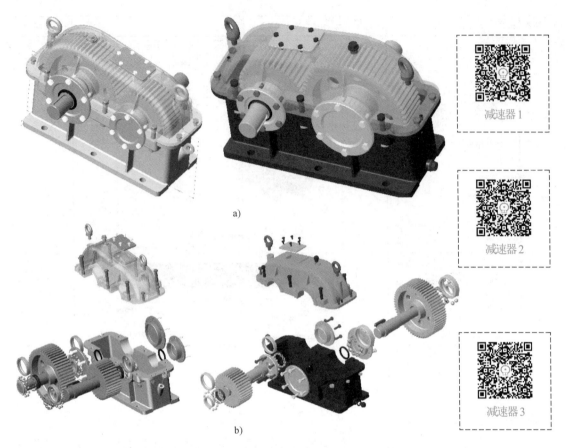

图 6-5　减速器

a) 装配图　b) 分解图（爆炸图）

二、任务分析

　　本任务不需要做任何零件的三维建模，只需利用虚拟装配功能完成三维模型装配即可。完成该模型的装配、爆炸图的输出需用到【组装】、【分解】、【保存副本】等命令。减速器的主要装配流程如图 6-6 所示。

图 6-6　减速器的主要装配流程

三、任务实施

因该减速器涉及 40 个零件以及 4 个子装配体（如输入轴、输出轴、上盖组建等），限于篇幅，下面讲解主要零件和子装配体的装配过程及注意事项（表 6-3），其他零件由读者自行完成装配（可与给定的总装配体进行比对）。

表 6-3　减速器主要零件和子装配体的装配过程及注意事项

步骤	操作要领	图例	说明
1	按学习情境一中任务一的讲解内容完成 Creo 的安装与配置	（略）	
2	打开 Creo 软件，在未新建任何文件之前，先设置工作目录：单击【主页】选项卡【数据】组中的【选择工作目录】命令，或选择【文件】菜单【管理会话】的【选择工作目录】命令，选择硬盘中已存在的目录（或新建某目录）作为工作目录	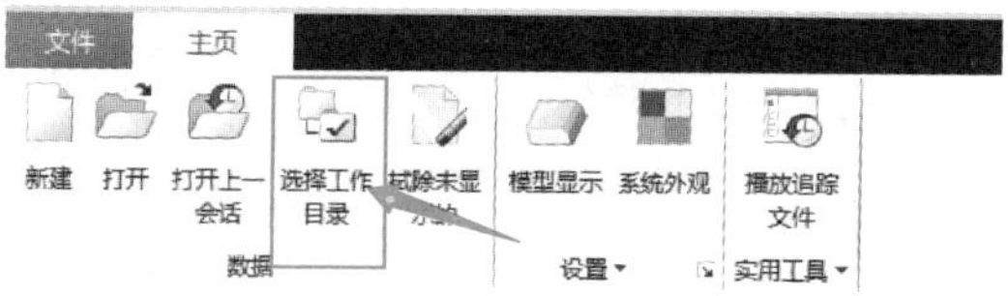	
3	单击【快速访问工具栏】的【新建】命令，弹出【新建】对话框，新建一个文件名为"6-3-1"的装配文件（按右图所示步骤）	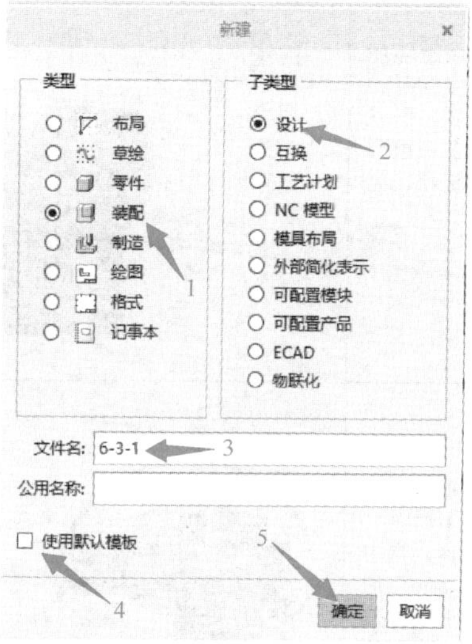	
4	单击【确定】按钮后，在【新文件选项】对话框中选择公制模板"mmns_asm_design_abs"，可确保装配环境长度单位为 mm	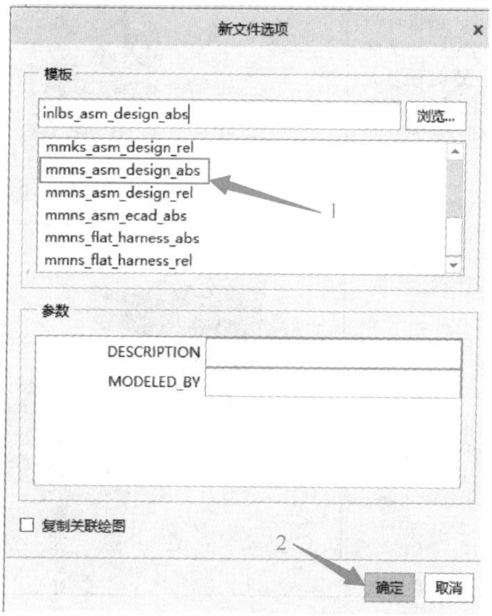	

（续）

步骤	操作要领	图例	说明
5	单击【模型】选项卡【元件】组中的【组装】命令，弹出【打开】对话框，选中文件名"1-下箱体.prt"的零件后，单击【打开】按钮，将其作为第一个零件导入 Creo 的装配环境	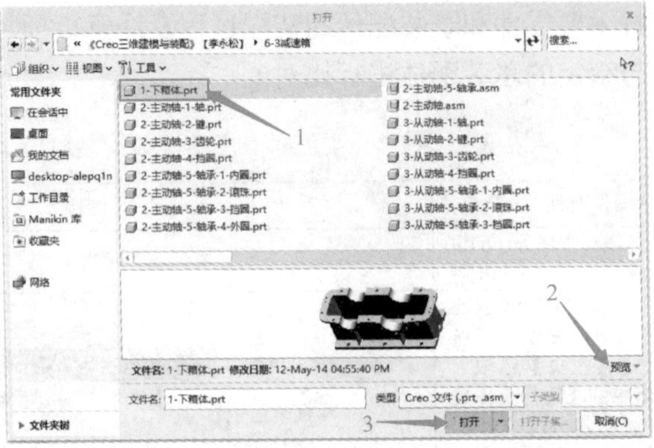	
6	作为第一个导入装配环境的零件，一般将其坐标系与装配体的坐标系重合，所以在【设置关系类型】下拉列表中选择【默认】选项，完成第一个零件的装配	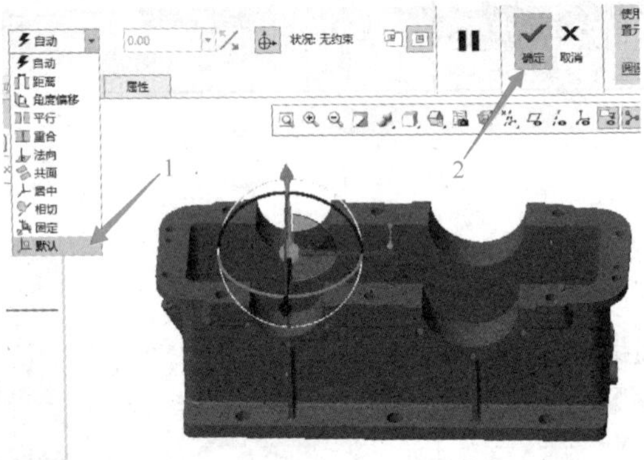	
7	单击【模型】选项卡【元件】组中的【组装】命令，弹出【打开】对话框，选中文件名"2-主动轴.asm"的零件后，单击【打开】按钮，将其导入 Creo 的装配环境。默认情况下，该零件与减速器底座之间应有的装配关系相差甚远，这时候要充分利用系统提供的【3D 拖动器】，将其调整到合适的方位	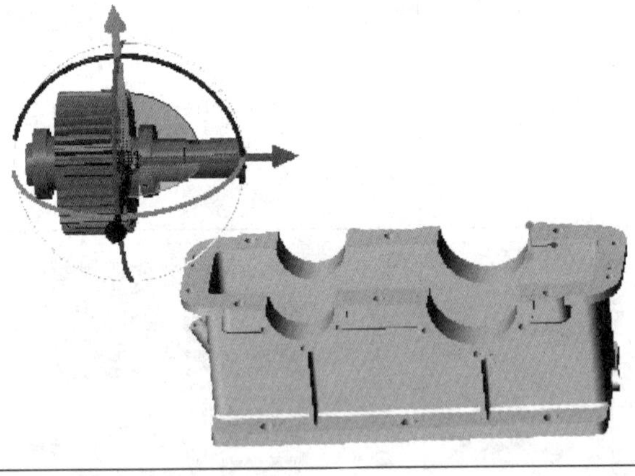	【3D 拖动器】允许用户通过鼠标拖动的方式调节零件在装配环境中的 6 个自由度，即 3 个坐标轴的平移及绕着 3 个坐标轴的旋转
8	拖动到合适位置后，首先约束右图所示的主动轴的轴线与下箱体的孔轴线重合（分别单击两根轴线即可）	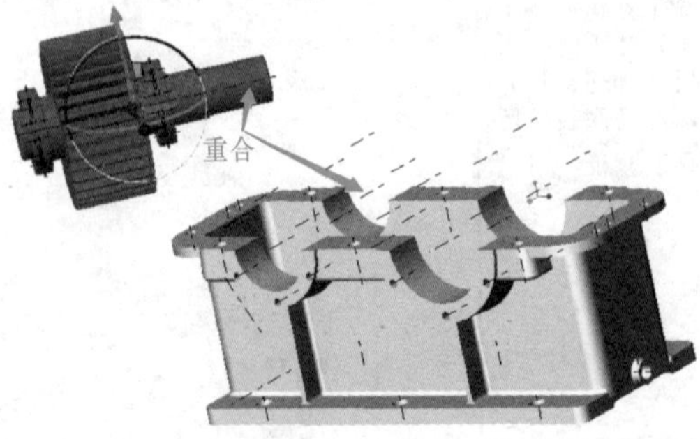	

（续）

步骤	操作要领	图例	说明
9	拖动到合适位置后，约束右图所示的主动轴轴承的端面与下箱体的内壁面重合（分别单击两个面即可）	 重合	
10	单击【模型】选项卡【元件】组中的【组装】命令，将"3-从动轴 1.asm"导入 Creo 的装配环境。旋转和移动到合适的位置，约束右图所示的轴线重合	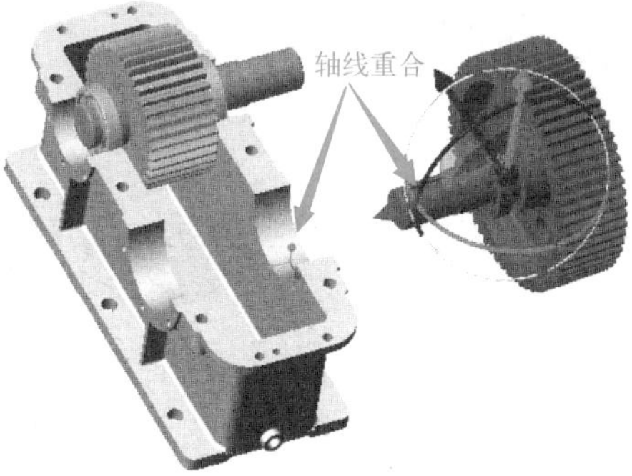 轴线重合	
11	拖动到合适位置后，约束右图所示的从动轴轴承的端面与下箱体的内壁面重合（分别单击两个面即可）	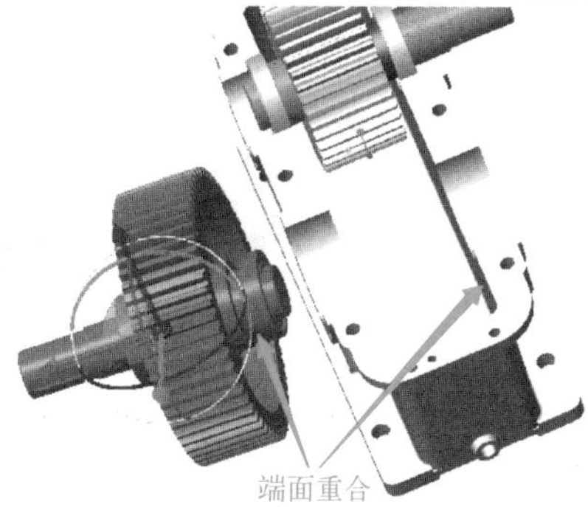 端面重合	主动轴与从动轴相对放置
12	单击【模型】选项卡【元件】组中的【组装】命令，将"4-上箱体.prt"导入 Creo 的装配环境。首先约束右图所示的两个面重合	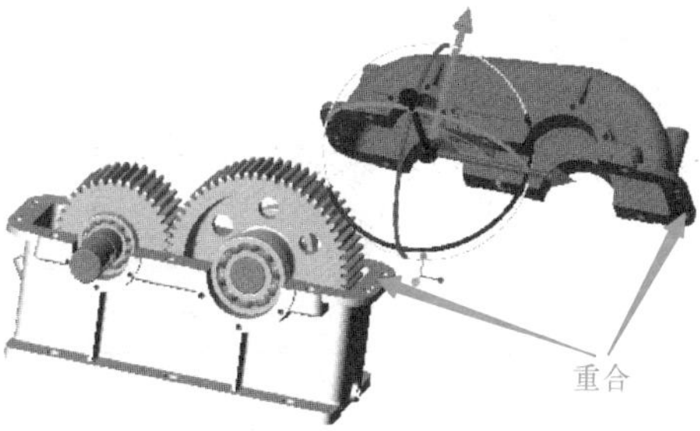 重合	
13	约束右图所示的两个孔的轴线重合	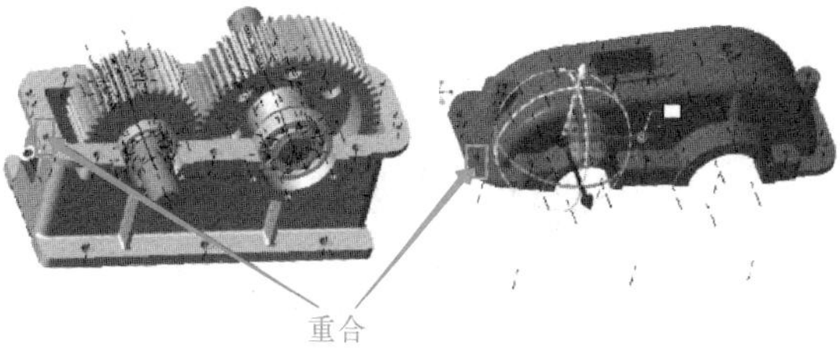 重合	

（续）

步骤	操作要领	图例	说明
14	单击【模型】选项卡【元件】组中的【组装】命令，将 "5-端盖-1-主动轴端盖无凸出.prt" 导入 Creo 的装配环境。首先约束右图所示的两轴线重合	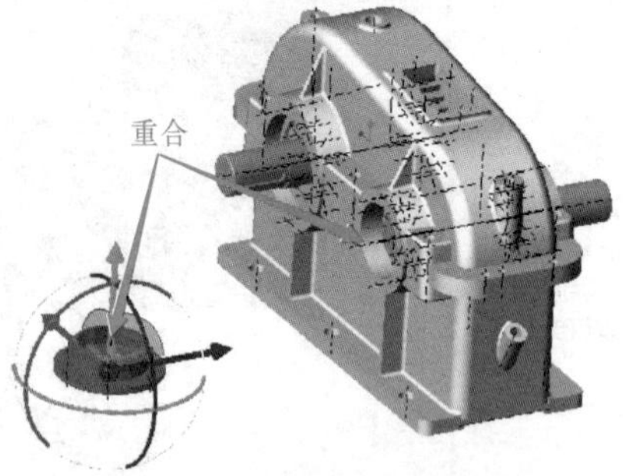	
15	约束右图所示的两孔的轴线定向	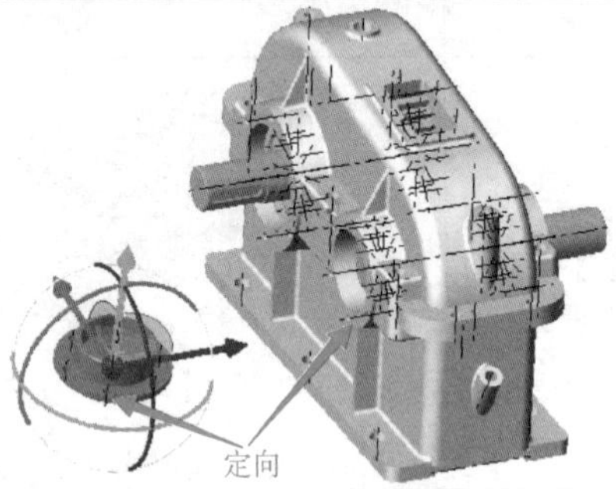	
16	约束右图所示的两个面重合	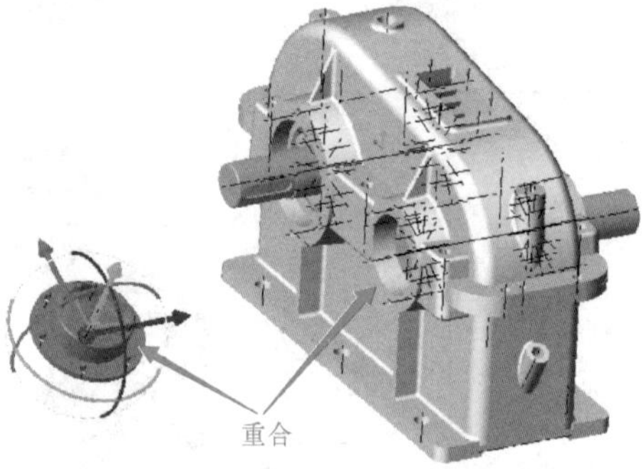	
17	单击【模型】选项卡【元件】组中的【组装】命令，将 "5-端盖-2-主动轴端盖.prt" 导入 Creo 的装配环境。首先约束右图所示的两轴线重合	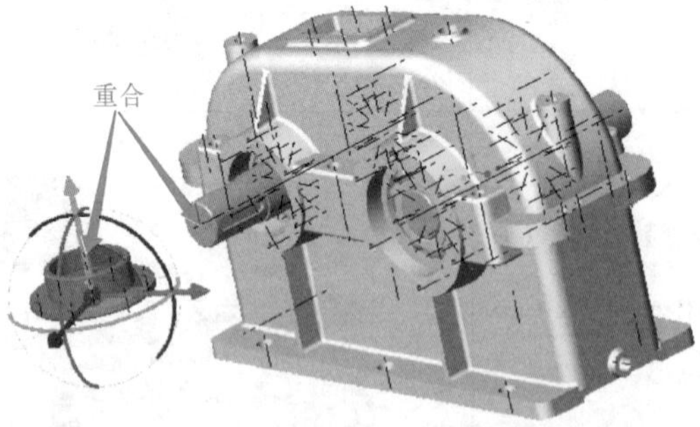	
18	约束右图所示的两孔轴线定向	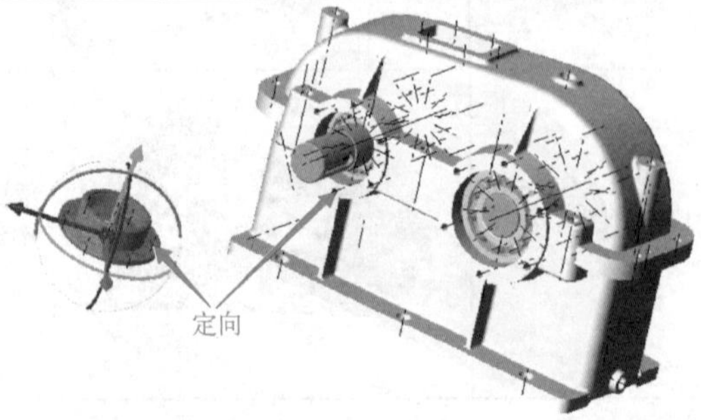	

（续）

步骤	操作要领	图例	说明
19	约束右图所示的两个面重合	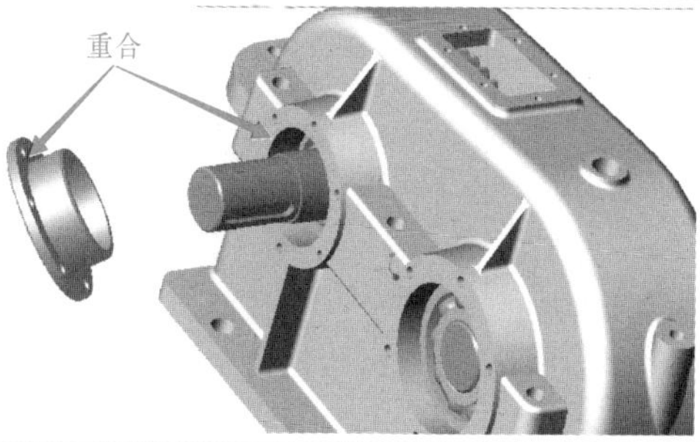	
20	单击【模型】选项卡【元件】组中的【组装】命令，将"5-端盖-3-主动轴挡油环.prt"装进 Creo 的装配环境。首先约束右图所示的两轴线重合	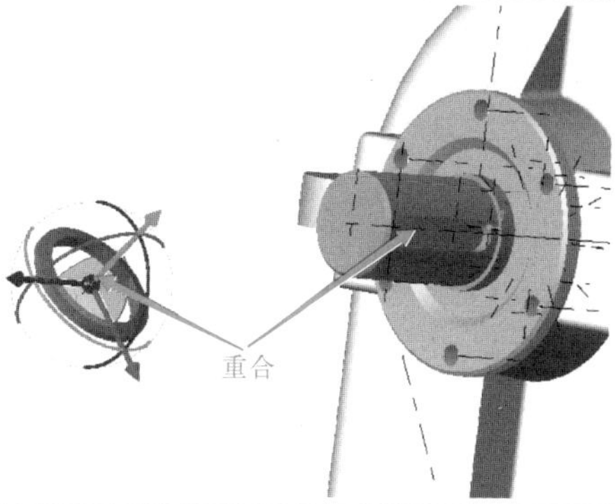	
21	往右拖动到合适的位置，挡油环无须完全约束，如右图所示	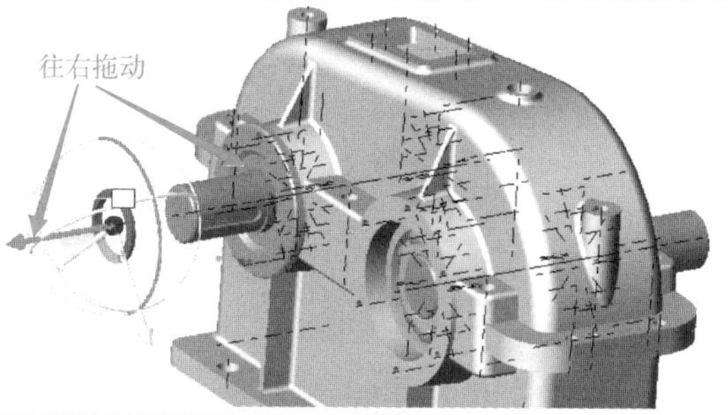	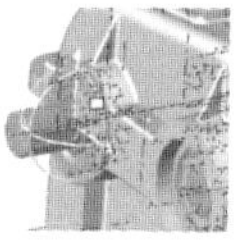
22	根据步骤 14～16，完成"5-端盖-4-从动轴端盖无凸出.prt"的装配，如右图所示		
23	根据步骤 17～19，完成"5-端盖-5-从动轴端盖.prt"的装配，如右图所示	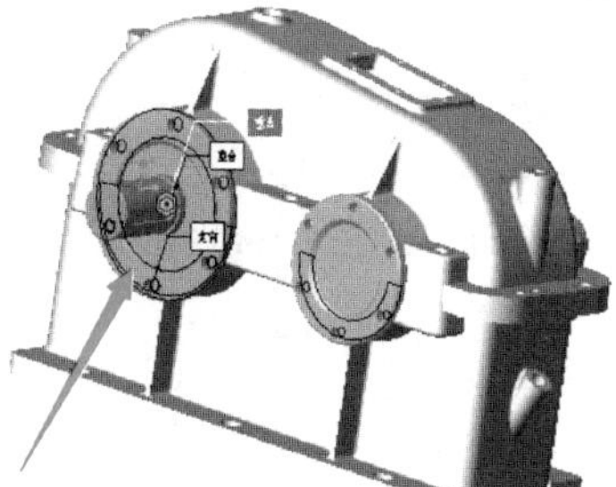	

（续）

步骤	操作要领	图例	说明
24	根据步骤 20～21，完成"5-端盖 -6-从动轴挡油环.prt"的装配，如右图所示	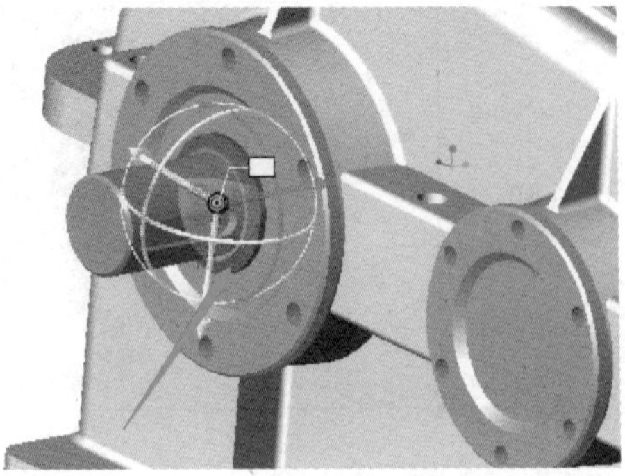	
25	单击【模型】选项卡【元件】组中的【组装】命令，将"6-检查孔盖-1-检查孔盖.prt"导入 Creo 的装配环境。首先约束两个面重合，再约束两组两孔轴线重合，如右图所示	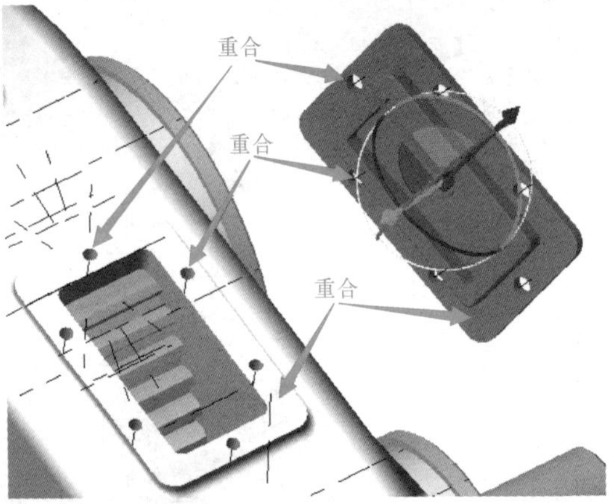	
26	单击【模型】选项卡【元件】组中的【组装】命令，将"6-检查孔盖-2-检查孔盖螺钉_M8x14.prt"导入 Creo 的装配环境。首先约束两轴线重合，再约束两个面重合，如右图所示	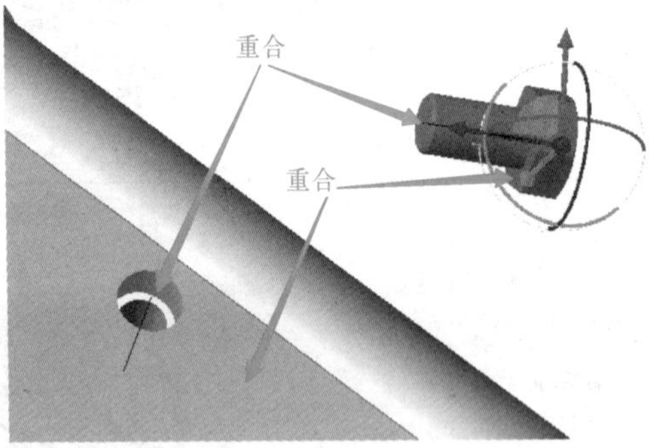	
27	在左边的【模型树】中，右击"6-检查孔盖-2-检查孔盖螺钉_M8x14.prt"，弹出【编辑操作】对话框，单击【重复】命令，弹出【重复图元】对话框	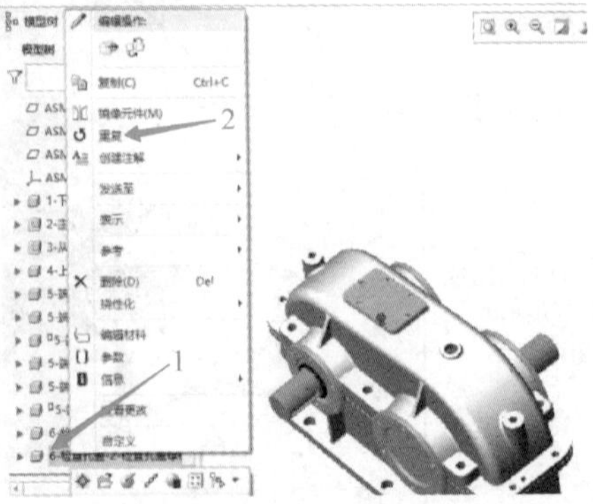	

（续）

步骤	操作要领	图例	说明
28	完成其中一个螺钉的装配，如右图所示	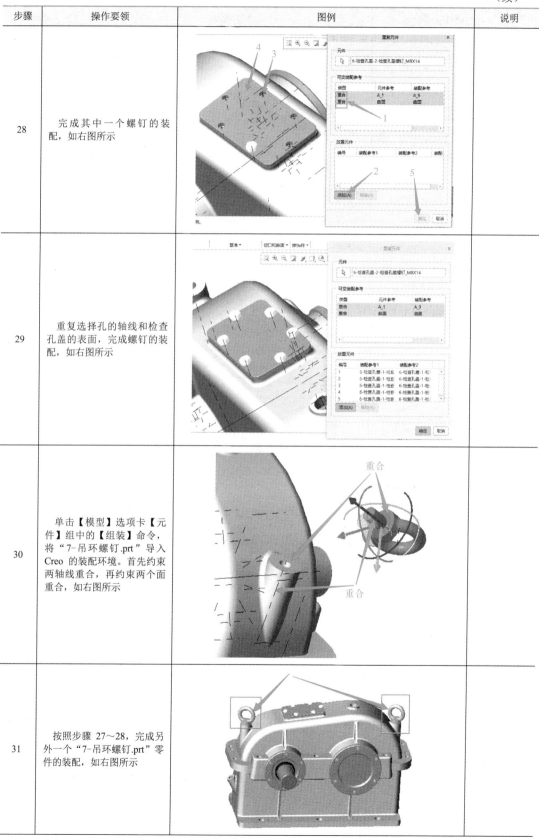	
29	重复选择孔的轴线和检查孔盖的表面，完成螺钉的装配，如右图所示		
30	单击【模型】选项卡【元件】组中的【组装】命令，将"7-吊环螺钉.prt"导入Creo 的装配环境。首先约束两轴线重合，再约束两个面重合，如右图所示		
31	按照步骤 27～28，完成另外一个"7-吊环螺钉.prt"零件的装配，如右图所示		

（续）

步骤	操作要领	图例	说明
32	单击【模型】选项卡【元件】组中的【组装】命令，将"8-油标指示器.prt"导入 Creo 的装配环境。首先约束两轴线重合，再约束两个面重合，如右图所示	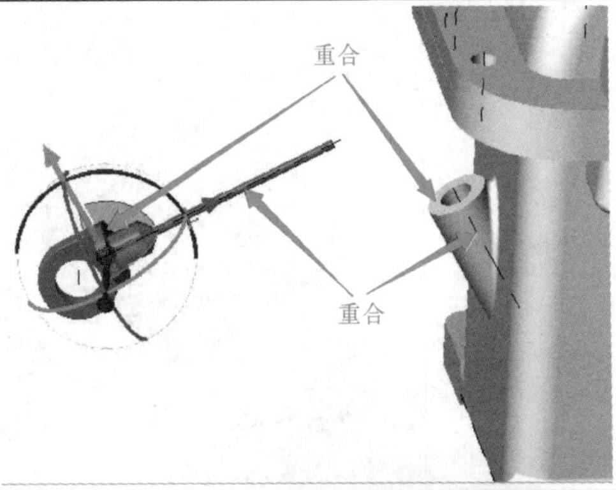	
33	单击【模型】选项卡【元件】组中的【组装】命令，将"9-螺钉销钉螺母-1-销钉_10x26.prt"导入 Creo 的装配环境。首先约束两轴线重合，再约束两个面重合，如右图所示	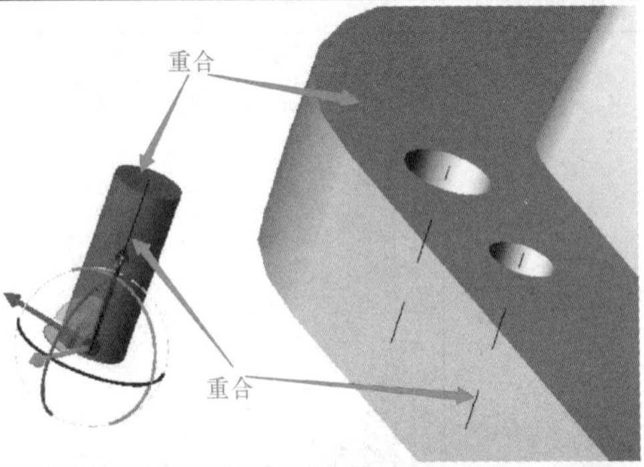	
34	按照步骤 27～28，完成另外一个"9-螺钉销钉螺母-1-销钉_10x26.prt"零件的装配，如右图所示	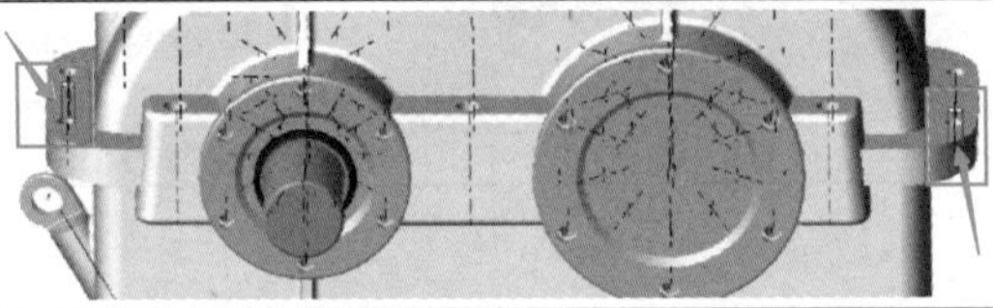	
35	单击【模型】选项卡【元件】组中的【组装】命令，将"9-螺钉销钉螺母-2-螺钉上下箱体连接处_M12x40.prt"导入 Creo 的装配环境。首先约束两轴线重合，再约束两个面重合，如右图所示	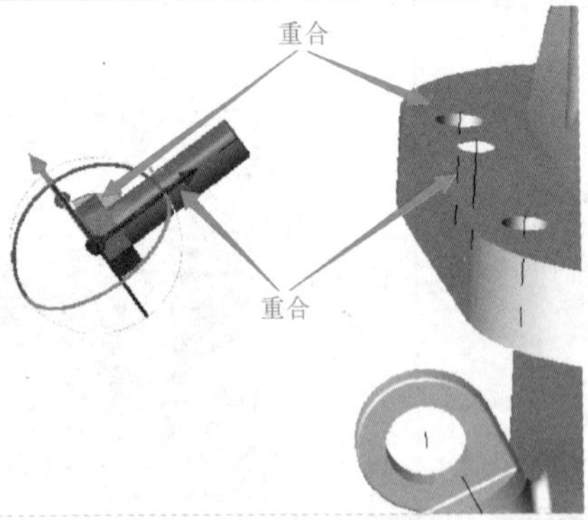	
36	按照步骤 27～28，完成其他 3 个"9-螺钉销钉螺母-2-螺钉上下箱体连接处_M12x40.prt"零件的装配，如右图所示	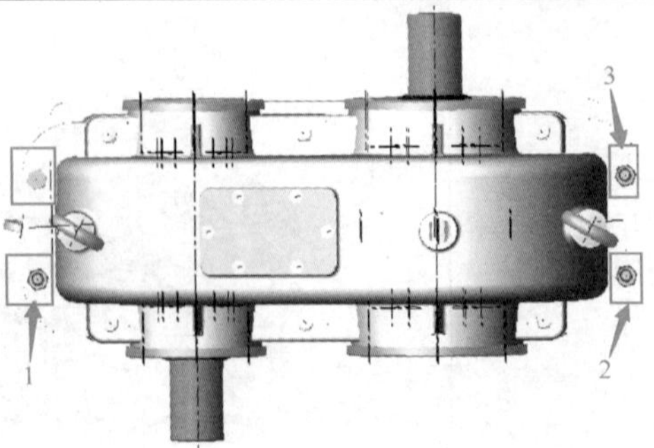	

（续）

步骤	操作要领	图例	说明
37	单击【模型】选项卡【元件】组中的【组装】命令，将"9-螺钉销钉螺母-3-螺母_M12.prt"导入 Creo 的装配环境。首先约束两轴线重合，再约束两个面重合，如右图所示	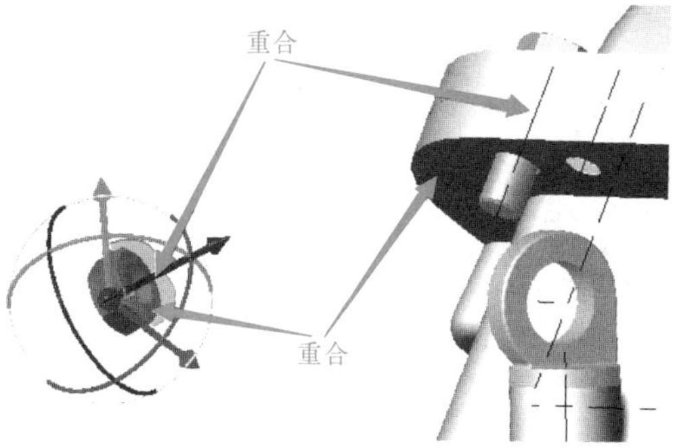	
38	按照步骤 27~28，完成其他 3 个"9-螺钉销钉螺母-3-螺母_M12.prt"零件的装配，如右图所示	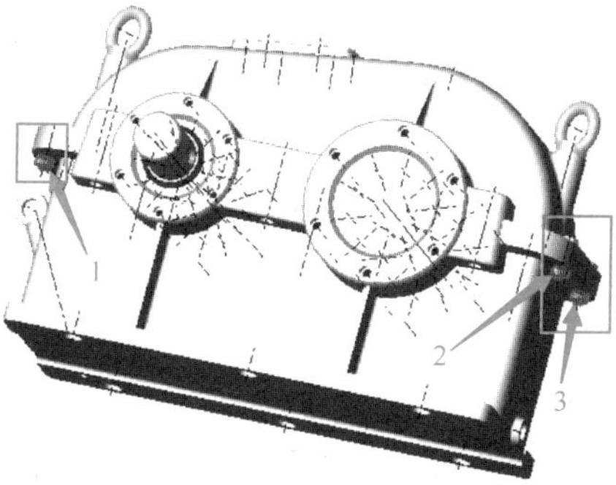	
39	单击【模型】选项卡【元件】组中的【组装】命令，将"9-螺钉销钉螺母-4-螺钉上下箱体连接处_M16x98.prt"导入 Creo 的装配环境。首先约束两轴线重合，再约束两个面重合，如右图所示	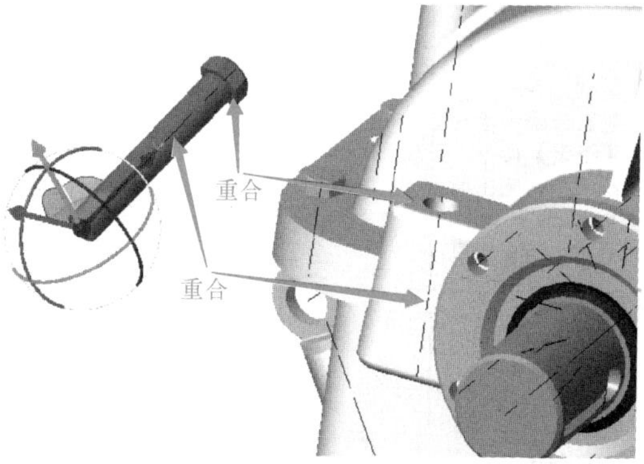	
40	按照步骤 27~28，完成其他 5 个"9-螺钉销钉螺母-4-螺钉上下箱体连接处_M16x98.prt"零件的装配，如右图所示	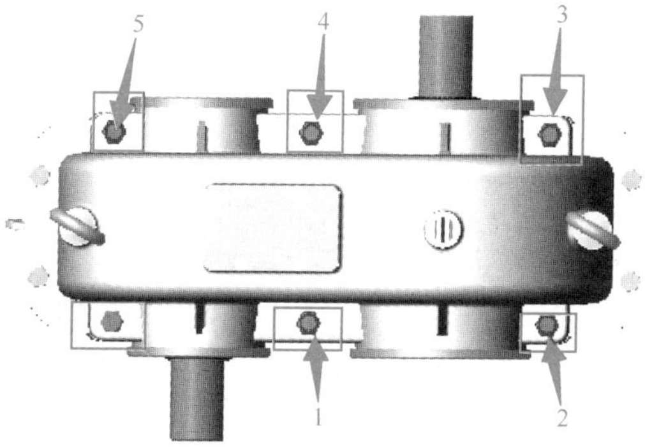	

（续）

步骤	操作要领	图例	说明
41	单击【模型】选项卡【元件】组中的【组装】命令，将"9-螺钉销钉螺母-5-螺母_M16.prt"导入 Creo 的装配环境。首先约束两轴线重合，再约束两个面重合，如右图所示	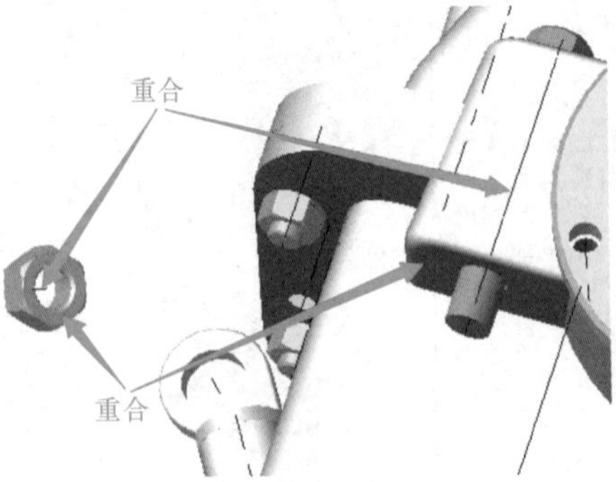	
42	按照步骤 27～28，完成其他 5 个 "9-螺钉销钉螺母-5-螺母_M16.prt" 零件的装配，如右图所示	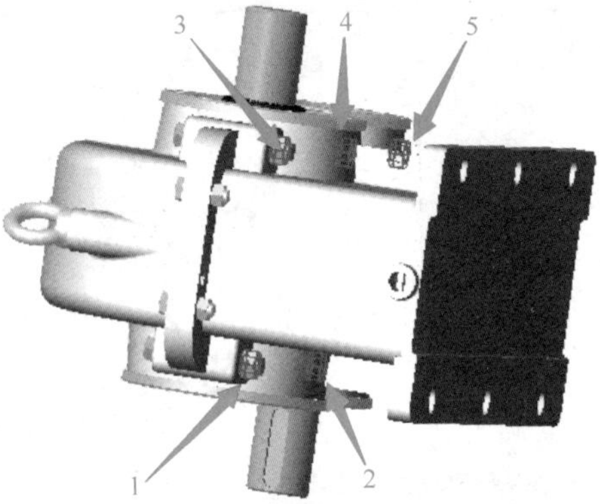	
43	单击【模型】选项卡【元件】组中的【组装】命令，将"9-螺钉销钉螺母-6-主动轴螺钉_M10x35.prt"导入 Creo 的装配环境。首先约束两轴线重合，再约束两个面重合，如右图所示	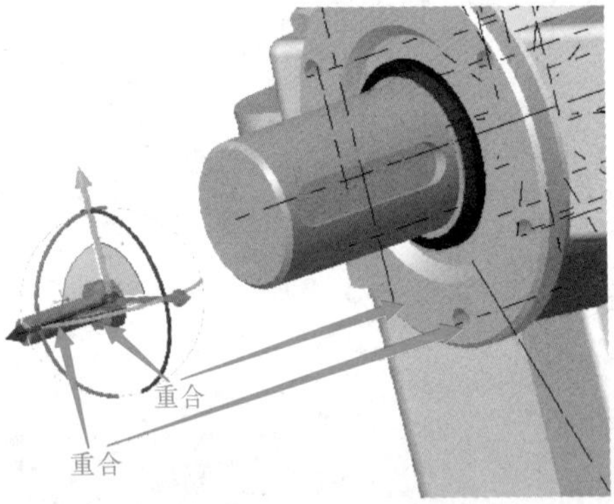	
44	在左边【模型树】选择要阵列的零件，再单击【模型】选项卡【修饰符】组的【阵列】命令	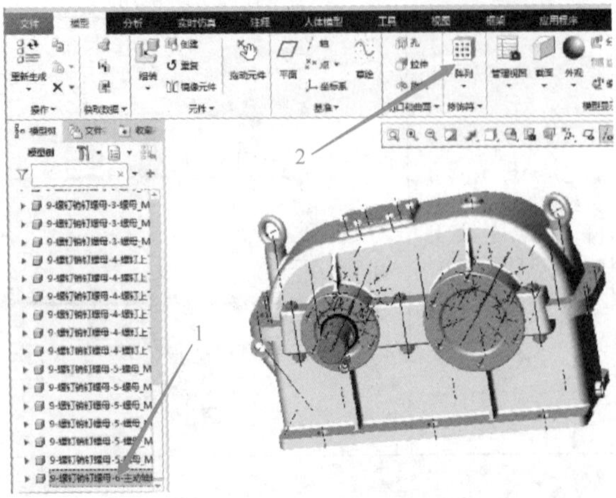	

（续）

步骤	操作要领	图例	说明
45	系统自动捕捉到参考阵列，如右图所示	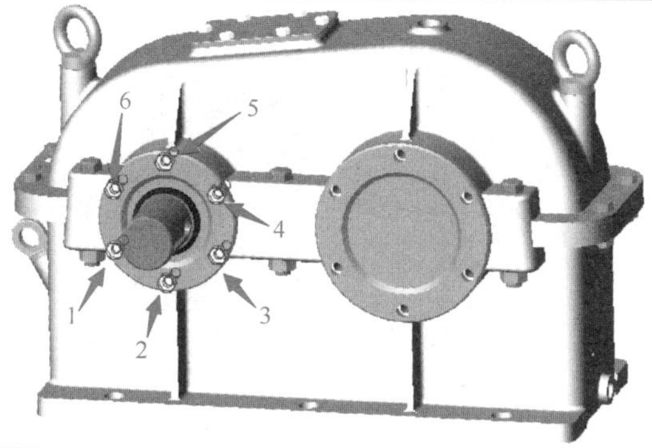	
46	单击【模型】选项卡【元件】组中的【组装】命令，将"9-螺钉销钉螺母-6-主动轴螺钉_M10x35.prt"导入Creo的装配环境。按照步骤43～45，完成另一面的螺钉装配，如右图所示	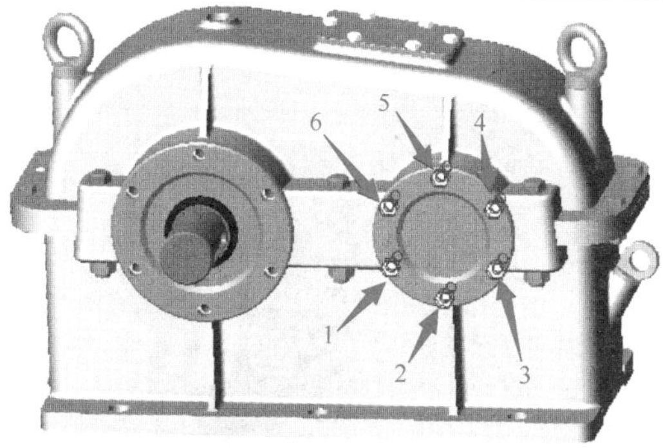	
47	单击【模型】选项卡【元件】组中的【组装】命令，将"9-螺钉销钉螺母-7-从动轴螺钉_M12x35.prt"导入Creo的装配环境。按照步骤43～45，完成从动轴的螺钉装配，如右图所示		
48	单击【模型】选项卡【元件】组中的【组装】命令，将"9-螺钉销钉螺母-7-从动轴螺钉_M12x35.prt"导入Creo的装配环境。按照步骤43～45，完成另外一面从动轴螺钉的装配，如右图所示	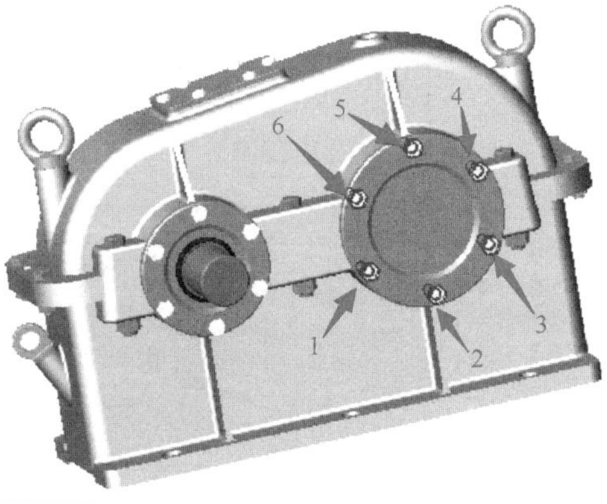	

（续）

步骤	操作要领	图例	说明
49	单击【模型】选项卡【元件】组中的【组装】命令，将"8-油塞挡油圈_M20.prt"导入 Creo 的装配环境	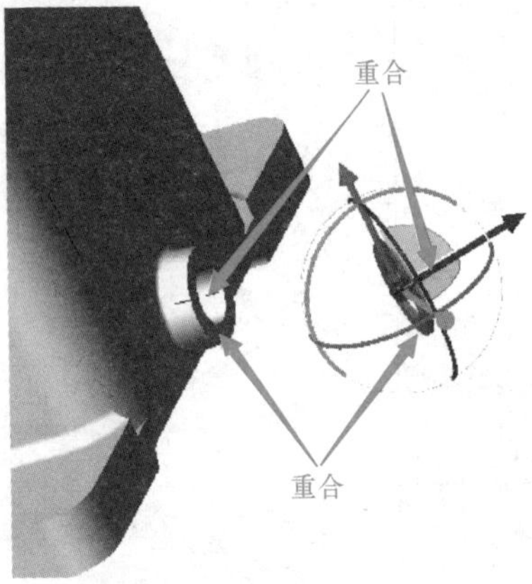	
50	单击【模型】选项卡【元件】组中的【组装】命令，将"9-螺钉销钉螺母.prt"装进 Creo 的装配环境	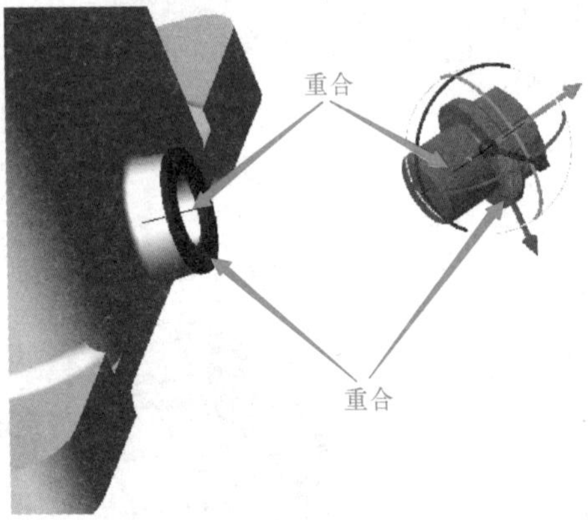	
51	装配完成之后，如右图所示	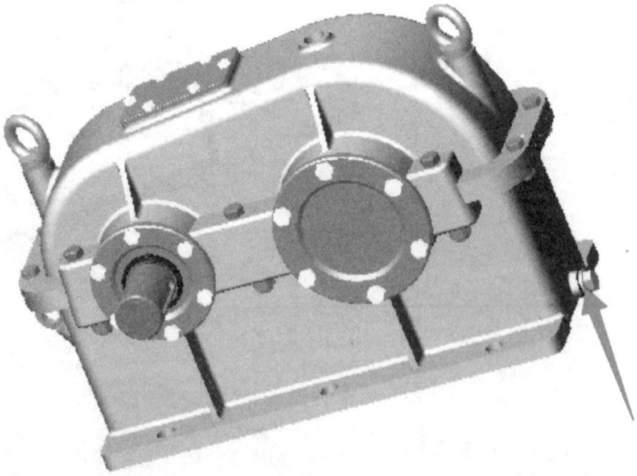	
52	根据任务要求，接下来生成减速器的爆炸图。单击【模型】选项卡【模型显示】组中的【编辑位置】命令，Creo 自动分解各零件的相对位置	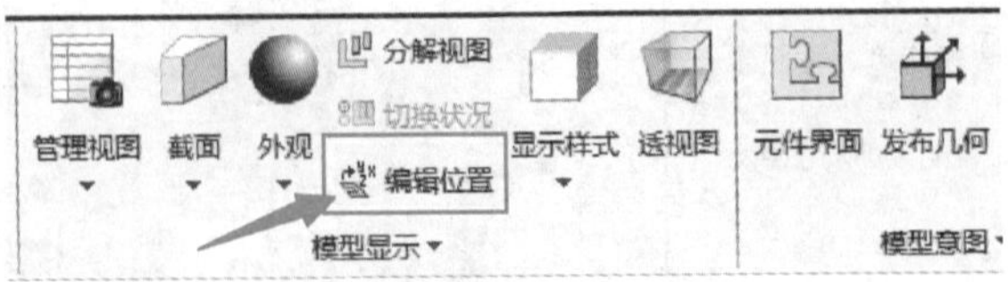	

（续）

步骤	操作要领	图例	说明
53	单击需要分解的零件，并手动拖动其位置，调整之后的效果如右图所示	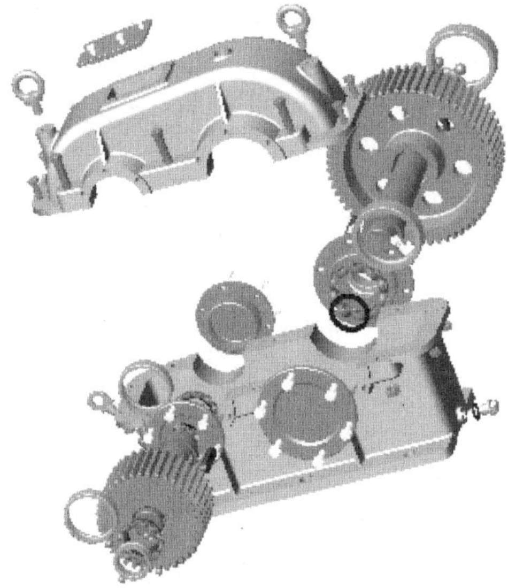	
54	将爆炸图以 jpg 格式另存为图片文件。选择【文件】菜单的【另存为】命令，在弹出的【保存副本】对话框中的【类型】下拉菜单中选择【JPEG(*.jpg)】选项，即将可见模型另存为 jpg 图片文件	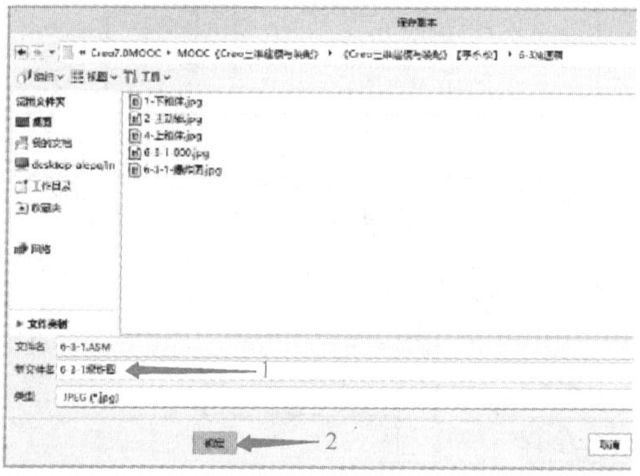	
55	最终结果如右图所示	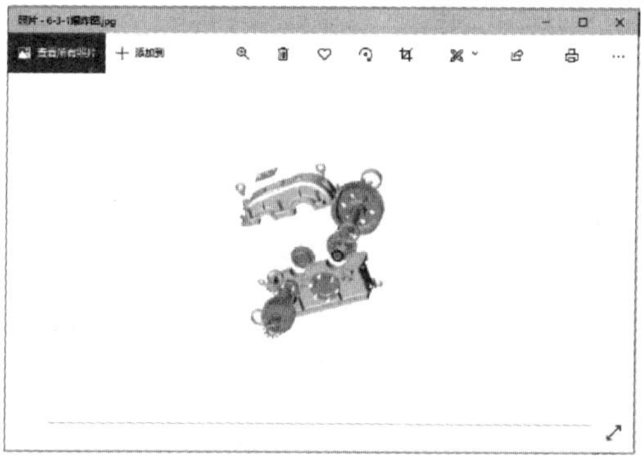	
56	若要返回非爆炸状态，单击弹起右图所示的【分解视图】按钮即可，最后单击【快速访问工具栏】中的【保存】命令（或按〈Ctrl+S〉组合键），将"6-3-1.asm"装配文件保存至工作目录中	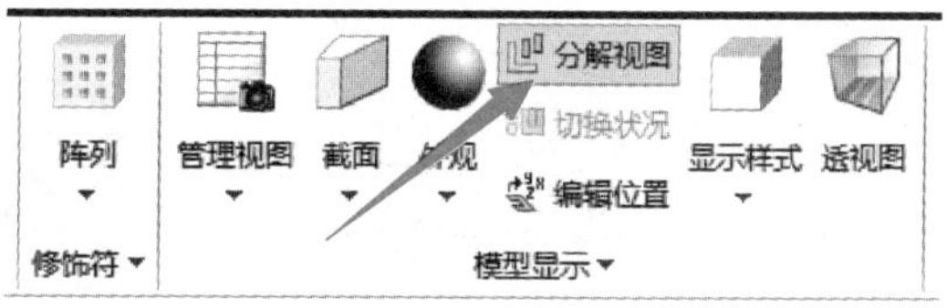	

四、任务评价

图 6-5 所示的减速器是一个较为复杂的机械产品，其中既有箱体底座、箱体上盖等非标

零件，也有螺栓、螺母、键、销钉、齿轮等标准件和常用件。不仅零件建模比较复杂，装配也有一定难度，各零件间有严格的装配关系，所以要想准确完成安装，一般需要事先知道零件间的距离和角度等参数。当然，对于 Creo 来说，即使没有装配工程图，也可通过边装配、边调整、边修改的方式完成安装，以达到最终的效果，只是这种方式更耗时间。

减速器爆炸图生成因数量较多，耗时较长，这一部分请读者自行完成。学好 Creo 别无他法，熟能生巧罢了。

强化训练题六

1. 完成图 6-7 所示工程图对应零件的三维建模（自行命名）。建模完成后完成该机构的虚拟装配。

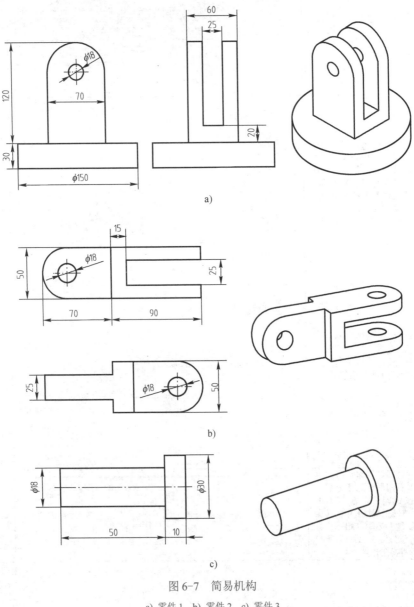

图 6-7 简易机构

a) 零件 1   b) 零件 2   c) 零件 3

2. 图 6-8 所示连接器由 4 个零件构成（尺寸形状如图所示），完成 4 个零件的实体建模，并根据装配体爆炸图所示原理进行零件的装配。

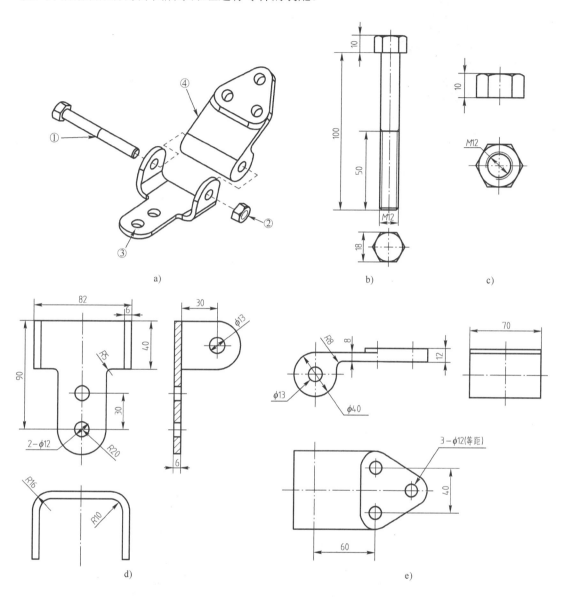

图 6-8　连接器

a) 装配体爆炸图（零件 1 的螺纹未画出）　　b) 零件 1　c) 零件 2　d) 零件 3　e) 零件 4

3. 根据图 6-9 所示万向轮的零件图进行三维建模（未注倒角为 C1），完成其虚拟装配，并生成三维爆炸图。

4. 完成图 6-10a、b 所示两个零件的三维建模，其中图 6-10a 的钣金壁厚为 2。零件建模完成后请按图 6-10c 所示完成虚拟装配，并测量整个装配体体积。

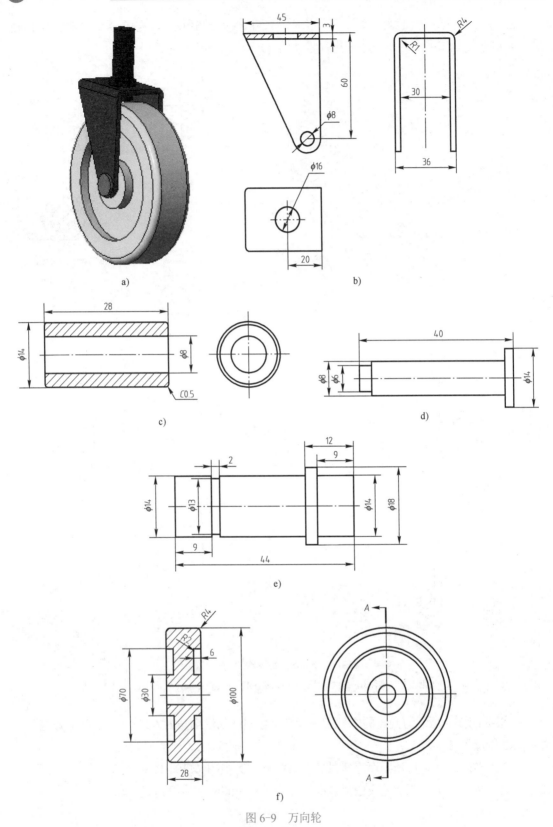

图 6-9 万向轮

a) 万向轮装配体 b) 轮架 c) 轴承 d) 轮轴 e) 接杆 f) 轮子

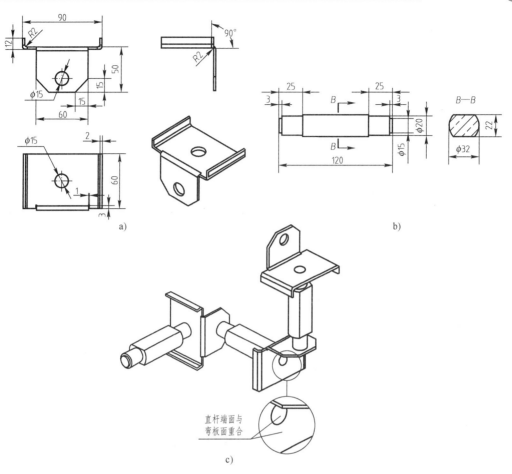

图 6-10　钣金组件

a) 钣金　b) 连接杆　c) 装配体

附　　录

附录 A　Creo 常用快捷键

为了提高建模效率，熟记一定数量的 Creo 快捷键是必要的。下面汇总解释了 Creo 7.0 快捷键的使用和具体含义，供读者理解、查阅、记忆和使用。除此之外，还给出了 Creo 自定义映射键的操作。

1. Creo 默认快捷键

单击 Creo 7.0【文件】菜单下的【选项】命令，在弹出的【Creo Parametric 选项】对话框按图 A-1 所示步骤即可查询 Creo 7.0 默认的快捷键。亦可单击【快捷方式】对应的位置，按自己认为好记的组合键作为快捷键，即可修改默认快捷键或自定义新的快捷键。

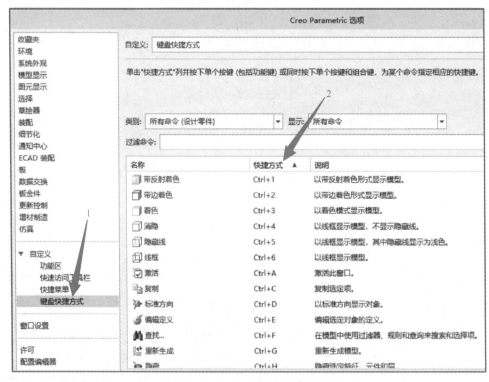

图 A-1　Creo 7.0 默认快捷键的查询

表 A-1 是 Creo 7.0 一些常见的默认快捷键。

表 A-1　Creo 7.0 一些常见的默认快捷键

序号	默认快捷键	激活的命令含义
1	F1	获取 Creo 的帮助文档
2	F2	重命名选中的特征

（续）

序号	默认快捷键	激活的命令含义
3	F10	功能区中快捷键提示的显示开关
4	F11	全屏模式开关
5	Del	删除选定特征
6	P	创建基准平面
7	R	倒圆角
8	S	在平面参考上创建草绘
9	X	激活拉伸特征
10	Ctrl+1	以带反射着色显示模型
11	Ctrl+2	以带边着色显示模型
12	Ctrl+3	以着色显示模型
13	Ctrl+4	消隐，以线框显示模型，不显示隐藏线
14	Ctrl+5	以线框显示模型，其中隐藏线显示为浅色
15	Ctrl+6	以线框显示模型
16	Ctrl+A	激活此窗口
17	Ctrl+C	复制选定项
18	Ctrl+D	以标准方向显示模型
19	Ctrl+E	编辑选定对象的定义
20	Ctrl+F	激活搜索工具对话框
21	Ctrl+G	重新生成模型
22	Ctrl+H	隐藏选定特征、元件和层
23	Ctrl+K	添加、编辑或移除至选定文本的超链接
24	Ctrl+N	创建新模型文件
25	Ctrl+O	打开已有模型文件
26	Ctrl+P	打印活动对象
27	Ctrl+R	重绘当前视图
28	Ctrl+S	保存当前模型文件
29	Ctrl+T	使用 3D 拖动器来移动几何图形
30	Ctrl+V	粘贴
31	Ctrl+W	关闭窗口并将结果留在内存中
32	Ctrl+X	剪切
33	Ctrl+Y	重做
34	Ctrl+Z	撤销
35	Ctrl+Shift+A	打开外观库
36	Ctrl+Shift+E	展开全部分支
37	Ctrl+Shift+H	取消隐藏所有手动隐藏的非层项
38	Ctrl+Shift+P	在打印前预览和修改设置
39	Ctrl+Shift+S	保存副本
40	Ctrl+Shift+V	选择性粘贴
41	Shift+E	仅展开选定模型
42	Shift+F	几何搜索
43	Shift+G	在过滤器选择中选取几何选项

（续）

序号	默认快捷键	激活的命令含义
44	Shift+N	垂直于选定图元定向视图
45	Shift+S	在过滤器选择中选取草绘区域
46	Esc 键	取消当前命令、结束当前命令

2. Creo 映射键的定义

Creo 提供了另外一种自定义快捷键（即映射键）的功能，用户可根据个人习惯设置专属映射键，以提高建模效率。在功能区任意位置右击，选择【自定义功能区】命令，在弹出的【Creo Parametric 选项】对话框中左侧单击【环境】选项，单击右侧的【映射键设置】后即可新建映射键（如图 A-2 所示）。

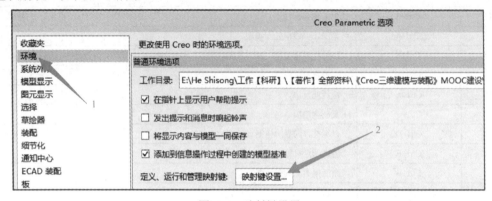

图 A-2　映射键设置

映射键可以是字母也可以是数字，或字母和数字的组合。命好名之后选择【录制键盘输入】命令，单击【录制】按钮即可完成自定义快捷键的创建（事实上就是录制用户的操作过程），保存到配置文件 config.pro 中供后续调用。

附录 B　三维建模考证和竞赛要求

在机械产品三维模型设计职业技能等级考证以及职业技能比赛中常常用到 Creo 等三维 CAD 软件作为三维建模工具。因考证和比赛要求各不相同，下面分别以机械产品三维模型设计职业技能等级证书和全国职业院校技能大赛工业设计技术赛项介绍有关内容。

1. 机械产品三维模型设计职业技能等级要求

教育部第四批职业技能等级证书发布了"机械产品三维模型设计职业技能等级证书"（培训评价组织是广州中望龙腾软件股份有限公司），下面介绍从国家开放大学主办的"职业技能等级证书信息管理服务平台"（https://vslc.ncb.edu.cn）下载的《机械产品三维模型设计职业技能等级标准(2021 版)》（广州中望龙腾软件股份有限公司 2021 年 4 月发布）主要内容。

机械产品三维模型设计职业技能等级分为 3 个等级：初级、中级、高级，3 个级别依次递进，高级别涵盖低级别职业技能要求。下面以中级为例进行说明。

（1）面向职业岗位（群）

主要面向通用设备制造业、专业设备制造业、仪器仪表制造业及其他机械制造类企业或应用技术研究所的产品生产加工、产品质量检验、工艺设计、数控程序编制相关工作岗位（群），从事机械工程图设计、CAD 三维模型设计、数控加工自动编程、产品工艺文件编制、生产运营与管理等相关工作。

（2）职业技能要求

能够独立完成机械部件的三维模型设计及数字化制造。运用几何设计和曲面设计等方法，构建机械零件和曲面模型，完成机械部件的数字化设计，编制机械产品加工工艺方案、工艺规程与工艺定额等工艺文件。通过自动编程，完成曲面类、异形类和支架类复杂零件数控铣削编程，并完成曲面模型加工验证。

机械产品三维模型设计职业技能等级要求（中级）详见附表 B-1。

表 B-1　机械产品三维模型设计职业技能等级要求（中级）

工作领域	工作任务	职业技能要求
机械部件设计	典型零件设计	能运用草图绘制方式，正确绘制零件草图
		能运用特征建模方式，正确构建机械零件
		能运用模型编辑的方法，结合机械零件模型的特征修改模型
		能运用渲染方法，按工作任务要求，对机械零件进行着色与渲染
	曲面零件设计	掌握零件建模的国家标准，熟悉曲面建模的相关知识
		能运用空间曲线设计方法，正确创建空间曲线
		依据创建的空间曲线，能使用空间曲面设计方法，正确创建空间曲面
		依据创建的空间曲线，能正确构建曲面模型
		依据工作任务要求，能运用编辑方法，修改简单曲面模型
	机械部件数字化模型设计	依据装配建模要求，能运用装配知识，分析机械部件的装配关系
		根据装配模型结构特点与功能要求，能调用模型中主要零部件，确定装配基准件
		依据模型装配要求，能选择合适的装配约束，按顺序调用已完成设计的装配单元，正确装配机械部件模型
		依据机械部件模型的装配要求，能检查各装配单元的约束状态和干涉情况
	二维工程图绘制	能依据 CAD 工程制图国家标准，按照工作任务要求，结合所要表达的零件模型，选用合适的图幅
		能依据机械制图的视图国家标准，运用视图相关知识，准确配置该模型的主要视图
		能依据机械制图的剖视图、断面图国家标准，运用剖视图、断面图等相关知识，按照零件模型特征，合理表达视图
		能运用图线相关知识，正确编辑视图中的切线、消隐线等图素
		依据机械制图的尺寸注法国家标准，能运用尺寸标注相关知识，合理标注零件工程图的尺寸
模型仿真准备	工艺方案设计	熟悉工艺方案设计的国家标准，掌握方案设计的相关流程
		能准确搜集产品的用户需求、工程图样、技术标准等资料
		能进行产品加工工艺、材料与设备选择等工艺分析
		依据产品的生产类型，能正确设计工艺方案，并确定毛坯、生产条件等相关要素
		依据产品生产过程收集的信息，能正确评估、优化工艺方案
	工艺规程设计	熟悉工艺规程设计的国家标准，掌握规程设计的相关流程
		能准确搜集并熟悉产品图样、技术条件、工艺方案等设计工艺规程所需资料
		依据工艺方案中零件毛坯形式，能确定毛坯的制造方法
		依据工艺方案中零件加工工艺过程，能确定零件加工的工序、工步、工艺参数、加工设备及工艺装备等要素

（续）

工作领域	工作任务	职业技能要求
模型仿真准备	工艺规程设计	依据工艺规程文件样式，能正确编制工艺过程卡、工序卡、作业指导书等技术文件
	工艺定额编制	依据工艺定额编制标准，结合工作任务要求，能准确搜集并熟悉产品图样、零部件明细表、零件工艺规程、生产类型等资料
		能运用技术计算、经验估算等方法，针对不同零件材料，编制材料消耗工艺定额
		能运用经验估计、统计分析等方法，编制劳动定额
		依据技术进步、工艺革新情况，能使用工艺文件更改通知单，在审批部门批准后修改材料消耗与劳动定额
模型仿真验证	工艺准备	依据机械制图国家标准及曲面、斜面、倒角、孔系等特征组合类零件图，能正确识读零件的形状特征、加工精度、技术要求等信息
		依据零件图及加工工艺过程卡信息，能确定毛坯材料与尺寸
		依据零件图零件结构特征，能正确选择加工工序
		依据零件加工要素，能确定合适的刀具
		依据零件精度要求，能确定转速进给及切削用量
		依据工艺分析，能生成数控加工工艺过程卡及工序卡
	铣削仿真验证	能理解零件图及加工工艺过程卡信息，根据工作任务要求，正确设置铣削加工坯料模型，并设置工件坐标系
		能理解零件的结构特征，设置加工曲面、斜面等特征的刀具及刀具参数
		能依据零件图纸信息，设置加工曲面、斜面等特征的轨迹参数并生成刀具轨迹
		能正确调试各刀具参数，通过刀具轨迹仿真验证程序的正确性
		能够根据工作任务要求，选用合适的后置处理，生成数控铣削加工程序
	数据处理	能依据数字化产品定义数据通则相关国家标准，运用产品定义数据相关知识，对加工程序设置标记
		能熟悉 CAM 自动编程方法，运用工序视图功能，生成零件数控加工工序卡电子表格
		能依据不同数控操作系统及工作任务要求，运用后置处理器，输出数控加工程序
		能依据数字化产品存储相关国家标准，根据工作任务要求，对模型文件及加工程序进行正确保存

2. 全国职业院校技能大赛工业设计技术赛项要求

下面以全国职业院校技能大赛 2021 年高职组"工业设计技术赛项规程"（从大赛官网 http://www.chinaskills-jsw.org/首页的【赛项指南】栏目中下载）介绍该赛项的有关要求。

（1）竞赛目的

1）以大赛检验教育教学成果。本赛项全面考察高职学生三维数据采集、逆向建模、创新设计、CNC 编程与加工、3D 打印、装配验证等前沿的知识、技术技能以及职业素养。全面检验学生工业设计的工程实践能力和创新能力。

2）以大赛促进教育教学改革。本赛项按照行业企业工业设计技术岗位真实工作过程设计竞赛内容，通过"以赛促学、以赛促教、以赛促改"，培养学生工业设计技术实践能力和创新精神，提升学生职业素养和就业能力，促进"双师型"师资队伍建设，推动工业设计、数字化设计与制造等专业人才培养模式与课程体系改革，提升学生从事工业设计相关岗位的适岗性，提高专业建设水平。

3）以大赛看齐世界技能标准。本赛项面向工业设计主流技术，对接国际标准，借鉴世界技能大赛办赛机制，参考世界技能大赛工业设计技术赛项文件，瞄准世界最高技能水平，选拔出具有大国工匠素质的技术技能人才。

4）以大赛营造崇尚技能氛围。本赛项大力弘扬工匠精神，引导全社会尊重、重视、关心技能人才的培养和成长，宣传技能人才的重要贡献和重大作用，在全社会倡导"崇实尚业"之风，营造尊敬技能人才的社会氛围，让尊重劳动、尊重技术、尊重创造成为社会共识。

（2）竞赛内容

参赛选手利用三维扫描仪扫描获得给定产品外形的"实样"点云后，进行三维逆向建模和产品创新再设计，生成产品装配图及零件图，采用 CNC 机床和 3D 打印设备将"创新产品"零部件加工出来，再进行"创新产品"装配验证，实现从"实样"到"创新产品"的研发和制造过程。

本竞赛进行操作技能竞赛。比赛分 3 个阶段完成，共 16 个小时。第 1 阶段为数字化设计，分三维数据采集、逆向建模与创新设计 3 个竞赛任务，竞赛时间为 8 小时。第 2 阶段为 CNC 加工，主要完成 CNC 编程与加工竞赛任务，竞赛时间为 4 小时。第 3 阶段为 3D 打印与装配、主要完成 3D 打印与装配验证两个竞赛任务，竞赛时间为 4 小时。结合比赛过程，考核文明生产、职业素养、规范操作、绿色环保、循环利用等职业素养。

第 1 阶段：数字化设计

任务 1：三维数据采集

参赛选手对赛场提供的三维扫描装置进行标定。利用标定成功的扫描仪和附件对任务书指定的实物进行扫描，获取点云数据，并对获得的点云进行相应取舍，剔除噪点和冗余点后保存点云文件。考核高职学生复杂表面点云准确获取能力。

任务 2：逆向建模

利用任务 1 所采集的点云数据，使用逆向建模软件，对实物外表面进行三维数字化建模。对逆向建模的模型进行数字模型精度对比（3D 比较、2D 比较、创建 2D 尺寸），形成分析报告。考核高职学生数模合理还原能力。

任务 3：创新设计

利用给定实物和任务 2 所建数字化模型，结合机械设计等相关知识，按任务书要求进行结构和功能创新设计，生成装配图及零件图。选手结合设计任务要求采用图文结合的方式，从设计方案的人性化、美观性、合理性、可行性、工艺性、经济性等方面阐述创新设计的思路及设计结果，编写设计方案说明书。考核高职学生结构优化、功能创新的设计能力和专业交流表达能力。

第 2 阶段：CNC 加工

任务 4：CNC 编程与加工

根据赛场给定的机床、刀具、毛坯等加工条件，分析指定样件的工艺，确定加工工艺过程，编制加工工艺过程和工序卡；利用自动编程软件，根据工艺过程卡和工序卡编制数控加工程序，使用提供的机床和编制的数控程序完成指定样件加工。考核高职学生数控加工工艺应用、CNC 编程与加工的能力。

第 3 阶段：3D 打印与装配

任务 5：3D 打印

根据实体建模文件进行封装和打印参数设置，打印出样件。将打印好的样件进行去支撑、表面修整等后处理，以保证零件质量达到要求。考核高职学生增材制造工艺应用、3D 打印设备操作、3D 打印样件后处理能力。

任务 6：装配验证将加工得到的样件，与其他实物机构装配为一个整体，验证创新设计的效果。考核高职学生现场安装与调试能力。

（3）竞赛样题（某型工具数据采集与相关设计与制造）

1）三维数据采集

参赛选手利用赛场提供的三维扫描装置和标定板，根据三维扫描仪使用要求，进行三维扫描仪标定后，完成产品表面的三维扫描，并对获得的点云进行相应取舍，剔除噪点和冗余点。

2）逆向建模

选手利用预装好的建模软件，根据采集的扫描数据，结合所学专业知识，进行产品逆向建模，要求合理还原产品数字模型。

3）创新设计

根据数字模型和产品创新设计给定条件，结合产品结构、人体工程学、机械制图、数控加工、3D 打印等专业知识，按数控加工工艺、3D 打印工艺、强度、装配等技术要求，进行产品创新设计，输出装配工程图和零件工程图，提交创新设计报告书。

4）CNC 编程与加工

选手利用预装好的编程软件，根据创新设计成果及赛场提供的机床、刀具清单、毛坯，结合数控编程、金属切削、机械加工工艺等专业知识，按工程图纸要求进行创新产品的数控加工工艺制定、数控加工程序编制，运用数控机床操作技能，按安全、文明等生产要求，进行产品加工。

5）3D 打印

选手利用赛场提供的 3D 打印机、工具、材料，根据创新设计成果，结合 3D 打印工艺规划与数据处理、3D 打印产品后处理等专业知识，按安全、文明等生产要求，进行产品 3D 打印。

6）装配验证

选手利用现场给定的工具，结合机械装配工艺知识，进行产品装配，实现产品使用功能，并验证效果。

参 考 文 献

[1] 何世松，贾颖莲. Creo 三维建模与装配[M]. 北京：机械工业出版社，2018.

[2] 何煜琛. SolidWorks 2001 基础与提高[M]. 北京：电子工业出版社，2003.

[3] 何煜琛. 三维 CAD 习题集[M]. 北京：清华大学出版社，2012.

[4] 北京兆迪科技有限公司. Creo 1.0 实例宝典[M]. 北京：机械工业出版社，2013.

[5] 何世松，贾颖莲，王敏军. 基于工作过程系统化的高等职业教育课程建设研究与实践[M]. 武汉：武汉大学出版社，2017.

[6] 温建民，任倩，于广滨. Pro/E Wildfire 3.0 三维设计基础与工程范例[M]. 北京：清华大学出版社，2008.

[7] 赵淳，王英玲. Pro/E Wildfire 5.0 实用教程：图解版[M]. 北京：电子工业出版社，2015.

[8] 何世松，贾颖莲. 工程机械车载热电制冷器具研发与虚拟仿真[M]. 南京：东南大学出版社，2018.

[9] 詹友刚. Creo 2.0 机械设计教程[M]. 北京：机械工业出版社，2013.

[10] 贾颖莲，何世松. 基于 Creo 的臂杆压铸模设计[J]. 铸造技术，2013(7).

[11] 陈兆荣. SolidWorks 2014 软件实例教程[M]. 北京：电子工业出版社，2015.

[12] 周青. 计算机辅助设计练习 100 例[M]. 北京：高等教育出版社，2012.

[13] 罗广思，潘安霞. 使用 SolidWorks 软件的机械产品数字化设计项目教程[M]. 北京：高等教育出版社，2011.

[14] 韩炬，曹利杰，王宝中. Creo 2.0 完全自学教程[M]. 北京：人民邮电出版社，2013.

[15] 何世松，贾颖莲. 新时代背景下高等职业教育的综合改革路径：从产业需求侧反观教育供给侧[J]. 中国职业技术教育，2020(04).

[16] 王伟，宋宪一. CAD 练习题集[M]. 北京：机械工业出版社，2008.

[17] 海天. Creo 2.0 工业设计完全学习手册[M]. 北京：人民邮电出版社，2012.

[18] 江西交通职业技术学院. 国家"双高计划"重点建设专业机电设备技术专业人才培养方案与核心课程标准[R]. 南昌：江西交通职业技术学院，2021.

[19] 贾颖莲，何世松. 基于岗位能力培养的高职课程学习载体设计与实践[J]. 职教论坛，2017(2).

[20] 广州中望龙腾软件股份有限公司. 机械产品三维模型设计职业技能等级标准[S]. 广州：广州中望龙腾软件股份有限公司，2021.